MANUEL

DE CUISINE

RECETTES CHOISIES

DISPOSÉES EN TABLEAUX PAR ORDRE D'OPÉRATIONS

OUVRAGE DÉJA PARU EN STÉNOGRAPHIE DUPLOYÉ

ET QUI A OBTENU UNE MÉDAILLE DE BRONZE EN 1873

A L'EXPOSITION UNIVERSELLE DE VIENNE

DEUXIÈME ÉDITION

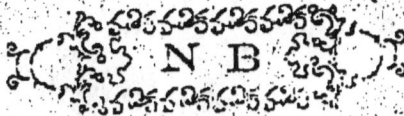

N B

PARIS

A LA LIBRAIRIE ILLUSTRÉE

7, RUE DU CROISSANT

SCEAUX. — IMPRIMERIE CHARAIRE ET FILS

MANUEL DE CUISINE

SCEAUX. — IMPRIMERIE CHARAIRE ET FILS.

MANUEL
DE CUISINE

RECETTES CHOISIES

DISPOSÉES EN TABLEAUX PAR ORDRE D'OPÉRATIONS

OUVRAGE DÉJA PARU EN STÉNOGRAPHIE DUPLOYÉ

ET QUI A OBTENU UNE MÉDAILLE DE BRONZE EN 1873

A L'EXPOSITION UNIVERSELLE DE VIENNE

DEUXIÈME ÉDITION

N B

9624

PARIS
A LA LIBRAIRIE ILLUSTRÉE
7, RUE DU CROISSANT

MANUEL DE CUISINE

RECETTES PRATIQUES ET RENSEIGNEMENTS EN TABLEAUX
PAR ORDRE D'OPÉRATIONS

Rien de nouveau que la forme offrant :
Diversité dans l'uniformité.

BUT DE CET OUVRAGE

Ne rien changer aux bonnes recettes connues, mais les réunir et les simplifier, en les présentant sous une forme méthodique, avec les mots les plus courts et les plus clairs, pour en rendre l'usage pratique et facile au premier coup d'œil.

Quel est le premier objet important à trouver sous sa main dans une cuisine bien montée ?

N'est-ce point un livre de cuisine complet, dit « Cuisinier », prêt à répondre à toutes les questions de la personne qui va se mettre à l'œuvre ?

Et quel est le but d'un recueil de recettes ? N'est-ce point qu'on puisse les mettre en pratique au moment même où l'on en consulte quelqu'une, en n'ayant qu'à suivre exactement ce qui doit y être indiqué dans l'ordre voulu pour une bonne réussite ?

1

Au moment d'apprendre ou d'agir, a-t-on besoin de phrases élégantes? y est-on sensible?

N'est-on pas plutôt pressé de trouver vite et juste le renseignement désiré pour arriver au but pratique?

Or :

Si je prends un livre dit « Cuisinier » quelconque, à presque toutes les pages je trouve ceci :..... « Pour la suite, voyez plus haut, » ou..... « Voyez plus loin, » ou encore...... « Finissez comme à tel article, » etc. — Est-ce commode?

Après la peine et le temps passé à cette recherche, quand j'ai enfin réussi à réunir tout ce qui devait compléter la recette pour me la faire connaître dans son ensemble, je trouve très-rarement indiqué le moment opportun, précis, où chaque chose doit s'exécuter, et très-rarement aussi les proportions exactes à observer dans les mélanges, points cependant fort essentiels,..

Il reste donc généralement à les calculer soi-même, et cela sans pouvoir s'appuyer sur aucune base positive.

N'est-ce point à l'auteur — ou compilateur — de recettes détachées (que personne ne lira d'un bout à l'autre du livre) de prévoir tout ce qui pourrait embarrasser ceux qui le consulteront?

N'est-ce point à lui à prendre la peine de tous les détails et de toutes les répétitions, — inévitables dans les articles qui se ressemblent, — pour éviter la peine des recherches par renvois, au praticien à l'œuvre?

Un livre de cuisine n'étant fait que pour aider au besoin du moment, selon le renseignement qu'on y cherche, je veux que le cuisinier puisse avoir sous ses yeux *chaque recette complète et sans renvois,* lui donnant, par ordre d'opérations, *à suivre à mesure :*

1° le nom de toutes les choses à employer ;

2° les quantités proportionnées de ces choses ;

3° leurs diverses préparations ;

Et que tout cela soit facile à embrasser d'un coup d'œil, au moyen d'un très-simple classement méthodique, résumant tout l'art de la cuisine, tous les soins et tous les besoins, dans les quatre points suivants :

ORDRE des opérations	NOMS.	PROPORTIONS.	PRÉPARATIONS ET CUISSON.
1.
2.
3.			

Tableau à consulter, soit par lignes à la suite, pour l'ordre des opérations; soit par colonne, pour l'ensemble et le détail des choses à employer (détails faciles à sauter, si l'on ne cherche qu'un renseignement entre plusieurs).

Les lignes de séparation auront pour but d'arrêter l'œil et de fixer la pensée sur chaque point à mettre à exécution.

L'œil voit très-vite ce qu'il parcourt de haut en bas, en liste.

Voir et savoir, d'un coup d'œil, ce qu'on cherche à apprendre ou à remémorer, ne serait-il pas un avantage sur les livres usuels, à longues phrases bien enchaînées ?

En outre :

Tout ce qui manquera de renseignements utiles (faute de les avoir trouvés dans les livres déjà existants) pourra être ajouté ici dans les places laissées en blanc, et cela par chacun à son gré, selon qu'il y aura lieu de corriger, de compléter ou de perfectionner l'idée première, y introduisant des observations nouvelles...

NOTA. J'ai entrepris cet ouvrage, simple travail de comparaison et d'analyse raisonnée, en apprenant que celui auquel on doit les meilleurs livres de guerre — Jomini — n'était pas plus guerrier que je ne suis cuisinière.

Pour beaucoup de choses ici-bas, ne peut-on pas dire : Aux uns la théorie, aux autres la pratique.

L'ouvrage complet comprend les 15 chapitres suivants, chaque chapitre divisé et rangé par ordre alphabétique.

CHAPITRE PREMIER

POTAGES

TABLE DES RECETTES

1. — BOUILLON A LA MINUTE.

ORDRE des opérations	NOMS.	PROPORTIONS.	PRÉPARATIONS ET CUISSON.
1	Bœuf cru......	1 livre.	Hacher gros.
2	Carotte.......	1	Couper en petits dés.
3	Oignon.......	1	Id.
4	Céleri.......	1	Id.
5	Navet.......	1	Id.
6	Clou de girofle..	2	
7	....	....	Mêler le tout dans une casserole.
8	Eau.........	1 litre.	Verser dessus.
9	Sel.........	1 pincée.	Répandre dessus.
10	....	....	Faire bouillir un quart d'heure.
11	....	....	Retirer du feu.
12	....	....	Ecumer hors du feu.
13	....	....	Passer au tamis.
14	Pain rassis....	....	Couper en tranches minces dans la soupière à servir.
15	....	....	Verser le bouillon par-dessus.
16	Cerfeuil......	1 poignée.	Hacher fin et semer sur le bouillon à volonté. (Le hachis est bon à servir à part.)

2. — AUTRE BOUILLON A LA MINUTE.

	NOMS	PROPORTIONS	PRÉPARATIONS
1	Eau..........	1 litre.	Faire bouillir.
2	Jus de viande rôtie	1/4 de litre.	Ajouter.
3	Sel.........		

3. — CONSERVATION DU BOUILLON EN ÉTÉ.

ORDRE des opérations	NOMS.	PROPORTIONS.	PRÉPARATIONS ET CUISSON.
1	Bouillon	. . . .	Tenir couvert.
2	. . . .	. . . .	N'y point laisser de légumes.
3	. . . .	. . . .	Faire rebouillir une minute tous les jours.
4	Oseille	quelques feuilles.	Jeter dedans quand il bout s'il commence à tourner à l'aigre.

4. — BOUILLON FAIT EN UNE HEURE.

1	Bœuf ou mouton pour cuisine. . Bœuf ou veau pour malade. .	1 livre.	Couper en petits morceaux à mettre dans une marmite ou dans une casserole.
2	Carottes	1 ou 2	Fendre dans la longueur.
3	Navets	Id.	Id.
4	Oignon	1	A piquer d'un clou de girofle.
5	Boule d'oignon . .	. . . .	Pour colorer le bouillon.
6	Lard	. . . .	Couper en petits morceaux.
7	. . . .	. . . . . .	Mêler le tout avec la viande.
8	Eau	1/2 verre.	Verser par-dessus.
9	. . . .	. . . . . .	Faire mijoter un quart d'heure sur un feu doux jusqu'à ce que le fond s'attache à la marmite ou à la casserole.
10	Eau bouillante. .	1 litre.	Verser alors.
11	Sel	1 pincée.	Répandre.
12	. . . .	. . . . . .	Faire bouillir pendant trois quarts d'heure à grand feu.
13	. . . .	. . . . . .	Dégraisser.
14	. . . .	. . . . . .	Passer au tamis ou dans un linge.

5. — POT-AU-FEU. — BOUILLON GRAS. — *Renseignements*.

ORDRE des opérations	NOMS.	PROPORTIONS.	PRÉPARATIONS ET CUISSON.
1	Le bœuf..........	....	Est la viande qui donne le meilleur bouillon.
	Le mouton.	....	Pas trop gras, est bon aussi.
	Le veau......	....	Ne s'emploie que pour bouillon de malade.
2	Trumeau (jarret de derrière). .	....	Sont les meilleurs morceaux de bœuf à choisir pour obtenir un bon bouillon.
	Tranche..	....	
	Culotte......	....	
	Gîte à la noix (bas de la cuisse. .	....	
3	Vieille poule.. ..	....	Excellents à ajouter, au choix, pour augmenter l'arome du bouillon.
	Vieux pigeon . ..	....	
	Vieille perdrix. .	....	
	Lapins	....	
4	Os de viande rôtie	....	A casser et à jeter dans la marmite. La gélatine qu'ils contiennent se dissout dans le bouillon.
5	Côte d'aloyau ..	....	Autres morceaux de bœuf bons à choisir pour pot-au-feu en famille en y ajoutant un chou.
	Bas aloyau (le long du dos) .	....	
	Poitrine.....	....	
6	Pour le pot-au-feu	......	La viande doit être bien fraîche.
7	....	....	Placer les os concassés au fond de la marmite.
8	....	....	Attacher la viande avec une ficelle.
9	....	....	La placer par-dessus les os dans la marmite.
10	Eau froide.. ., .	1 litre pour 500 grammes de viande.	Verser dessus.
11	Gros sel.	1 poignée.	Ajouter.

POT-AU-FEU. — BOUILLON GRAS. — *Renseignements (Suite).*

ORDRE des opérations	NOMS.	PROPORTIONS.	PRÉPARATIONS ET CUISSON.
12	. . . .	. . . .	Mettre la marmite chargée ainsi, sur un feu vif jusqu'à la première ébullition.
13	. . . .	. . . .	Puis ralentir le feu.
14	. . . .	. . . .	*Nota.* — L'eau bouillante coagule l'albumine et retient le jus dedans la viande. L'eau froide recommandée, en chauffant peu à peu, dissout l'albumine qui remonte en forme d'écume, et débarrasse le bouillon de toute impureté. . . . .
15	. . . .	. . . . .	Plus la marmite chauffe lentement, plus l'écume est abondante,
16	. . . .	. . . . . .	Si le feu a été trop vite au début, ajouter de l'eau froide pour faire remonter l'écume à la surface.
17	Grosses carottes.	3	Fendre dans la longueur et jeter dans la marmite.
18	Navets . . .	2	Id.
19	Oignons. . . .	1	Id.
20	Poireaux	. . . . .	Ficeler ensemble et placer doucement entre les carottes pour ne pas troubler le bouillon. . . . .
21	Céleri.	. . . . .	
22	Boule d'oignon..	1	Pour colorer le bouillon,
23	Ail.	1 gousse.	Ajouter à volonté, mais seulement l'hiver, parce qu'en été l'ail accélère la décomposition du bouillon.

POT-AU-FEU. — BOUILLON GRAS. — *Renseignements (Suite)*.

ORDRE des opérations	NOMS.	PROPORTIONS.	PRÉPARATIONS ET CUISSON.
24	. . . .	. . . .	Laisser bouillir lentement à feu égal et sans arrêt 5 ou 6 heures.
25	Bouillon chaud ou eau chaude.	. . . . . .	Ajouter peu à peu à mesure que le bouillon s'évapore, afin que la viande baigne toujours dans la marmite.
26	Persil.	1 bouquet attaché avec un fil.	Ajouter une heure avant de retirer la marmite du feu.
27	Pain rassis . . .	. . . .	Tailler en tranches minces dans la soupière.
28	. . . .	. . . .	Dégraisser le bouillon.
29	. . . .	. . . .	Retirer d'abord les légumes avec l'écumoire.
30	. . . .	. . . .	Puis retirer la viande.
31	. . . .	. . . .	Poser un tamis ou une passoire sur la soupière où est le pain.
32	. . . .	. . . .	Verser peu à peu d'abord pour laisser un instant le pain se gonfler.
33	. . . .	. . . .	Puis remplir la soupière.
34	Parmesan râpé ou cerfeuil haché.	au choix	Parsemer à volonté sur le dessus du bouillon.
35	. . . .	. . . .	Garder le bouillon de surplus bien refroidi dans une marmite couverte à placer dans un lieu frais.
36	. . . .	. . . .	Rebouillir le lendemain par le temps chaud.

POT-AU-FEU. — BOUILLON GRAS. — *Renseignements (Suite)*.

ORDRE des opérations	NOMS.	PROPORTIONS.	PRÉPARATIONS ET CUISSON.
		CONSERVATION DU BOUILLON.	
37	Charbon ardent ou sachet de poussière de charbon.	. . . .	Plonger dans la marmite sur le feu. S'il commence à aigrir le mettre à rebouillir.
	6. — BOUILLON DE POULET.		
1	Poulet.	. . . .	A choisir bien en chair et en retirer les parties sanguines de l'intérieur.
2	. . . .	. . . .	Le découper entièrement.
3	. . . .	. . . .	Briser la carcasse.
4	. . . .	. . . .	Mettre le tout dans une marmite sur le feu.
5	Eau.	2 litres.	Verser dessus.
6	Sel.	1 bonne pincée.	—
7	. . . .	. . . . .	Laisser bouillir un moment.
8	. . . .	. . . . .	Ecumer avec soin.
9	Carottes.	2	Emincer et ajouter.
10	Navets	2	
11	Orge perlé. . . .	3 cuillers à bouche.	Ajouter à volonté.
12	. . . .	. . . . .	Faire bouillir deux heures.
13	Laitue.	1 feuille.	Ajouter vers la fin de la cuisson.
14	Oseille.	. . . . .	
15	Cerfeuil.	. . . . .	Ajouter id. à volonté.
16	. . . .	. . . . .	Retirer la marmite du feu et la couvrir.

6. — BOUILLON DE POULET (*Suite*).

ORDRE des opérations	NOMS.	PROPORTIONS.	PRÉPARATIONS ET CUISSON.
17	. . . .	. . . .	Laisser infuser 20 minutes.
18	. . . .	. . . .	Dégraisser.
19	. . . .	. . . .	Passer au tamis.
			Nota. — Ce bouillon est bon à prendre à jeun.

7. — AUTRE BOUILLON DE POULET.

1	Poulet commun.	. . . .	Vider, découper entièrement.
2			Mettre les morceaux dans une marmite.
3	Sel.	quelques grains.	Semer dessus.
4	Eau froide.. . .	. . . .	Verser jusqu'à tout recouvrir.
5	. . . .	. . . .	Mettre sur le feu.
6	. . . .	. . . .	Faire bouillir un moment.
7	. . . .	. . . .	Écumer.
8	Orge mondé ou riz ou miel. .	2 cuillerées.	Ajouter, au choix.
9	. . . .	. . . .	Laisser réduire à découvert.
10	. . . .	. . . .	Passer au tamis.

8. — BOUILLIE DE FROMENT.

1	Fleur de farine.	3 cuillerées.	Délayer dans une casserole avec une cuiller de bois.
2	Eau froide. . .	quelques gouttes.	
3	. . . .	. . . .	Prendre soin de ne pas laisser de grumeaux.

BOUILLIE DE FROMENT (*Suite*).

ORDRE des opérations	NOMS.	PROPORTIONS.	PRÉPARATIONS ET CUISSON.
4	Lait..	3 verres.	Ajouter peu à peu en continuant à délayer.
5	Sel et sucre. . .	quelq. grains à volonté.	Semer dessus.
6	. . . .	. . . .	Mettre sur le feu et tourner sans arrêt.
7	. . . .	. . . .	Laisser bouillir quelques minutes.
8	. . . .	. . . .	Verser dans la soupière et servir.

9. — BOUILLIE DE RIZ.

1	Riz.	3 cuillerées.	Mettre dans un plat creux.
2	Eau.	. . . .	Verser dessus jusqu'à tout recouvrir. . . . . .
3	. . . .	. . . .	Laisser tremper trois heures.
4	. . . .	. . . .	Bien laver, puis égoutter.
5	Lait	1 litre.	Faire bouillir dans une casserole. . . . . .
6	. . . .	. . . .	Quand le lait est bouillant, y jeter le riz. . . .
7	. . . .	. . . .	Ralentir le feu.
8	. . . .	. . . .	Agiter en tournant avec une cuiller de bois pour empêcher le fond de s'attacher.
9	. . . .	. . . .	Laisser ensuite bouillir tranquillement sur un feu doux pendant 3 heures.
10	Sel.	quelq. grains	Semer dedans.
11	Sucre en poudre.	2 cuillerées.	
12	. . . .	. . . .	Quand une peau se forme sur la bouillie, elle est cuite à point.

10. — POTAGE AUX BOULETTES.

ORDRE des opérations	NOMS.	PROPORTIONS.	PRÉPARATIONS ET CUISSON.
1	Œufs.	4	
2	Lait	1/4 de litre.	Mêler dans une terrine en
3	Beurre	1/2 quart.	tournant peu à peu, avec une
4	Sel.	quelques	cuiller de bois, jusqu'à con-
5	Poivre blanc . .	grains.	sistance convenable.
6	Farine..	1 pincée.	
7	Farine..		Etaler sur une table de cui- sine.
8	. . . .		Verser dessus le contenu de la terrine.
9	. . . .		Rouler en boulettes ou en olives.
10	Beurre	1 morceau.	Faire fondre dans une casse- role sur un feu doux.
11	. . . .		Y mettre les boulettes à frire.
12	. . . .		Quand les boulettes sont frites au point, les placer dans la soupière.
13	Bouillon bouil- lant..		Verser dessus à tout recouvrir et servir.

11. — BOUILLON ET HACHIS A LA MINUTE.

1	Bœuf cru. . . .	1/2 livre.	Hacher fin et mettre dans une casserole.
2	Carotte.	1	
3	Oignon.	1	
4	Navet.	1	Ajouter.
5	Céleri.		
6	Clou de girofle..	piqué sur l'oignon.	

2

BOUILLON ET HACHIS A LA MINUTE (*Suite*).

ORDRE des opérations	NOMS.	PROPORTIONS.	PRÉPARATIONS ET CUISSON.
7	Eau.	1 litre.	Verser sur le tout.
8	Sel.	. . . .	id.
9	Riz ou vermicelle enfermé dans un sachet de toile.	. . . .	Mettre dans la même casserole.
10	. . . .	. . . .	Faire bouillir ensemble une 1/2 heure.
11	. . . .	. . . .	Ecumer à mesure que l'écume monte.
12	. . . .	. . . .	Verser le contenu du sachet dans la soupière.
13	. . . .	. . . .	Puis id. le bouillon sur un tamis, le potage est prêt à servir.
14	Beurre	. . . .	Fondre dans la poêle.
15	Fines herbes . .	hachées	Y faire sauter.
16	Farine	1 pincée.	Semer par-dessus.
17	Bouillon	1 cuillerée.	Verser id.
18	. . . .	. . . .	Laisser épaissir un peu.
19	. . . .	. . . .	Y ajouter le hachis préparé.
20	Sel, poivre . . .	. . . .	Mettre en assaisonnement.
21	. . . .	. . . .	Dresser le hachis sur le plat à servir.
22	Œufs pochés. .	2	Poser à volonté sur le hachis.

Nota. — En une 1/2 heure on peut avoir ainsi potage et hachis.

12. — BOUILLIE DE MAIS (*Blé de Turquie*).

ORDRE des opérations	NOMS.	PROPORTIONS.	PRÉPARATIONS ET CUISSON.
1	Farine de maïs.	. . . .	Délayer dans une soupière pouvant aller au feu.
2	Lait ou eau ou bouillon.	. . . .	
3	. . . .	. . . .	Placer sur un feu doux.
4	. . . .	. . . .	Remuer sans arrêt avec une cuiller de bois, pour empêcher de se former des grumeaux.
5	. . . .	. . . .	Faire cuire ainsi 1 heure au moins.
6	Sel et sucre. . .	. . . .	Ajouter à la fin de la cuisson en continuant à remuer.
7	Beurre	. . . .	
8	. . . .	. . . .	Quand la bouillie devient liquide elle est au point.
9	. . . .	. . . .	Retirer du feu et servir.

13. — POTAGE BOURGEOIS.

1	Beurre ou graisse	. . . .	Mettre dans une casserole sur le feu.
2	. . . .	. . . .	Le laisser roussir.
3	Oignon.	1 gros.	Couper en quatre.
4	Tomate.	1	id.
5	. . . .	. . . .	Jeter dans le beurre les morceaux d'oignon et de tomate.
6	Sel, poivre. . .	. . . .	Semer en assaisonnement.
7	Eau de légumes (telle que l'eau ayant cuit des haricots verts).	. . . .	Verser dans la casserole, peu à peu, en réitérant de temps en temps.
8	. . . .	. . . .	Laisser mijoter sur un feu doux, 3/4 d'heure environ.

POTAGE BOURGEOIS (*Suite*).

ORDRE des opérations	NOMS.	PROPORTIONS.	PRÉPARATIONS ET CUISSON.
9	. . . .	. . . .	Passer le bouillon dans une autre casserole.
10	. . . .	. . . .	Remettre sur le feu.
11	Boule colorante.	1/2	Jeter dedans.
12	Beurre ou graisse	. . . .	Ajouter à volonté vers la fin de la cuisson.
13	Pain rassis . . .	2 ou 3 tranches par convive.	Tailler dans la soupière.
14	. . . .	. . . .	Verser dessus le bouillon bouillant et servir.

14. — CONSOMMÉ.

1	Bœuf (morceau du gîte au bas de la cuisse). .	1 kilo.	
2	Vieille poule (rôtie d'avance à moitié)	. . . .	
3	Jarret ou pied de veau..	1/2 kilo.	Mettre ensemble dans une marmite sur un feu doux.
4	Débris de viandes diverses (dont il faut retrancher la graisse)	. . . . . .	
5	Eau ou bouillon froid	1 litre par livre de viande	
6	. . . .	. . . .	Ecumer à mesure que l'écume monte.
7	. . . .	. . . .	Faire bouillir sans arrêt 2 ou 3 heures.

— 21 —

CONSOMMÉ (*Suite*).

ORDRE des opérations	NOMS.	PROPORTIONS.	PRÉPARATIONS ET CUISSON.
8	Navets.	2	
9	Carottes	2	
10	Céleri.	1 branche.	
11	Oignons piqués d'un clou de girofle.		Ajouter ensuite.
12	Sel, poivre . . .	. . . .	
13	Thym, laurier, attachés en bouquet.		
14	. . . .	. . . .	Laisser réduire 3 ou 4 heures jusqu'à ce qu'il ne reste plus qu'un litre de bouillon.
15	. . . .	. . . .	Passer au tamis.

15. — POTAGE AUX CROUTONS A LA PURÉE.

1	Haricots	légumes frais au choix.	Mettre à cuire dans une grande casserole.
2	Lentilles		
3	Pois.		
4	Bouillon	. . . .	
5	Carotte	1	Ajouter.
6	Oignons.	2	
7	. . . .	. . . .	Ecraser le tout en purée dans une passoire posée sur une autre casserole.
8	Bouillon.	. . . .	Mêler à mesure pour rendre la purée moins épaisse.
9	. . . .	. . . .	Remettre à bouillir 20 minutes.
10	Mie de pain rassis	. . . .	Tailler en différents dessins.
11	Beurre	. . . .	Fondre à part dans la poêle sur un feu modéré.

POTAGE AUX CROUTONS A LA PURÉE (*Suite*).

ORDRE des opérations	NOMS.	PROPORTIONS.	PRÉPARATIONS ET CUISSON.
12	. . . .	. . . . . .	Y faire frire le pain préparé.
13	. . . .	. . . . . .	Quand les croûtons sont frits les ranger dans la soupière.
14	. . . .	. . . . . .	Verser dessus le bouillon bouillant au travers d'une passoire.
15	. . . .	. . . . . .	Servir.

16. — POTAGE AU CHOU AU GRAS.

1	Chou cantal d'Alsace	. . . . . .	Prendre au choix.
2	Chou frisé . . .	. . . . . .	
3	Chou de Milan..	. . . . . .	
4	. . . .	. . . . . .	Mettre le chou dans une terrine.
5	Eau froide.. . .	. . . . . .	Verser dessus et bien laver les feuilles.
6	. . . .	. . . . . .	Le couper en tranches ou en quartiers.
7	Eau bouillante..	. . . . . .	Verser dessus.
8	. . . .	. . . . . .	Laisser tremper 10 minutes pour blanchir.
9	. . . .	. . . . . .	Egoutter sur un tamis.
10	. . . .	. . . . . .	Jeter l'eau qui a servi.
11	Bardes de lard..	. . . . . .	Placer au fond d'une marmite.
12	. . . .	. . . . . .	Ranger les morceaux de chou par-dessus.
13	Petit salé ou poitrine de mouton	250 gr.	Ranger id. par-dessus le chou.
14	Saucisson. . . .	Id.	

POTAGE AU CHOU AU GRAS (*Suite*).

ORDRE des opérations	NOMS.	PROPORTIONS.	PRÉPARATIONS ET CUISSON.
15	Carottes		
16	Navets	Couper	
17	Oignons.	en	Ranger id. par-dessus le chou.
18	Poireaux	tranches.	
19	Céleri.		
20	Bouillon de la veille ou bouillon d'os de veau et de volaille, etc.	. . . .	Verser id. jusqu'à tout baigner.
21	. . . .	. . . .	Laisser bouillir 2 heures au plus.
22	Pommes de terre	. . . .	Ajouter à volonté, 1 heure avant de servir.
23	Pain rassis . . .	. . . .	Couper en tranches minces à ranger au fond de la soupière.
24	. . . .	. . . .	*Nota.* — Ce bouillon n'est pas bon réchauffé.
25	. . . .	. . . .	Faite au mouton et au chou cette soupe est plus saine qu'au lard.

17. — POTAGE AU CHOU AU MAIGRE.

1	Chou vert et tendre.	. . . .	A choisir et mettre dans une terrine.
2	Eau bouillante..	. . . .	Verser dessus.
3	. . . .	. . . .	Laisser tremper 10 minutes pour blanchir,
4	. . . .	. . . .	Egoutter sur un tamis.

POTAGE AU CHOU AU MAIGRE (*Suite*).

ORDRE des opérations	NOMS.	PROPORTIONS.	PRÉPARATIONS ET CUISSON.
5	. . . .	. . . .	Couper les feuilles et les rouler.
6	Eau.	. . . .	Mettre à bouillir dans la marmite.
7	. . . .	. . . .	Quand l'eau bout, y jeter les feuilles de chou préparées.
8	Croûton de pain. .	. . . .	Ajouter (pour emporter l'odeur du vert).
9	Carottes.		
10	Navets		
11	Poireaux.. . . .		
12	Oignon piqué d'un clou de girofle..		Ajouter.
13	Céleri.		
14	Sel, poivre . . .		
15	Beurre	. . . .	Faire fondre à part dans une autre casserole.
16	Farine..	. . . .	Semer en remuant.
17	Bouillon de la cuisson	quelques cuillerées.	Ajouter, peu à peu, en continuant à remuer.
18	. . . .	. . . .	Verser ce roux dans la marmite.
19	. . . .	. . . . . .	Laisser bouillir 2 heures.
20	. . . .	. . . . . .	Retirer le croûton de pain 1 heure avant de servir.
21	Pommes de terre	. . . . .	Ajouter alors à volonté.
22	Beurre	. . . . .	id.
23	. . . .	. . . . .	Ce potage n'est pas bon réchauffé.

18. — SOUPE AUX CHOUX VERTS.

ORDRE des opérations	NOMS.	PROPORTIONS.	PRÉPARATIONS ET CUISSON.
1	Choux verts. . . .	. . . .	A choisir bien tendres.
2	. . . .	. . . .	Oter les grosses côtes.
3	. . . .	. . . .	Couper les feuilles en petits morceaux à mettre à mesure dans un plat creux rempli d'eau.
4	Eau.	. . . .	Mettre à bouillir dans la marmite.
5	. . . .	. . . .	Quand l'eau bout, y jeter les feuilles de chou en les prenant avec l'écumoire.
6	Sel, poivre.. . . .	. . . .	Ajouter.
7	Beurre.	. . . .	
8	Croûton de pain. .	. . . .	id. (pour ôter le goût du vert.)
	Carottes	. . . .	
9	Oignons..	. . . .	id. à volonté.
	Navets	. . . .	
10	Pain rassis	. . . .	Couper en tranches minces, à ranger dans la soupière.
11	. . . .	. . . .	Verser le bouillon bouillant par-dessus, peu à peu, pour gonfler le pain.
12	. . . .	. . . .	Laisser tremper 1/4 d'heure.
13	. . . .	. . . .	Servir chaud.
14	. . . .	. . . .	Cette soupe froide ou réchauffée ne vaut plus rien.

19. — SOUPE AUX HERBES.

ORDRE des opérations	NOMS.	PROPORTIONS.	PRÉPARATIONS ET CUISSON.
1	Oseille	. . . . . .	Prendre au choix et mêler
2	Laitue	. . . . . .	dans la proportion du goût
3	Poirée	. . . . . .	qu'on veut faire dominer,
4	Belle-dame	. . . . . .	
5	Pourpier	. . . . . .	Eplucher et placer à mesure
6	Romaine	. . . . . .	dans une terrine.
7	Cerfeuil.	. . . . . .	
8	Epinards	. . . . . .	
9	Eau	. . . . . .	Verser dessus à tout baigner, bien laver, nettoyer.
10	. . . .	. . . . . .	Faire égoutter sur un tamis.
11	. . . .	. . . . . .	Laver à plusieurs eaux s'il est besoin.
12	. . . .	. . . . . .	Hacher grossièrement, mêler le tout.
13	Beurre	. . . . . .	Faire fondre dans une grande casserole sur un feu doux.
14	. . . .	. . . . . .	Y mettre toutes les herbes hachées.
15	Sel, poivre . . .	. . . . . .	Semer dessus.
16	. . . .	. . . . . .	Remuer avec la cuiller de bois jusqu'à ce que tout soit bien amalgamé, sans laisser brûler.
17	Bouillon gras ou	. . . . . .	Verser dessus en quantité pro-
18	bouillon mai-	. . . . . .	portionnée au nombre de
19	gre ou eau.. .	. . . . . .	convives.
20	. . . .	. . . . . .	Laisser cuire 20 ou 30 minutes.
21	Beurre	. . . . . .	Ajouter à volonté vers la fin de la cuisson.
22	Pain	. . . . . .	Tailler en tranches minces et placer au fond d'une soupière.

SOUPE AUX HERBES (*Suite*).

ORDRE des opérations	NOMS.	PROPORTIONS.	PRÉPARATIONS ET CUISSON.
23	. . . .	. . . .	Verser sur le pain le bouillon bouillant.
24	Jaunes d'œufs. .	1 ou 2	Délayer ensemble dans un bol pour faire une liaison.
25	Bouillon ou crè-me double. . .	quelques cuillerées	
26	. . . .	. . . .	Puis quand le bouillon ou le lait ne bout plus, y verser peu à peu les jaunes d'œufs préparés en tournant avec une cuiller de bois.
27	. . . .	. . . .	Laisser tremper cinq minutes sur le bord du fourneau.
28	. . . .	. . . .	Servir chaud.

20. — POTAGE JULIENNE AU GRAS

	NOMS.	PROPORTIONS.	PRÉPARATIONS ET CUISSON.
1	Carottes	. . . .	Couper en filets minces en tournant tout autour avec un couteau pour en faire une sorte de rubans à pla-cer l'un sur l'autre.
2	Navets.	. . . .	
3	Panais	. . . .	
4	Pommes de terre	. . . .	Puis les couper ensuite en tra-vers, très-minces.
5	Chou	quelques feuilles.	Ajouter.
6	Poireaux	. . . .	Couper en tranches minces et ajouter.
7	Céleri.	. . . .	
8	Oignons.	. . . .	
9	Laitues.	. . . .	
10	Oseille	. . . .	
11	Cerfeuil.	les feuilles sans les branches	Hacher et mêler à tout le reste.

POTAGE JULIENNE AU GRAS (*Suite*).

ORDRE des opérations	NOMS.	PROPORTIONS.	PRÉPARATIONS ET CUISSON.
12	Beurre frais. . .	. . . .	Mettre à fondre dans une casserole sur un feu doux.
13	Sel, poivre . . .	. . . .	Semer en assaisonnement.
14	. . . .	. . . .	Jeter dans le beurre tous les légumes préparés.
15	. . . .	. . . .	Bien remuer et mêler avec la cuiller de bois.
16	Bouillon gras ou	. . . .	Verser dessus en quantité proportionnée au nombre de convives.
17	bouillon mai-	. . . .	
18	gre ou eau.. .	. . . .	
	. . . .	. . . .	Laisser bouillir doucement une heure environ.
19	Petits pois verts.	1 cuiller à bouche.	Ajouter 1/2 h. avant de servir.
20	Pointes d'asperges	Id.	
21	Pain rassis (ou	. . . .	Tailler en petits croûtons et ranger au fond de la soupière.
22	riz préparé à part)	. . . .	
23	. . . .	. . . .	Verser le bouillon bouillant.
24	Sauce tomate. .	quelques cuillerées.	Ajouter à volonté.

21. — POTAGE JULIENNE AU MAIGRE.

1	Carottes	. . . .	Peler, couper en tranches.
2	Panais	. . . .	
3	Navets	. . . .	
4	Oignons.	. . . .	
5	Poireaux.. . . .	. . . .	
6	Beurre	. . . .	Faire fondre dans une casserole sur un feu doux.

POTAGE JULIENNE AU MAIGRE (*Suite*).

ORDRE des opérations	NOMS.	PROPORTIONS.	PRÉPARATIONS ET CUISSON.
7	. . . .	. . . .	Y mettre les légumes à roussir légèrement.
8	Oseille	. . . .	Hacher et ajouter aux premiers légumes quand ils ont pris couleur.
9	Céleri.	. . . .	
10	Laitue	. . . .	
11	Cerfeuil.	. . . .	
12	Pois verts.	. . . .	
13	Haricots frais. . .	. . . .	
14	Pointes d'asperges.	. . . .	Ajouter au choix, à volonté.
15	Petites fèves. . .	. . . .	
16	. . . .	. . . .	Retourner légèrement deux ou trois fois les légumes dans la casserole avec la cuiller de bois.
17	Eau chaude. . .	. . . .	Verser dessus en quantité proportionnée au nombre des convives.
18	Sel, poivre . . .	. . . .	Semer en assaisonnement.
19	Beurre	. . . .	Ajouter à la fin de la cuisson.
20	. . . .	. . . .	Verser la Julienne cuite dans la soupière.
21	Pain	Coupé en très petits morceaux.	Faire frire à part dans la poêle.
22	Beurre	. . . .	
23	. . . .	. . . .	Jeter le pain frit dans le potage. Servir très-chaud.
24	. . . .	. . . .	

22. — POTAGE AU LAIT.

ORDRE des opérations	NOMS.	PROPORTIONS.	PRÉPARATIONS ET CUISSON.
1	Lait frais.	. . . .	Verser dans une casserole ou dans une marmite.
2	Sel.	Quelques grains.	Saupoudrer en mêlant sur le feu.
3	Beurre.	. . . .	Ajouter à volonté.
4	. . . .	. . . .	Retirer le lait du feu dès qu'il bout.
5	Pain rassis	. . . . . .	Tailler en tranches minces dans la soupière.
6	. . . .	. . . . . .	Verser le lait bouillant sur le pain.
7	Sucre en poudre. .	. . . . . .	Ajouter à volonté.
8	. . . .	. . . . . .	Laisser tremper un instant et servir.

23. — POTAGE A LA PURÉE DE LENTILLES.

1	Lentilles	. . . . . .	Faire cuire ensemble.
2	Bouillon.	. . . . . .	
3	Carotte.	1	
4	Oignons.	2	
5	. . . .	. . . . . .	Poser une passoire sur une casserole.
6	. . . .	. . . . . .	Y verser les légumes.
7	. . . .	. . . . . .	Faire passer en écrasant avec une cuiller de bois.
8	Autre bouillon. .	. . . . . .	Ajouter à mesure pour aider à passer.
9	. . . .	. . . . . .	Faire bouillir 15 ou 20 minutes.
10	Pain rassis . . .	. . . . . .	Couper en petits morceaux dans la soupière à servir.
11	. . . .	. . . . . .	Verser par-dessus le pain la purée préparée.

24. — POTAGES MAIGRES. — *Renseignements.*

ORDRE des opérations	NOMS.	PROPORTIONS.	PRÉPARATIONS ET CUISSON.
1	Légumes frais ou secs.	au choix.	Mettre au fond d'une marmite.
2	Eau froide (si les légumes sont secs)	. . . .	Verser dessus en quantité proportionnée au nombre de convives.
3	Eau bouillante (si les légum. sont frais).	. . . .	
4	Sel, poivre. . . .	. . . . . .	Semer en assaisonnement.
5	. . . .	. . . . . .	Laisser bien cuire.
6	Pain rassis	. . . . . .	Couper en tranches minces et ranger au fond d'une soupière.
7	. . . .	. . . . . .	Poser une passoire sur la soupière.
8	. . . .	. . . . . .	Verser dessus le bouillon de légumes bien bouillant.
9	Beurre	. . . . . .	Ajouter dans la soupière.
10	Jaunes d'œufs. .	2	Casser dans un bol.
11	Eau.	. . . . . .	Verser goutte à goutte sur les œufs en délayant avec une cuiller de bois.
12	. . . .	. . . . . .	Verser cette liaison dans le potage quand il ne bout plus et servir.

25. — POTAGE AU MOUTON.

ORDRE des opérations	NOMS.	PROPORTIONS.	PRÉPARATIONS ET CUISSON.
1	Gigot ou épaule.	3 ou 4 livres.	Ficeler et mettre dans la marmite.
2	Eau ou bouillon.	. . . .	Verser par-dessus en quantité proportionnée au nombre de convives.

POTAGE AU MOUTON (*Suite*).

ORDRE des opérations	NOMS.	PROPORTIONS.	PRÉPARATIONS ET CUISSON.
3	. . . .	. . . . . .	Faire bouillir 2 heures et écumer.
4	Sel, poivre.. . . .	. . . . . .	Semer ensuite en assaisonnement.
5	Navets	coupés	
6	Céleri.	en	
7	Carottes	morceaux.	
8	Oignon piqué d'un clou de girofle.	. . . . . .	Ajouter ensuite.
9	Racine de gingembre. . . .	à volonté.	
10	. . . .	. . . . .	Faire bouillir encore 4 ou 5 heures sur un feu doux.
11	. . . .	. . . . .	Dégraisser.
12	Pain rassis . . .	. . . . .	Tailler en petits croûtons à faire griller sur le gril à pain.
13	. . . .	. . . . .	Mettre ces croûtons au fond de la soupière.
14	. . . .	. . . . .	Poser une passoire sur la soupière et y verser tout le potage.
15	. . . .	. . . . .	Servir les légumes à part.

26. — POTAGE AU NATUREL.

1	Pain à soupe ou biscottes.	. . . . .	Tailler en rondelles de 5 centimètres de diamètre à diviser en deux.
2	. . . .	. . . . .	Les présenter au feu sur un gril à pain.
	. . . .	. . . . .	Prendre soin de faire bien griller sans brûler.

POTAGE AU NATUREL (*Suite*).

ORDRE des opérations	NOMS.	PROPORTIONS.	PRÉPARATIONS ET CUISSON.
4	. . . .	. . . .	Ranger dans la soupière les rondelles grillées en les plaçant les unes sur les autres.
5	Bouillon bouillant dans la marmite (on suppose le pot-au-feu). . .	. . . .	Puiser au moment où il est en ébullition.
6	. . . .	. . . .	Poser une passoire fine sur la soupière où l'on a rangé le pain.
7	. . . .	. . . .	Y verser une grande cuillerée de bouillon pour imbiber le pain d'abord.
8	. . . .	. . . .	Quand les croûtons sont renflés, achever de remplir la soupière avec le bouillon nécessaire.
9	Légumes cuits dans le pot-au-feu , tels que : Oignons. . . . . Carottes . . . Poireaux . . . Persil. . . .	. . . .	Servir sur une assiette à part.

27. — POTAGE A L'OIGNON AU MAIGRE.

ORDRE des opérations	NOMS.	PROPORTIONS.	PRÉPARATIONS ET CUISSON.
1	Oignons.........	....	Eplucher, couper en tranches, puis en croissants ou hacher.
2	Beurre........	....	Faire fondre dans une casserole sur un feu doux.
3			Y mettre les oignons préparés et les laisser roussir un peu foncés en remuant avec la cuiller de bois pour les empêcher de brûler.
4	Farine......	1 cuillerée.	Faire pleuvoir dans la casserole quand le beurre est à moitié roux.
5	Sel, poivre....	....	Semer, id.
6			Quand le roux est bien coloré retirer la casserole sur le bord du fourneau.
7	Eau chaude ...	....	Y verser alors peu à peu en quantité proportionnée au nombre de convives.
8			Remettre la casserole sur le feu.
9			Faire bouillir 10 minutes.
10	Jaunes d'œufs..	1 ou 2.	Casser dans un bol à part.
11	Lait........	quelques cuillerées.	Verser peu à peu sur les œufs en délayant avec la cuiller de bois.
12			Verser doucement cette liaison dans la casserole mise hors du feu (pour que le potage ne bouillant plus, ne tourne pas), et continuer à tourner pour bien mêler.
13	Pain rassis. ...	....	Tailler en tranches minces au fond de la soupière.

POTAGE A L'OIGNON AU MAIGRE (*Suite*).

ORDRE des opérations	NOMS.	PROPORTIONS.	PRÉPARATIONS ET CUISSON.
14	. . . .	. . . . . .	Verser le bouillon bien chaud sur le pain.
15	. . . .	. . . . . .	Laisser tremper une minute et servir. *Nota.* — On peut supprimer la liaison à volonté. Ce potage est recommandé comme dissipant l'ivresse.

28. — POT-AU-FEU AU LARD.

1	Eau.	à moitié plein la marmite.	Mettre sur le feu.
2	Lard frais ou conservé.	. . . .	Mettre dans l'eau quand elle bout.
3	. . . .	. . . .	Écumer à mesure que l'écume monte à la surface.
4	Sel	. . . . . .	Ajouter, seulement si le lard est frais.
5	Carottes	. . . . . .	
6	Navets	. . . . . .	
7	Panais..	. . . . . .	
8	Persil.	un bouquet attaché avec un fil.	Ajouter dans la marmite.
9	. . . .	. . . . . .	Si le lard est frais faire bouillir 2 heures.
10	. . . .	. . . . . .	Si le lard est vieux laisser cuire 4 heures au moins.
11	. . . .	. . . . . .	Piquer le lard avec une fourchette pour juger s'il est cuit au point.

POT-AU-FEU AU LARD (*Suite*).

ORDRE des opérations	NOMS.	PROPORTIONS.	PRÉPARATIONS ET CUISSON.
12	Pain rassis. . . .	. . . . . .	Tailler en tranches minces à ranger au fond de la soupière.
13	. . . .	. . . . . .	Verser par-dessus le bouillon au travers d'une passoire fine.
14	. . . .	. . . . . .	Servir les légumes à part.
15	. . . .	. . . . . .	Dresser le lard sur un autre plat.

20. — POT-AU-FEU A LA POULE.

1	Vieille poule. . .	. . . . . .	Vider, flamber.
2	. . . .	. . . . . .	Attacher le cou et les pattes avec du gros fil de cuisine.
3	. . . .	. . . . . .	Mettre la bête dans la marmite.
4	Sel, poivre. . . .	. . . . . .	Semer dessus.
5	Eau.	. . . . . .	Verser à tout couvrir.
6	. . . .	. . . . . .	Faire bouillir sur un feu doux.
7	. . . .	. . . . . .	Ecumer à mesure que l'écume monte à la surface.
8	Carottes		
9	Navets		
10	Oignons.		Ajouter aussitôt après avoir écumé.
11	Poireaux. . . .		
12	Persil.	un bouquet attaché avec un fil.	
13	. . . .	. . . . . .	Laisser bouillir 3 heures.
14	. . . .	. . . . . .	Retirer alors la poule et les légumes à dresser sur deux plats à part.

POTAGE A LA POULE (*Suite*).

ORDRE des opérations	NOMS.	PROPORTIONS.	PRÉPARATIONS ET CUISSON.
15	Pain rassis....	. . . .	Couper en tranches minces à ranger au fond de la soupière.
16	. . . .	. . . .	Mettre une passoire sur la soupière.
17	. . . .	. . . .	Verser le bouillon à faire passer et servir chaud.

30. — POT-AU-FEU SELON RASPAIL.

	NOMS.	PROPORTIONS.	PRÉPARATIONS ET CUISSON.
1	Bœuf.	. . . .	Choisir de préférence ceux du Nord.
2	Mouton.	. . . .	Choisir de préférence ceux du Midi ou de prés salés.
3	. . . .	. . . .	Ficeler la viande.
4	. . . .	. . . .	La mettre dans la marmite.
5	Eau.	volume double de celui de la viande.	Verser dessus.
6	Sel.	1 poignée.	Id.
7	. . . .	. . . .	Mettre la marmite sur un feu doux.
8	. . . .	. . . .	Ecumer à mesure que l'écume monte.
9	Oignon blanc piqué d'un clou de girofle. . .	. . . .	
10	Muscade	1 pointe.	
11	Poireaux	attacher	Ajouter dans la marmite.
12	Céleri.	en	
13	Cerfeuil.	bouquet.	
14	Ail.	2 ou 3 gousses	

POT-AU-FEU SELON RASPAIL (*Suite*).

ORDRE des opérations	NOMS.	PROPORTIONS.	PRÉPARATIONS ET CUISSON.
15	Poivre	1 pincée.	Ajouter dans la marmite.
16	Laurier sauce. .	1 feuille.	
17	Oignon blanc. .	1	
18	Carotte.	1	
19	Navet.	1	
20	. . . .	. . . .	Laisser bouillir 4 ou 5 heures à feu doux et égal.
21	. . . .	. . . .	Retirer le bouquet et la viande.
22	. . . .	. . . .	Oter la ficelle.
23	. . . .	. . . .	Dégraisser le bouillon.
24	Pain.	. . . .	Tailler en tranches minces ou en petits croissants à ranger au fond de la soupière.
25	. . . .	. . . .	Poser une passoire fine sur la soupière, afin qu'en passant le bouillon, il n'y puisse rester de petits os.
26	. . . .	. . . .	Verser le bouillon bouillant, peu à peu d'abord, pour imbiber le pain et le laisser se gonfler, puis verser tout le reste du bouillon.
27	Cerfeuil.	. . . .	Semer à volonté sur le dessus du potage.
28	. . . .	. . . .	Servir les légumes sur une assiette à part, carottes, navets, oignons, poireaux.

POT-AU-FEU. — *Renseignements pour ôter le goût d'évent.*

ORDRE des opérations	NOMS.	PROPORTIONS.	PRÉPARATIONS ET CUISSON.
1	Bouillon conservé depuis plusieurs jours.	. .	
2	. . . .	. . . .	Remettre à bouillir. Y plonger un charbon ardent à laisser quelques minutes
3	. . . .	. . . .	Réitérer l'opération si elle n'a pas réussi la 1re fois; au 2e essai, le bouillon perdra tout mauvais goût.

32. — POTAGE MAIGRE AUX PATES.

1	Lait ou eau. . .	quantité proportionnée au nombre de convives.	Faire bouillir dans une casserole.
2	Pâte choisie : vermicelle ou semoule ou riz. .	. . . .	Semer dans le lait (quand l'ébullition est complète) en tournant de l'autre main avec la cuiller de bois.
3	Beurre	. . . .	Ajouter.
4	Sel et sucre. . .	. . . .	
5	. . . .	. . . .	Laisser cuire.
6	Jaune d'œuf. . .	1	Délayer dans un bol à part pour faire une liaison.
7	Eau	quelq. goutt.	
8	. . . .	. . . . .	Retirer la casserole du feu quand le potage est cuit au point.
9	. . . .	. . . . . .	Attendre qu'il ne bouille plus.

POTAGE MAIGRE AUX PATES (*Suite*).

ORDRE des opérations	NOMS.	PROPORTIONS.	PRÉPARATIONS ET CUISSON.
10	. . . .	. . . .	Y verser ensuite peu à peu la liaison d'œuf en tournant doucement avec la cuiller de bois.
11	. . . .	. . . .	Bien mêler, puis verser dans la soupière et servir chaud.

33. — SOUPE AU POTIRON

1	Potiron.	1 quartier.	Eplucher en retirant l'écorce et les pépins.
2	. . . .	. . . . . .	Le couper en petits carrés.
3	Eau ou lait. . .	. . . . . .	Faire bouillir dans une casserole.
4	. . . .	. . . . . .	Quand l'ébullition est complète y jeter les morceaux de potiron.
5	Sel ou sucre. . .	. . . . . .	Ajouter.
6	. . . .	. . . . . .	Laisser cuire jusqu'à tomber en purée.
7	. . . .	. . . . . .	Bien écraser avec la cuiller de bois.
8	. . . .	. . . . . .	Laisser réduire sur le feu à découvert.
9	. . . .	. . . . . .	Poser ensuite une passoire ou une étamine sur une autre casserole.
10	. . . .	. . . . . .	Y verser le potiron et laisser égoutter.
11	. . . .	. . . . . .	Jeter l'eau qui a servi.
12	. . . .	. . . . . .	Remettre la passoire ou l'étamine sur la casserole.

SOUPE AU POTIRON (*Suite*).

ORDRE des opérations	NOMS.	PROPORTIONS.	PRÉPARATIONS ET CUISSON.
13	Lait ou eau. . .	quelq. goutt.	Verser peu à peu sur le potiron pour aider à le faire passer en continuant à l'écraser avec la cuiller de bois.
14	Beurre	1/2 quarteron	Ajouter alors au potiron, quand tout a été passé.
15	Lait	1 litre.	Faire bouillir à part.
16	Sucre ou sel. . .	1 pincée.	
17	. . . .	. . . .	Quand le lait est bouillant, le verser peu à peu dans la purée de potiron, en tournant sans arrêt avec la cuiller de bois.
18	Pain rassis . . .	. . . .	Couper en tranches minces à ranger au fond de la soupière
19	. . . .	. . . .	Verser par-dessus le pain la purée faite.
20	Eau de fleur d'oranger	1 cuillerée à café.	Ajouter (à volonté) si le potage est au sucre.
21	. . . .	. . . .	Servir chaud.

34. — PANADE (*Potage maigre au pain*).

1	Pain mollet ou croûte (celle-ci est plus stomachique). . .	. . . .	Casser en petits morceaux dans une casserole.
2	Eau ou bouillon maigre. . . .	. . . .	Verser sur le pain.

PANADE (*Potage maigre au pain*) (*suite*).

ORDRE des opérations	NOMS.	PROPORTIONS.	PRÉPARATIONS ET CUISSON.
3	Sel, poivre	. . . .	Semer largement pour retirer le goût fade du pain.
4	. . . .	. . . .	Laisser mijoter sur un feu très-doux, sans remuer pendant une 1/2 heure ou 1 heure.
5	Beurre frais. . . .	. . . .	Ajouter à la fin de la cuisson.
6	. . . .	. . . .	Mêler avec la cuiller de bois.
7	. . . .	. . . .	Laisser bouillir quelques instants.
8	. . . .	. . . .	Retirer la casserole sur le bord du fourneau.
9	Jaune d'œuf. . .	1	Délayer ensemble doucement pour faire une liaison à ajouter à la panade quand elle ne bout plus.
10	Lait ou crème. .	quelq. goutt.	
11	. . . .	. . . .	Servir.

35. — POTAGE AUX POMMES DE TERRE ET A L'OSEILLE.

1	Oseille.	1 poignée.	Hacher fin.
2	Beurre	. . . .	Faire fondre dans une casserole sur un feu doux.
3	. . . .	. . . .	Quand le beurre est fondu, y mêler l'oseille hachée.
4	Sel, poivre. . .	. . . .	Semer et bien remuer avec la cuiller de bois.
5	. . . .	. . . .	Laisser cuire.
6	Pommes de terre	. . . .	Peler et couper en tranches, à placer au fond d'une autre casserole.
7	Eau.	quantité proportionnée au nombre de convives.	Verser par-dessus les pommes de terre et les faire cuire.

POTAGE AUX POMMES DE TERRE ET A L'OSEILLE (*Suite*).

ORDRE des opérations	NOMS.	PROPORTIONS.	PRÉPARATIONS ET CUISSON.
8			Quand les pommes de terre sont prêtes, poser une passoire sur la casserole où est l'oseille cuite.
9			Verser les pommes de terre cuites et laisser passer l'eau.
10			Bien délayer alors la purée d'oseille.
11			Verser dans la soupière.
12			Ranger les tranches de pommes de terre par-dessus l'oseille en place de pain.
13			Servir chaud.

36. — POTAGE A LA PURÉE DE HARICOTS.

1	Haricots blancs.		Mettre dans une terrine.
2	Eau chaude.		Verser dessus pour les laver.
3			Poser une passoire sur la casserole.
4			Y verser les haricots à égoutter.
5			Jeter l'eau qui a servi.
6			Remettre les haricots lavés et égouttés dans une casserole ou dans une marmite.
7	Carottes		⎞
8	Oignons.		⎟ Ajouter.
9	Eau ou bouillon.		⎟
10	Sel, poivre		⎠
11			Laisser bien cuire.
12			Poser la passoire sur une autre casserole

POTAGE A LA PURÉE DE HARICOTS (*Suite*).

ORDRE des opérations	NOMS.	PROPORTIONS.	PRÉPARATIONS ET CUISSON.
13	. . . .	. . . . . .	Y verser les légumes cuits.
14	. . . .	. . . . . .	Les écraser avec la cuiller de bois.
15	Bouillon de la cuisson. . . .	. . . . . .	Verser, peu à peu, en écrasant pour aider la purée à passer.
16	. . . .	. . . . . .	Quand tout a passé, remettre la casserole sur le feu.
17	Beurre	. . . . . .	Mêler avec.
18	. . . .	. . . . . .	Laisser bouillir doucement 15 ou 20 minutes.
19	Pain rassis . . .	. . . . . .	Tailler en petits croûtons dans la soupière.
20	. . . .	. . . . . .	Verser la purée faite et servir chaud.

37. — POTAGE A TOUTES LES PURÉES DE LÉGUMES.

ORDRE des opérations	NOMS.	PROPORTIONS.	PRÉPARATIONS ET CUISSON.
1	Haricots		
2	Pois		
3	Lentilles		
4	Laitues	au choix selon la saison.	Ratisser, éplucher, couper et ranger dans une casserole.
5	Carottes		
6	Navets		
7	Panais		
8	Céleri.		
9	Poireaux		
10	Oignons. . . .		
11	Eau bouillante .	. . . . . .	Jeter sur le tout pour blanchir
12	. . . .	. . . . . .	Renverser ensuite sur une passoire posée sur une terrine.
13	. . . .	. . . . . .	Laisser bien égoutter.

POTAGE A TOUTES LES PURÉES DE LÉGUMES (*Suite*).

ORDRE des opérations	NOMS.	PROPORTIONS.	PRÉPARATIONS ET CUISSON.
14	Beurre.	. . . .	Fondre dans une casserole.
15	Farine.	1 pincée	Mêler.
16	Eau chaude ou bouillon. . . .	. . . .	Verser peu à peu en délayant avec la cuiller de bois.
17	. . . .	. . . .	Jeter dans ce roux les légumes préparés.
18	Eau chaude ou bouillon bouillant.	toute la la quantité nécessaire au nombre de convives.	Verser alors.
19	Sel, poivre . . .	. . . .	Semer en assaisonnement.
20	. . . .	. . . .	Laisser cuire.
21	. . . .	. . . .	Remettre la passoire sur une autre casserole.
22	. . . .	. . . .	Y verser les légumes bien cuits, et piler avec la cuiller de bois.
23	. . . .	. . . .	Quand tout a passé, remettre la casserole sur le feu.
24	Pain rassis. . .	. . . .	Tailler en croûtons.
25	Beurre	. . . .	Fondre à part dans la poële sur un feu doux.
26	. . . .	. . . .	Y mettre le pain à frire.
27	. . . .	. . . .	Verser la purée chaude dans la soupière, et les croûtons par-dessus.
28	. . . .	. . . .	Servir de suite.

38. — POTAGE A LA PURÉE DE POIS SECS, AU GRAS.

ORDRE des opérations	NOMS.	PROPORTIONS.	PRÉPARATIONS ET CUISSON.
1	Pois secs	. . . .	Préparer dans une terrine.
2	Eau.	. . . . . .	Verser dessus à tout recouvrir.
3	Sel.	. . . . . .	Ajouter.
4	. . . .	. . . . .	Laisser tremper 12 heures au moins.
5	. . . .	. . . . .	Poser alors un tamis ou une passoire sur une autre terrine.
6	. . . .	. . . . .	Y renverser les pois.
7	. . . .	. . . . .	Jeter l'eau qui a servi.
8	. . . .	. . . . .	Laisser les pois bien égoutter.
9	. . . .	. . . . .	Les mettre ensuite dans une casserole.
10	Eau.	. . . . .	Verser dessus à tout recouvrir.
11	Carottes	. . . . .	Peler, couper dans la longueur et ajouter à volonté.
12	Navets	. . . . .	
13	Pommes de terre	. . . . .	
14	Poireaux. . . .	. . . . .	Attacher en bouquet et ajouter à volonté.
15	Céleri. . . .	. . . . .	
16	Cerfeuil. . . .	. . . . .	
17	Oignons blancs,	2 ou 3,	Ajouter.
18	. . . .	. . . . .	Laisser cuire tout ensemble 1 heure 1/2 en remuant de temps en temps avec la cuiller de bois pour empêcher le fond de s'attacher.
19	. . . .	. . . . .	Retirer les oignons, les poireaux et le cerfeuil.
20	. . . .	. . . . .	Renverser tout le reste sur une passoire ou sur un tamis à poser sur une autre casserole.
21	. . . .	. . . . .	Écraser avec la cuiller de bois jusqu'à tout faire passer en purée.

POTAGE A LA PURÉE DE POIS SECS, AU GRAS (*Suite*).

ORDRE des opérations	NOMS.	PROPORTIONS.	PRÉPARATIONS ET CUISSON.
22	Bouillon	. . . .	Ajouter, peu à peu, pour éclaircir la purée au point désiré.
23	Riz crevé d'avance : ou croûtons frits dans la poêle avec du beurre. . .	. . . .	Mettre au fond de la soupière.
24	. . . .	. . . .	Verser la purée par-dessus.
25	. . . .	. . . .	Servir chaud.

39. — POTAGE A LA PURÉE DE POIS SECS, AU MAIGRE.

1	Pois secs	. . . . . .	Préparer dans une terrine.
2	Eau.	. . . . . .	Verser dessus jusqu'à tout baigner.
3	. . . .	. . . . . .	Laisser tremper 12 heures au moins.
4	. . . .	. . . . . .	Poser alors un tamis ou une passoire sur une autre terrine.
5	. . . .	. . . . . .	Y renverser les pois et l'eau.
6	. . . .	. . . . . .	Jeter l'eau qui a passé.
7	. . . .	. . . . . .	Laisser les pois bien égoutter.
8	. . . .	. . . . . .	Les mettre ensuite dans une casserole.
9	Eau.	. . . . . .	Verser dessus à tout recouvrir.
10	Carottes. . . .	. . . . .	Peler, couper en longueur.
11	Navets	. . . . .	Ajouter, à volonté, au choix.
12	Pommes de terre.	. . . . .	
13	Céleri.	. . . . .	Lier ensemble en bouquet, à ajouter au choix.
14	Poireaux . . .	. . . . .	
15	Cerfeuil. . . .		
16	Oignons brûlés.	2 ou 3	Mettre pour donner de la couleur.

POTAGE A LA PURÉE DE POIS SECS, AU MAIGRE (*Suite*.

ORDRE des opérations	NOMS.	PROPORTIONS.	PRÉPARATIONS ET CUISSON.
17	. . . .	. . . .	Laisser cuire tout ensemble 1 heure 1/2 en remuant de temps à autre avec une cuiller de bois pour empêcher le fond de s'attacher.
18	. . . .	. . . .	Retirer ensuite les oignons, les poireaux et le cerfeuil.
19	. . . .	. . . .	Renverser tout le reste sur une passoire à poser sur une autre casserole.
20	. . . .	. . . .	Ecraser avec la cuiller de bois jusqu'à tout faire passer en purée.
21	Eau chaude. . . .	. . . .	Ajouter, peu à peu, pour éclaircir la purée au point désiré.
22	Beurre	. . . .	Ajouter et bien remuer.
23	Riz crevé d'avance ou croûtons frits dans la poêle avec du beurre	. . . .	Placer au fond de la soupière et verser par-dessus.
24	. . . .	. . . .	Servir chaud.

40 — POTAGE RIZ AU GRAS. — 1re *manière.*

	NOMS.	PROPORTIONS.	PRÉPARATIONS ET CUISSON.
1	Riz Caroline. . .	1 cuillerée par convive.	Mettre dans une terrine.
2	Eau froide. . . .	. . . .	Verser dessus pour le laver en le frottant entre les mains.
3	. . . .	. . . .	Bien éplucher le gravier.
4	. . . .	. . . .	Jeter la première eau.

POTAGE RIZ AU GRAS. — 1re *manière (Suite)*.

ORDRE des opérations	NOMS.	PROPORTIONS.	PRÉPARATIONS ET CUISSON.
5	. . . .	. . . .	Recommencer plusieurs fois à l'arroser ainsi s'il est besoin.
6	. . . .	. . . .	Poser une passoire sur une autre terrine.
7	. . . .	. . . .	Y verser le riz et laisser égoutter.
8	. . . .	. . . .	Jeter l'eau qui a servi.
9	. . . .	. . . .	Mettre le riz dans une casserole sur un feu doux.
10	Bouillon froid ou eau froide. . .	1 verre pour 2 cuillerées de riz.	Verser sur le riz pour qu'il crève, et laisser tarir.
11	Bouillon chaud ou froid. . . .	quantité proportionnée au nombre de convives.	Verser alors complétement sur le riz qui a dû absorber le premier bouillon.
12	Sel, poivre.	. . . .	Semer en petite quantité à cause du bouillon déjà assaisonné.
13	Jus de rôti de veau.	. . . .	Ajouter à volonté pour donner un goût plus fin au potage.
14	. . . .	. . . .	Laisser mijoter sans remuer environ pendant 1/2 heure, jusqu'à ce que les grains cuits au point s'écrasent sous les doigts sans effort, mais sans tomber en bouillie.
15	. . . .	. . . .	Verser dans la soupière et servir.

4

41. — POTAGE RIZ AU GRAS. — 2e *manière plus simple.*

ORDRE des opérations	NOMS.	PROPORTIONS.	PRÉPARATIONS ET CUISSON.
1	Bouillon	. . . . . .	Faire chauffer dans une casserole.
2	Riz préparé, échaudé, égoutté.	. . . .	Jeter dans le bouillon bouillant et laisser cuire à feu vif une heure environ.
3	. . . .	. . . . . .	Servir le riz un peu ferme sous la dent. (Façon à la créole.)

42. — POTAGE RIZ AU LAIT.

1	Riz Caroline . .	4 cuillerées pour 6 personnes.	Mettre dans une terrine.
2	Eau froide. . . .	. . . . . .	Verser dessus pour le nettoyer.
3	. . . .	. . . . . .	Bien remuer, laver et éplucher le gravier.
4	. . . .	. . . . . .	Poser une passoire sur une casserole.
5	. . . .	. . . . . .	Y verser le riz et laisser égoutter.
6	. . . .	. . . . . .	Jeter l'eau qui a passé.
7	. . . .	. . . . . .	Recommencer à laver plusieurs fois jusqu'à obtenir une eau bien claire.
8	. . . .	. . . . . .	Verser dans la casserole et recouvrir d'eau.
9	. . . .	. . . . . .	Laisser tremper 2 ou 3 heures dans la dernière eau.
10	. . . .	. . . . . .	Mettre ensuite la casserole sur le feu jusqu'à ce que le riz ait absorbé toute l'eau.

POTAGE RIZ AU LAIT (*Suite*).

ORDRE des opérations	NOMS.	PROPORTIONS.	PRÉPARATIONS ET CUISSON.
11	Lait.	1 litre 1/2 pour 4 cuillerées de riz.	Faire bouillir dans une autre casserole.
12	. . . .	. . . .	Quand il est bouillant, le verser sur le riz.
13	. . . .	. . . .	Tourner sur le feu avec la cuiller de bois pendant un quart d'heure.
14	Sel.		
15	Sucre.	. . . .	
16	Laurier amande		Ajouter.
17	ou fleur d'oranger, ou vanille.	1 feuille	
18			
19	. . . .	. . . .	Laisser cuire encore un quart d'heure.
20	. . . .	. . . .	Les grains, cuits au point, doivent s'écraser sous les doigts sans effort, mais sans tomber en bouillie.
21	. . . .	. . . .	Dès que le potage est cuit il se forme une peau dessus.
22	. . . .	. . . .	Retirer alors le laurier et la vanille, qu'on peut faire resservir une autre fois.
23	. . . .	. . . .	Mettre la casserole de riz sur le bord du fourneau.
24	Jaunes d'œufs. .	2	Casser dans un bol.
25	Lait froid . . .	2 cuillerées.	Verser goutte à goutte sur les œufs en mêlant doucement avec une cuiller.
26	. . . .	. . . .	Quand la liaison est faite la verser dans le potage (mis hors du feu pour qu'il ne bouille plus, sinon la liaison tournerait), et bien mêler en remuant doucement avec la cuiller.
27	. . . .	. . . .	Quand la liaison est faite servir

43. — SEMOULE POUR POTAGES. — *Renseignements.*

Origine du mot semoule : Semi ou demi.{ Moulu à demi.
Moule - moulu.

Pâte faite de farine de gruau ou de froment mise en très-petits grains.
Semoule blanche : Même pâte faite de farine de riz.
Semoule jaune : Même pâte faite de fleur de farine mêlée de
teinture de safran, de coriandre et de jaunes
d'œufs.
La semoule de Gênes et la semoule de Lyon sont les plus renommées.

44. — POTAGE RIZ AU BEURRE.

ORDRE des opérations	NOMS.	PROPORTIONS.	PRÉPARATIONS ET CUISSON.
1	Riz Caroline . .	1/2 livre.	Mettre dans une terrine.
2	Eau froide.. . .	. . . .	Verser dessus pour le nettoyer.
3	. . . .	. . . .	Bien remuer, laver, éplucher.
4	. . . .	. . . .	Poser une passoire sur une casserole.
5	. . . .	. . . .	Y verser le riz et laisser égoutter.
6	. . . .	. . . .	Jeter l'eau qui a passé.
7	. . . .	. . . .	Recommencer à laver de même plusieurs fois jusqu'à obtenir une eau bien claire.
8	. . . .	. . . .	Laisser tremper 2 ou 3 heures dans la dernière eau où doit baigner le riz.
9	. . . .	. . . .	Mettre la casserole sur un feu doux.
10	Sel.	. . . .	Saupoudrer.
11	. . . .	. . . .	Laisser le riz absorber toute l'eau.
12	Eau chaude. . .	. . . .	Verser dessus en quantité proportionnée au nombre de convives.
13	. . . .	. . . .	Mettre la casserole sur le bord du fourneau.

POTAGE RIZ AU BEURRE (*Suite*).

ORDRE des opérations	NOMS.	PROPORTIONS.	PRÉPARATIONS ET CUISSON.
14	Beurre.	. . . .	Ajouter en bien mêlant, avec la cuiller de bois.
15	. . . .	. . . .	Remettre sur le feu.
16	Jaunes d'œufs. .	2	Délayer dans un bol à part
17	Eau.	1 cuillerée.	pour faire une liaison.
18	. . . .	. . . .	Mêler cette liaison, peu à peu, au riz, puis servir.

45. — POTAGE RIZ A DIVERSES PURÉES.

1	Riz Caroline . .	1/2 livre.	Mettre dans une terrine.
2	Eau froide . . .	. . . .	Verser dessus pour le nettoyer.
3	. . . .	. . . .	Bien remuer, laver, éplucher.
4	. . . .	. . . .	Poser une passoire sur une casserole.
5	. . . .	. . . .	Y verser le riz et laisser égoutter.
6	. . . .	. . . .	Jeter l'eau qui a passé.
7	. . . .	. . . .	Recommencer à laver ainsi plusieurs fois jusqu'à obtenir une eau bien claire.
8	. . . .	. . . .	Laisser tremper 2 ou 3 heures dans la dernière eau où doit baigner le riz.
9	. . . .	. . . .	Mettre alors la casserole sur un feu doux.
10	Sel.	. . . .	Saupoudrer.
11	. . . .	. . . .	Laisser le riz absorber toute l'eau.

POTAGE RIZ A DIVERSES PURÉES (*Suite*).

ORDRE des opérations	NOMS.	PROPORTIONS.	PRÉPARATIONS ET CUISSON.
12	Purée au choix, de lentilles ou autres légumes, préparée d'avance	. . . .	Faire bouillir quelques instants, dans une casserole, au moment de servir.
13	. . . .	. . . .	Verser le riz dans la soupière et la purée par-dessus.

46. — POTAGE SAGOU AU GRAS.

1	Bouillon	quantité relative au nombre de convives.	Mettre à bouillir dans une casserole.
2	Sagou.	2 ou 3 cuillerées par litre de bouillon.	Répandre, peu à peu, dans le bouillon quand il est bouillant.
3	. . . .	. . . .	Laisser cuire 1/2 heure sur un feu doux.
4	. . . .	. . . .	Verser dans la soupière et servir chaud.

47. — POTAGE SAGOU AU LAIT.

1	Lait.	quantité relative au nombre de convives.	Mettre à bouillir dans une casserole.

POTAGE SAGOU AU LAIT (*Suite*).

ORDRE des opérations	NOMS.	PROPORTIONS.	PRÉPARATIONS ET CUISSON.
2	Sagou.	2 ou 3 cuille-rées par litre de lait.	Répandre, peu à peu, dans le bouillon quand il est bouil-lant.
3	. . . .	. . . .	Tourner avec la cuiller de bois pour empêcher de s'attacher au fond de la casserole.
4	Sel	1 pincée.	
5	Sucre en poudre.	autant de cuillerées que pour le sagou.	Saupoudrer d'une main en con-tinuant à tourner de l'autre.
6	. . . .	. . . .	Laisser cuire à feu doux une 1/2 heure.
7	. . . .	. . . .	Verser dans la soupière et ser-vir.

48. — POTAGE SEMOULE AU GRAS.

1	Bouillon.	quantité re-lative au nombre de convives.	Mettre à bouillir dans une casserole.
2	Semoule.	2 cuillerées à bouche par assiettée.	Faire tomber en pluie fine, dans le bouillon bien bouil-lant, en tournant de l'autre main avec la cuiller de bois.
3	. . . .	. . . .	Faire bouillir à bon feu pen-dant 1/2 heure ou 3/4 d'heure en tournant sans arrêt afin qu'il ne se forme pas de grumeaux.
4	Sel.	. . . .	Semer en assaisonnement.
5	Poivre	. . . .	
6	. . . .	. . . .	Verser dans la soupière et servir.

49. — POTAGE SEMOULE AU LAIT.

ORDRE des opérations	NOMS.	PROPORTIONS.	PRÉPARATIONS ET CUISSON.
1	Lait.	quantité relative au nombre de convives.	Mettre à bouillir dans une casserole.
2	Semoule.. . . .	1 cuillerée à bouche par assiettée.	Faire tomber en pluie fine, dans le lait bien bouillant, en tournant de l'autre main avec la cuiller de bois.
3	. . . .	. . . .	Faire bouillir à bon feu pendant 1/2 heure ou 3/4 d'heure en tournant sans arrêt afin qu'il ne se forme pas de grumeaux.
4	Sucre en poudre.	. . . . .	
5	Eau de fleur d'oranger.. . . .	. . . . .	Ajouter.
6	. . . .	. . . . . .	Verser dans la soupière et servir ni trop clair ni trop épais.

50. — POTAGE TAPIOCA AU BOUILLON OU AU LAIT.

	NOMS	PROPORTIONS	PRÉPARATIONS ET CUISSON
1	Bouillon de la veille ou lait..	quantité relative au nombre de convives.	Mettre dans une casserole sur le feu.
2	. . . .	. . . . .	Laisser bien bouillir.
3	Tapioca. . . .	1 cuillerée à bouche par assiettée.	Répandre d'une main dans le liquide bouillant, en tournant de l'autre main avec la cuiller de bois.

POTAGE TAPIOCA AU BOUILLON OU AU LAIT (*Suite*).

ORDRE des opérations	NOMS.	PROPORTIONS.	PRÉPARATIONS ET CUISSON.
4	. . . .	. . . .	Faire continuer l'ébullition sur un feu doux en tournant toujours pour empêcher de se former des grumeaux.
5	Sel	. . . . . .	Semer en assaisonnement.
6	. . . .	. . . . . .	Cuire ainsi environ 3/4 d'heure jusqu'à ce que le tapioca soit réduit en gelée claire (il doit renfler beaucoup en cuisant).
7	. . . .	. . . . . .	Verser dans la soupière et servir chaud.

51 — POTAGE TAPIOCA AU BEURRE.

1	Eau.	. . . . .	Faire bouillir dans une casserole.
2	Tapioca.	1 cuillerée à bouche par assiettée.	Répandre d'une main dans le liquide bouillant en tournant de l'autre main avec la cuiller de bois.
3	. . . .	. . . . .	Faire continuer l'ébullition sur un feu doux en continuant à tourner pour empêcher qu'il se forme des grumeaux.
4	Sel, poivre . . .	. . . . .	Ajouter toujours en tournant et bien mêler.
5	Beurre	. . . .	
6	. . . .	. . . . .	Faire cuire ainsi environ 3/4 d'heure jusqu'à ce que le tapioca soit réduit en gelée claire (Il doit renfler beaucoup en cuisant).
7	. . . .	. . . . .	Verser dans la soupière et servir chaud.

52. — POTAGE VERMICELLE AU GRAS.

ORDRE des opérations	NOMS.	PROPORTIONS.	PRÉPARATIONS ET CUISSON.
1	Bouillon	quantité relative au nombre de convives.	Mettre à bouillir dans une casserole 1/2 heure avant de servir.
2	Vermicelle . . .	1 grande cuillerée par assiettée.	Froisser entre les doigts au-dessus de la casserole, pour le briser, en le faisant tomber, peu à peu, dans le bouillon bouillant en tournant de l'autre main avec la cuiller de bois.
3	. . . .	. . . .	(L'ébullition s'arrête alors.)
4	. . . .	. . . .	Continuer à tourner jusqu'à ce que l'ébullition reprenne pour empêcher le vermicelle de s'attacher au fond de la casserole.
5	Sel, poivre . . .	. . . .	Semer en assaisonnement.
6	. . . .	. . . .	Laisser bouillir ainsi à découvert sur un feu doux pendant 20 minutes environ.
7	. . . .	. . . .	Retirer la casserole du feu avant que le vermicelle commence à se délayer, ce qui troublerait la limpidité du bouillon.
8	. . . .	. . . .	Verser dans la soupière.
9 10 11	Parmesan râpé ou purée de pois ou purée de tomates.	quelques cuillerées au choix.	Mêler à volonté par-dessus le potage.

53. — POTAGE VERMICELLE AU LAIT.

ORDRE des opérations	NOMS.	PROPORTIONS.	PRÉPARATIONS ET CUISSON.
1	Lait.	quantité relative au nombre de convives.	Mettre à bouillir dans une casserole 1/2 heure avant de servir.
2	Vermicelle . . .	1 grande cuillerée par assiettée.	Froisser entre les doigts au-dessus de la casserole pour le briser en le faisant tomber, peu à peu, dans le lait bouillant, en tournant de l'autre main avec la cuiller de bois.
3	. . . .	. . . .	L'ébullition s'arrête alors.
4	. . . .	. . . .	Continuer à tourner jusqu'à ce que l'ébullition reprenne pour empêcher le vermicelle de s'attacher au fond de la casserole.
5	Sel.	à volonté.	Semer dedans.
6	Sucre en poudre.		
7	. . . .	. . . .	Continuer à tourner ainsi sur le feu pendant 20 minutes environ.
8	. . . .	. . . .	Retirer la casserole sur le bord du fourneau avant que le vermicelle ne commence à se délayer.
9	. . . .	. . . .	Attendre que le potage ne bouille plus.
10	Jaunes d'œufs. .	1 ou 2	Délayer doucement dans un bol à part.
11	Eau.		
12	. . . .	. . . .	Verser goutte à goutte d'une main, sur le vermicelle, en tournant de l'autre main avec la cuiller de bois.
13	. . . .	. . . .	Quand la liaison est faite servir.

54. — POTAGE VERMICELLE AU BEURRE.

ORDRE des opérations	NOMS.	PROPORTIONS.	PRÉPARATIONS ET CUISSON.
1	Eau.	quantité relative au nombre de convives.	Mettre à bouillir dans une casserole 1/2 heure avant de servir.
2	. . . .	. . . .	Laisser bouillir à gros bouillon.
3	Vermicelle.	1 grande cuillerée par assiettée.	Froisser entre les doigts au-dessus de la casserole pour le briser en le faisant tomber peu à peu dans l'eau bouillante.
4	. . . .	. . . .	L'ébullition s'arrête alors.
5	. . . .	. . . .	Tourner avec la cuiller de bois jusqu'à ce que l'ébullition reprenne pour empêcher le vermicelle de s'attacher au fond de la casserole.
6	Beurre frais. . . .	. . . .	Ajouter, tout en continuant à tourner.
7	Sel, poivre ou sucre en poudre.	à volonté.	Semer en assaisonnement.
8			
9	. . . .	. . . .	Faire bouillir ainsi à découvert sur un feu doux pendant 20 minutes ou 1/2 heure.
10	. . . .	. . . .	Retirer la casserole sur le bord du fourneau avant que le vermicelle ne commence à se délayer.
11	. . . .	. . . .	Attendre que le potage ne bouille plus.
12	Jaunes d'œufs. .	2	Délayer dans un bol à part.
13	Eau.	1 cuillerée.	
14	. . . .	. . . .	Verser goutte à goutte cette liaison dans le potage, en tournant doucement de l'autre main avec la cuiller de bois.
15	. . . .	. . . .	Servir chaud.

CHAPITRE DEUXIÈME

VEAU

TABLE DES RECETTES

VEAU : TÊTE A LA POULETTE.

ORDRE des opérations	NOMS.	PROPORTIONS.	PRÉPARATIONS ET CUISSON.
1	Restes de tête de veau déjà cuite	. . . . . .	Couper en morceaux égaux.
2	Beurre.	60 grammes.	Fondre dans une casserole sur un feu doux.
3	Farine	1 ou 2 cuill.	Mêler au beurre en remuant avec la cuiller de bois.
4	Fines herbes . .	hacher fin.	Semer id.
5	Bouillon bien dégraissé. . . .	. . . . . .	Ajouter de suite pour ne pas laisser roussir le beurre.
6	Sel. . . . . ⎱	1 petite	Mettre en assaisonnement.
7	Gros poivre. . . ⎰	pincée.	
8	. . . .	. . . . . .	Laissez bouillir et réduire cette sauce, à découvert, pendant un quart d'heure.
9	. . . .	. . . . . .	Y mettre les morceaux de tête de veau à réchauffer un instant sans laisser bouillir.
10	. . . .	. . . . . .	Chauffer le plat à servir.
11	. . . .	. . . . . .	Y dresser les morceaux de tête de veau et tenir au chaud.
12	Jaunes d'œufs. .	1 ou 2	Délayer dans un bol à part pour faire une liaison.
13	Jus de citron ou vinaigre. . . .	1 filet.	
14	. . . .	. . . . . .	Retirer la sauce hors du feu quand elle a un peu épaissi.
15	. . . .	. . . . . .	Attendre qu'elle ne bouille plus
16	. . . .	. . . . . .	Y mêler doucement alors la liaison préparée en tournant avec la cuiller de bois.
17	. . . .	. . . . . .	Verser cette sauce sur le plat et servir chaud.
18	. . . .	. . . . . .	Nota.— Si on réchauffe ce plat, le mettre au bain marie afin que la liaison d'œufs ne fasse pas tourner la sauce.

5

56. — VEAU AU BLANC.

ORDRE des opérations	NOMS.	PROPORTIONS.	PRÉPARATIONS ET CUISSON.
1	Poitrine de veau.	. . . .	Morceau à choisir.
2	. . . .	. . . .	Couper la viande en morceaux à mettre dans une terrine.
3	Eau bouillante	. . . .	Verser dessus à tout couvrir.
4	. . . .	. . . .	Laisser dégorger et blanchir.
5	. . . .	. . . .	Faire égoutter sur une passoire ou sur un tamis.
6	Beurre	. . . .	Faire fondre dans une casserole sur un feu doux.
7	Farine	. . . .	Semer dessus en mêlant avec la cuiller de bois.
8	Sel.	. . . .	
9	Eau.	. . . .	Verser peu à peu en continuant à tourner avec la cuiller.
10	. . . .	. . . .	Mettre les morceaux de veau dans ce roux blanc.
11	Persil. . . .		
12	Ciboule. . . .	à volonté.	Attacher en bouquet et jeter dans la casserole.
13	Thym.		
14	Laurier. . . .		
15	Champignons. .	. . . .	Ajouter à volonté.
16	. . . .	. . . .	Laisser cuire 1 heure au moins.
17	Jaunes d'œufs.	1 ou 2	Casser dans un bol à part.
18	Vinaigre ou citron	1 filet.	Verser goutte à goutte d'une main en tournant de l'autre main avec la cuiller de bois pour bien mêler la liaison.
19	. . . .	. . . .	Quand la viande est cuite au point, la mettre dans le plat à servir et le tenir au bord du fourneau.
20	. . . .	. . . .	Dégraisser la sauce, hors du feu.

VEAU AU BLANC (*Suite*).

ORDRE des opérations	NOMS.	PROPORTIONS.	PRÉPARATIONS ET CUISSON.
21	. . . .	. . . .	Y verser et mêler doucement la liaison préparée en tournant avec la cuiller.
22	. . . .	. . . .	Remettre la sauce un instant sur le feu, sans laisser bouillir, sinon elle tournerait.
23	. . . .	. . . .	Verser dans le plat et servir.

57. — VEAU EN BLANQUETTE (*desserte de rôti*).

	NOMS.	PROPORTIONS.	PRÉPARATIONS ET CUISSON.
1	Veau rôti froid..	. . . .	Couper en tranches minces.
2	. . . .	. . . .	Parer, ôter les peaux.
3	Beurre frais. . .	. . . .	Faire fondre dans une casserole ou dans une poële sur un feu doux.
4	Farine.	1 pincée.	Semer sur le beurre sans le laisser roussir. Remuer, mêler avec la cuiller de bois.
5	. . . .	. . . . . .	Y mettre les tranches de viande.
6	. . . .	. . . . . .	Remuer en tous sens avec la cuiller.
7	Sel, poivre. . .	. . . . . .	Ajouter en assaisonnement.
8	Eau chaude ou bouillon et eau ou crème. . .	1/2 verre.	Verser au choix, peu à peu, en tournant doucement pour faire la sauce.
9	Persil.	1 bouquet attaché avec un fil . . .	Ajouter.
10	. . . .	. . . .	Faire mijoter dix minutes sans laisser bouillir.

VEAU EN BLANQUETTE (*suite*)

ORDRE des opérations	NOMS.	PROPORTIONS	PRÉPARATIONS ET CUISSON.
11	Bouillon bien dégraissé . . .	1 tasse.	
12	Champignons. .	Coupés en 4.	Faire cuire à part.
13	Petits oignons. .	A volonté.	
14	Fonds d'artich. .		
15	. . . .	. . . .	Les ajouter ensuite dans la blanquette.
16	. . . .	. . . .	Retirer le bouquet.
17	. . . .	. . . .	Laisser un moment encore sur le feu.
18	. . . .	. . . .	Dresser la viande sur le plat à servir, à tenir sur le bord du fourneau.
19	Jaunes d'œufs. .	2.	Casser dans un bol à part.
20	Vinaigre. . . .	quelq. goutt.	Délayer doucement avec les œufs en tournant avec la cuiller de bois.
21	Ciboules. . . .	hacher fin.	Et mêler à la liaison.
22	Sel, poivre. . .	. . . . . .	Ajouter.
23	. . . .	. . . .	Bien battre cette liaison avec deux fourchettes.
24	. . . .	. . . .	Verser ensuite dans la sauce qui a dû rester près du feu sans bouillir.
25	. . . .	. . . .	Bien remuer, mêler.
26	. . . .	. . . .	Et verser sur la viande déjà dressée dans le plat à servir.
27	. . . .	. . . .	*Nota :* On peut, à volonté, servir cette blanquette dans une croûte de vol-au-vent.

58. — VEAU : ÉPAULE A LA BOURGEOISE (*ragoût*).

ORDRE des opérations	NOMS.	PROPORTIONS	PRÉPARATIONS ET CUISSON.
1	Épaule de veau.	. . . .	Préparer en la désossant.
2	Sel, poivre . . .	. . . . . .	Semer dessus.
3	Muscade.		
4	. . . .	. . . . . .	Rouler en forme oblongue et ficeler le morceau.
5	Beurre..	. . . . . .	Faire fondre dans une grande casserole sur un feu doux.
6	Farine	. . . . . .	Semer dans le beurre en remuant avec la cuiller de bois.
7	Eau chaude ou bouillon. . . .	. . . . . .	Verser peu à peu en continuant à tourner.
8	. . . .	. . . . . .	Y mettre le veau préparé.
9	Sel.	. . . . . .	Ajouter à volonté pour assaisonnement.
10	Thym.	. . . . .	
11	Laurier.	. . . . .	
12	. . . .	. . . . . .	Couvrir la casserole avec un couvercle à rebords chargé de charbons ardents.
13	. . . .	. . . . . .	Laisser cuire 4 ou 5 heures.
14	Oignons. . . .		Faire cuire à part ou avec le veau.
15	Champignons. .	au choix.	
16	Petits pois.. . .		
17	Carottes		
18	. . . .	. . . . .	Quand la viande est cuite au point, la dresser sur le plat à servir, retirer la ficelle qui l'entoure, garnir le plat avec les légumes et servir chaud.

59.—VEAU : CERVELLES A LA MAITRE-D'HOTEL (*entrée*).

ORDRE des opérations	NOMS.	PROPORTIONS	PRÉPARATIONS ET CUISSON.
1	Cervelles. . . .	4	Préparer en ôtant la pellicule mince qui les enveloppe.
2	. . . .	. . . .	Les mettre dans un plat creux.
3	Eau bouillante..	. . . .	Verser dessus à tout couvrir.
4	. . . .	. . . .	Laisser bien dégorger deux ou trois heures.
5	. . . .	. . . .	Jeter l'eau qui a servi.
6	Eau froide. . . .	. . . .	Verser à la place sur les cervelles.
7	. . . .	. . . .	Laisser tremper dix minutes.
8	. . . .	. . . .	Egoutter sur une passoire ou sur un tamis.
9	Beurre.	. . . .	Faire fondre dans une casserole sur un feu doux.
10	Farine.	1 cuiller à bouche.	Faire pleuvoir sur le beurre fondu en délayant avec la cuiller de bois.
11	Bouillon ou eau ou vin blanc..	. . . .	Verser de suite pour ne pas laisser roussir le beurre et continuer à remuer.
12	. . . .	. . . .	Quand la sauce est bien liée, y mettre les cervelles en les prenant avec l'écumoire.
13	Sel , poivre. . .	Bonne quantité pour relever le goût	Ajouter à volonté en assaisonnement et garnitures.
14	Muscade.. . . .	. . . .	
15	Champignons . .	. . . .	
16	Petits oignons. .	. . . .	
17	. . . .	. . . .	Laisser cuire le tout une demi-heure.
18	. . . .	. . . .	Dresser sur le plat à servir.
19	. . . .	. . . .	Tenir le plat au bord du fourneau.

VEAU : CERVELLES A LA MAITRE-D'HOTEL (suite).

ORDRE des opérations	NOMS.	PROPORTIONS	PRÉPARATIONS ET CUISSON.
20	Jaunes d'œufs.	2	Délayer dans un bol à part.
21	Eau.	quelq. goutt.	
22	Fines herbes.	hachées fin, 1 pincée.	
23	Vinaigre.	1 filet.	Ajouter en remuant la liaison.
24	ou Jus de citron.		
25			Verser cette liaison sur le plat dressé, et servir très-chaud.

60.—VEAU : CERVELLES AU BEURRE NOIR (services entières)

1	Cervelles	4	Préparer en ôtant la pellicule mince qui les enveloppe.
2			Les mettre dans un plat creux.
3	Sel.		Saupoudrer.
4	Eau bouillante.		Verser dessus à tout couvrir.
5			Laisser tremper 2 ou 3 heures.
6			Quand elles sont bien dégorgées, achever de les nettoyer en retirant les peaux qui restent.
7			Jeter l'eau qui a servi.
8			Remettre les cervelles dans le plat.
9	Eau froide.		Verser dessus à tout couvrir.
10	Vinaigre.	1/2 verre.	Ajouter.
11	Sel.	1 pincée.	
12			Laisser rafraîchir quelques minutes.
13			Les retirer ensuite sur un autre plat, en les prenant avec l'écumoire.
14			Verser l'eau vinaigrée dans une casserole.

VEAU : CERVELLES AU BEURRE NOIR (*suite*)

ORDRE des opérations	NOMS.	PROPORTIONS	PRÉPARATIONS ET CUISSON.
15	Oignons.	2 à couper en tranches.	
16	Clous de girofle.	à piquer sur les tranches d'oignon. .	Ajouter.
17	Persil.	quelq. bran-	
18	Cerfeuil. . . .	ches atta-	
19	Ciboules. . . .	chées avec.	
20	Thym.	un fil.. . .	
21	Laurier.		
22	. . . .	. . . . . .	Mettre les cervelles préparées par-dessus ces garnitures.
23	. . . .	. . . . . .	Laisser cuire et bouillir une demi-heure.
24	. . . .	. . . . . .	Faire égoutter en les prenant avec l'écumoire.
25	. . . .	. . . . . .	Les poser à mesure sur le plat à servir.
26	. . . .	. . . . . .	Tenir le plat chaud au-dessus d'une casserole d'eau bouillante.
27	Beurre	. . . . . .	Faire fondre à part dans la poêle, sur un feu vif, jusqu'à ce qu'il devienne d'un brun foncé.
28	Sel.	. . . . . .	Saupoudrer, mêler. Verser ce beurre noir sur les cervelles au moment de servir.
29	Pain rassis . . .	découpé en crêtes.	Faire frire et mettre entre chaque cervelle (à volonté).
30	Persil frit. . . .	. . . . . .	Disposer autour du plat pour le décorer, et servir chaud.

—VEAU : CERVELLES AU BEURRE NOIR (*entrée*) *servies en tranches.*

ORDRE des opérations	NOMS.	PROPORTIONS.	PRÉPARATIONS ET CUISSON.
1	Cervelles	3 ou 4	Préparer en ôtant la pellicule mince qui les enveloppe.
2	. . . .	. . . . . .	Les mettre dans un plat creux.
3	Eau.	. . . . . .	Bouillir ensemble, puis verser
4	Sel.	. . . . . .	sur les cervelles à tout re-
5	Vinaigre	. . . . . .	couvrir.
6	. . . .	. . . . . .	Laisser tremper 2 ou 3 heures.
7	. . . .	. . . . . .	Quand elles sont bien dégor- gées, achever de les nettoyer en retirant les peaux, etc.
8	. . . .	. . . . . .	Jeter l'eau qui a servi.
9	. . . .	. . . . . .	Laisser les cervelles dans le plat.
10	Eau froide. . . .	. . . . . .	Verser dessus, et laisser rafraî-
11	Vinaigre	. . . . . .	chir quelques minutes.
12	. . . .	. . . . . .	Les retirer ensuite avec l'écu- moire et les déposer sur un autre plat.
13	Persil.	. . . . . .	
14	Cerfeuil. . . .	. . . . . .	Hacher très-fin.
15	Ciboule. . . .	. . . . . .	
16	Beurre	. . . . . .	Faire fondre dans une casse- role sur un feu doux.
17	. . . .	. . . . . .	Quand le beurre est fondu, y jeter les fines herbes hachées.
18	. . . .	. . . . . .	Mouiller avec l'eau vinaigrée où les cervelles ont rafraîchi.
19	. . . .	. . . . . .	Placer les cervelles dans cette marinade.
20	. . . .	. . . . . .	Laisser cuire une demi-heure.
21	. . . .	. . . . . .	Retirer de la casserole les cer- velles quand elles sont bien cuites.
22	. . . .	. . . . . .	Les couper en tranches et les dresser sur le plat à servir.

VEAU : CERVELLES AU BEURRE NOIR (*suite*).

ORDRE des opérations	NOMS.	PROPORTIONS	PRÉPARATIONS ET CUISSON.
23	. . . .	. . . .	Tenir le plat chaud sur l'eau bouillante.
24	. . . .	. . . .	Laisser réduire un peu la sauce qui est restée dans la casserole.
25	. . . .	. . . .	Puis, verser sur les cervelles.
26	Beurre	. . . .	Faire fondre dans la poêle sur un feu vif, et le laisser devenir brun foncé.
27	Sel, poivre	. . . .	Ajouter en tournant doucement avec la cuiller de bois.
28	Vinaigre	1 filet.	
29	. . . .	. . . .	Verser ce beurre noir par-dessus les cervelles et servir de suite.

62. — VEAU : CERVELLES FRITES (*entrée*).

1	Cervelles	. . . .	Préparer en ôtant la première peau mince qui les enveloppe.
2	. . . .	. . . .	Les mettre dans un plat creux.
3	Eau froide	. . . .	Verser dessus et les laisser dégorger 2 ou 3 heures.
4	Vinaigre tiède . .	. . . .	
5	. . . .	. . . .	Les retirer ensuite avec l'écumoire et les faire égoutter sur une passoire.
6	Beurre	. . . .	Faire fondre dans une casserole sur un feu doux, sans le laisser roussir.
7	Farine	. . . .	Semer par-dessus en remuant avec la cuiller de bois.
8	Bouillon	. . . .	
9	Sel, poivre	. . . .	Verser, *id.*, peu à peu en continuant à tourner.
10	Fines herbes hachées.	. . . .	

VEAU : CERVELLES FRITES (suite).

ORDRE des opérations	NOMS.	PROPORTIONS	PRÉPARATIONS ET CUISSON.
11			Placer dans cette sauce les cervelles préparées.
12			Laisser cuire.
13			Retirer du feu quand elles sont presque cuites et les laisser refroidir.
14			Les couper ensuite par tranches à mettre à mesure sur un plat.
15	Sel.		Semer dessus.
16	Vinaigre tiède.		Arroser, id.
17			Laisser mariner ainsi 1/2 h.
18			Les faire égoutter au moment de les frire.
19	Farine.		Semer ensuite par-dessus.
20	Pâte à frire.		Préparer et y tremper les morceaux de cervelle.
21			Placer les morceaux à mesure sur un couvercle de casserole.
22	Friture.		Faire bouillir dans une casserole.
23			Quand la friture est bouillante, y faire glisser les morceaux de cervelles de dessus le couvercle.
24			Laisser prendre une belle couleur blonde sur un feu modéré.
25			Faire chauffer le plat à servir.
26			Y dresser en pyramide les morceaux frits.
27	Persil frit.		Ranger autour du plat.
28	Sauce tom. claire ou sauce rémolade.	préparée d'avance.	Verser à volonté par-dessus les cervelles.
29			On peut les servir sans sauce.

63.—VEAU : CERVELLES AU GRATIN (*entrée*)

ORDRE des opérations	NOMS.	PROPORTIONS	PRÉPARATIONS ET CUISSON.
1	Foie de volaille (rôtie la veille).		Hacher séparément, très-fin, puis mêler.
2	Truffes.	1 ou 2	
3	Sel, poivre.		Semer en assaisonnements.
4	Muscade râpée.		
5	Chair à saucisses		Hacher très-fin et ajouter id.
6	Jaunes d'œufs.	2.	
7	Marrons grillés, épluchés, écrasés.		Ajouter et bien mêler à tout le reste.
8	Mie de pain trempée dans du bouillon chaud.		
9			Mettre une couche de ce hachis (en gratin) dans un plat allant au feu.
10	Cervelles déjà cuites à la maitre-d'hôtel (desserte de la veille)		Couper en tranches à placer sur le gratin.
11			Recouvrir avec une couche épaisse du même gratin.
12	Chapelure fine.		Semer par-dessus le tout.
13			Mettre le plat ainsi préparé sur des cendres chaudes.
14			Recouvrir avec un four de campagne chargé de braise allumée.
15			Laisser cuire et prendre une belle couleur.
16	Jus de rôti bien dégraissé.	même quantité.	Faire réduire à part dans une casserole.
17	Vin blanc.		
18	Pain taillé en petits croûtons.		Mettre sur le gril

VEAU : CERVELLES AU GRATIN (suite).

ORDRE des opérations	NOMS.	PROPORTIONS	PRÉPARATIONS ET CUISSON.
19	. . . .	. . . .	Verser la sauce par-dessus les cervelles, et ranger les croûtons frits autour du plat.
20	. . . .	. . . .	Servir dans le plat où tout a cuit.

64.—VEAU : COTELETTES A LA BOURGEOISE (entrée)

1	Belles côtelettes.	6.	Préparer en retirant l'os de la chaîne.
2	Lard	. . . .	Couper en lardons moyens.
3	. . . .	. . . .	Piquer la viande en travers.
4	. . . .	. . . .	Séparer alors les 6 côtelettes avec le couperet et les battre pour les aplatir.
5	Beurre	. . . .	Faire fondre sur un feu doux dans une casserole à sauter.
6	. . . .	. . . .	Lui laisser prendre une belle couleur.
7	Farine	. . . .	Saupoudrer d'une main en remuant de l'autre avec la cuiller de bois.
8	Bouillon ou eau.	. . . .	Verser peu à peu, pour mouiller la sauce, en continuant à remuer.
9	. . . .	. . . .	Placer ensuite les côtelettes dans la casserole.
10	Persil.	quelques branches attachées en bouquet.	Ajouter.
11	Thym.		
12	Cerfeuil.		
13	Estragon		
14	Pimprenelle. . .		

VEAU : COTELETTES A LA BOURGEOISE (*suite*).

ORDRE des opérations	OMS.	PROPORTIONS	PRÉPARATIONS ET CUISSON.
15	Carottes.	. . . .	
16	Petits oignons. . .	. . . .	
17	Champignons . . .	. . . .	Ajouter id. à volonté.
18	Sei, poivre . . .	. . . .	
19	Clous de girofle .	. . . .	
20	. . . .	. . . .	Laisser cuire au point.
21	. . . .	. . . .	Dresser les côtelettes en couronne sur le plat à servir.
22	. . . .	. . . .	Ranger les légumes dans le creux du milieu.
23	. . . .	. . . .	Retirer le bouquet de la casserole.
24	. . . .	. . . .	Bien dégraisser la sauce et la verser sur le plat à travers la passoire.

65.—VEAU : COTELETTES GLACÉES (*entrée*)

1	Côtelettes de veau	. . . .	Battre, aplatir avec le couperet.
2	. . . .	. . . .	Parer, ôter les peaux.
3	Lard	. . . .	Couper les lardons fins et en piquer les côtelettes.
4	Beurre	. . . .	Mettre au fond d'une casserole.
5	. . . .	. . . .	Placer les côtelettes piquées par-dessus le beurre.
6	Bouillon	. . . .	
7	Carottes.	. . . .	
8	Oignons.	. . . .	Ajouter.
9	Jarret de veau .	. . . .	
10	Sel, poivre. . .	. . . .	
11	. . . .	. . . .	Laisser cuire à petit feu.

VEAU : COTELETTES GLACÉES *(suite)*

ORDRE des opérations	NOMS.	PROPORTIONS	PRÉPARATIONS ET CUISSON.
12	. . . .	. . . .	Quand les côtelettes sont cuites, les retirer et les dresser sur le plat à servir.
13	. . . .	. . . .	Tenir le plat chaud sur le bord du fourneau.
14	. . . .	. . . .	Laisser réduire la sauce qui a dû rester dans la casserole.
15	. . . .	. . . .	Poser une passoire sur le plat de côtelettes et y faire passer le jus réduit.
16	. . . .	. . . .	Servir chaud.

66.—VEAU : COTELETTES AU NATUREL *(entrée)*

ORDRE des opérations	NOMS.	PROPORTIONS	PRÉPARATIONS ET CUISSON.
1	Côtelettes de veau	. . . .	Couper, parer, en ôtant les peaux et les graisses.
2	. . . .	. . . .	Les battre des deux côtés avec le plat d'un couperet pesant pour les bien aplatir.
3	Beurre frais ou huile d'olives.	. . . .	Faire chauffer un instant dans une casserole sur un feu doux.
4	. . . .	. . . .	Y tremper les côtelettes, les retourner.
5	. . . .	. . . .	Les mettre à mesure, de suite, sur le gril placé sur un feu doux.
6	. . . .	. . . .	Ménager le feu pour éviter de les brûler.
7	. . . .	. . . .	Les arroser à mesure avec le reste du beurre.

VEAU · COTELETTES AU NATUREL (*suite*).

ORDRE des opérations	NOMS.	PROPORTIONS	PRÉPARATIONS ET CUISSON.
8	Sel, poivre . . .	. . . .	Semer dessus quelques minutes avant la fin de la cuisson.
9	. . . .	. . . .	Chauffer le plat à servir.
10	. . . .	. . . .	Dresser les côtelettes sur ce plat, en les posant sur le côté où elles ont déjà été salées.
11	Sel, poivre . . .	. . . . . .	Semer sur le dessus et servir de suite.

67.—VEAU : COTELETTES A L'OSEILLE (*entrée*)

ORDRE des opérations	NOMS.	PROPORTIONS	PRÉPARATIONS ET CUISSON.
1	Côtelettes de veau	6.	Parer, ôter les peaux, battre avec le plat d'un couperet pesant pour les bien amincir.
2	Lard	. . . . .	Couper en lardons fins et en piquer les côtelettes.
3	Beurre	. . . . .	Faire fondre dans une casserole sur un feu doux.
4	. . . .	. . . . .	Y mettre les côtelettes à revenir.
5	Sel	. . . . .	Saupoudrer.
6	. . . .	. . . . .	Quand elles ont pris couleur d'un côté, les retourner de l'autre.
7	Sel	. . . . .	Saupoudrer de même.
8	Persil	1 bouquet.	} Ajouter.
9	Carottes	2 coupées en rondelles.	
10	Oignons	3 ou 4 gros.	
11	Ciboule		
12	Laurier	à volonté.	
13	. . . .	. . . . . .	Recouvrir la casserole avec un grand papier beurré.

VEAU : COTELETTES A L'OSEILLE (*suite*).

ORDRE des opérations	NOMS.	PROPORTIONS	PRÉPARATIONS ET CUISSON.
14	. . . .	. . . . . .	Laisser mijoter deux heures sur un feu très-doux.
15	. . . .	. . . . . .	Arroser avec le jus de la cuisson des côtelettes.
16	Purée d'oseille. .	préparée à part.	Verser dans le plat à servir.
17	. . . .	. . . . . .	Dresser les côtelettes par dessus, en couronne, et tenir le plat au bord du fourneau.
18	. . . .	. . . . . .	Laisser réduire un instant le jus de cuisson des côtelettes.
19	. . . .	. . . . . .	Verser ensuite ce jus à travers une passoire sur le plat de côtelettes.
20	. . . .	. . . . . .	Servir chaud.

68. — VEAU : COTELETTES PANÉES ET GRILLÉES

1	Côtelettes de veau	6.	Enlever les peaux et les graisses, parer, battre des deux côtés avec le plat d'un couperet pesant pour les bien amincir.
2	. . . .	. . . . . .	Les mettre dans un plat creux.
3	Beurre fondu tiède ou huile fine.	. . . . . .	Répandre dessus des deux côtés.
4	Fines herbes. . .	hacher.	
5	Sel, poivre . . .	. . . . . .	Ajouter.
6	Jus de citron ou vinaigre	1 filet.	
7	. . . .	. . . . . .	Laisser tremper les côtelettes dans cette marinade pendant deux heures.

6

VEAU : COTELETTES PANÉES ET GRILLÉES (*suite*).

ORDRE des opérations	NOMS.	PROPORTIONS	PRÉPARATIONS ET CUISSON.
8	Mie de pain rassis	. . . .	Émietter dans un bol.
9	Sel, poivre.. . . .	. . . .	Semer dessus la mie de pain
10	Fines herbes.. . .	hachées fin.	et bien mêler le tout.
11	. . . .	. . . .	Y tremper chaque côtelette au sortir de la marinade.
12	. . . .	. . . .	Mettre à mesure les côtelettes sur le gril placé sur un feu doux.
13	. . . .	. . . .	Les retourner plusieurs fois.
14	Beurre tiède.. . .	. . . .	Répandre dessus à mesure que la viande se sèche.
15	. . . .	. . . .	Quand les côtelettes ont pris une belle couleur des deux côtés, les dresser en couronne sur le plat à servir.
16	Sauce espagnole ou consommé..	1 tasse.	Bien mêler ensemble, puis verser cette sauce dans le milieu du plat, formant un creux dit : Puits. Servir chaud.
17	Vin blanc. . . .	1/2 verre.	
18	Jus de rôti. . .	3 cuillerées.	

69.— VEAU : COTELETTES SAUTÉES DANS LA POELE

1	Côtelettes de veau	6.	Parer, amincir, en les battant avec le plat d'un couperet.
2	Sel, poivre. . .	. . . .	Semer dessus.
3	Persil.	. . . . . .	
4	Echalotes . . .	hacher tr.-fin	
5	Beurre	. . . .	Fondre dans la poêle sur un feu vif.
6	. . . .	. . . .	Y mettre les côtelettes à revenir.

VEAU : COTELETTES SAUTÉES DANS LA POELE (*suite*).

ORDRE des opérations	NOMS.	PROPORTIONS	PRÉPARATIONS ET CUISSON.
7	. . . .	. . . . . .	Quand elles ont pris couleur d'un côté, les retourner de l'autre et recommencer ainsi plusieurs fois pour les empêcher de s'attacher au fond de la poële.
8	Vinaigre	1 filet.	Ajouter pour rendre la chair plus tendre.
9	. . . .	. . . . . .	Laisser cuire.
10	Pain rassis . . .	. . . . .	Tailler en croûtons à volonté.
11	Beurre	. . . . .	Faire fondre dans une casserole à part sur un feu doux.
12	. . . .	. . . . .	Y mettre le pain à frire.
13	Sel.	. . . . .	Saupoudrer.
14	. . . .	. . . . .	Chauffer le plat à servir.
15	. . . .	. . . . .	Y placer avec symétrie les croûtons frits.
16	. . . .	. . . . .	Disposer les côtelettes en couronne par-dessus les croûtons.
17	Sel, poivre . . .	. . . . .	Saupoudrer de nouveau.
18	. . . .	. . . . .	Tenir le plat sur le bord du fourneau.
19	Farine..	1 pincée.	Jeter dans la poële où les côtelettes ont été cuites.
20	Oignon.	. . . . .	Ajouter à volonté.
21	Ciboule.	. . . . .	
22	Bouillon	1 cuillerée.	Verser doucement dans la poële, toujours sur le feu.
23	Vin blanc ou eau	1 petit verre.	Ajouter id.
24	. . . .	. . . . .	Remuer avec la cuiller de bois pour bien détacher la glace qui se forme au fond de la poële.

VEAU : CÔTELETTES SAUTÉES DANS LA POÊLE (*suite*).

ORDRE des opérations	NOMS.	PROPORTIONS	PRÉPARATIONS ET CUISSON.
25	. . . .	. . . .	Verser cette sauce sur les côtelettes dressées dans le plat et servir chaud.
26	. . . .	. . . .	*Nota.* On peut servir aussi ces côtelettes sur des légumes en jardinière, ou sur une sauce à la financière, ou sur un ragoût, au choix.

70.—VEAU EN CROQUETTES (*pour employer des restes de rôti*)

1	Beurre.	. . . .	Faire fondre dans une casserole sur un feu doux.
2	Farine.	. . . .	Semer dessus d'une main, en tournant de l'autre avec la cuiller de bois, pour ne pas laisser roussir le beurre.
3	Sel, poivre. . . .	. . . .	Ajouter en continuant à tourner.
4	Muscade. . . .		Id,, et laisser revenir un instant dans le beurre.
5	Champignons. .	hachés fin.	
6	Persil.		
7	Lait ou crème. .	quantités	Verser id., en continuant à tourner doucement.
8	Bouillon ou jus.	égales.	
9	. . . .	. . . .	Laisser épaissir et bouillir.
10	Noix de veau. .	rôti de la veille.	Couper en petits morceaux ou hacher et ajouter dans la sauce.
11	Graisse de veau froide.	. . . .	
12	. . . .	. . . .	Retirer la casserole du feu.
13	. . . .	. . . .	Laisser refroidir et épaissir.
14	Jaunes d'œufs. .	. . . .	Battre dans un bol, puis les verser peu à peu dans la casserole en remuant avec la cuiller.

VEAU EN CROQUETTES (*suite*)

Ordre des opérations	NOMS.	PROPORTIONS	PRÉPARATIONS ET CUISSON.
15	Mie de pain. . .	. . . .	Émietter fin dans un plat creux.
16	. . . .	. . . .	Remplir une cuiller à bouche du mélange préparé, et renverser dans la mie de pain.
17	. . . .	. . . .	Retourner la croquette dans la mie de pain, lui en faire absorber le plus possible et la rouler entre les doigts pour lui donner une bonne forme ronde ou oblongue.
18	. . . .	. . . .	Recommencer la même opération jusqu'à ce que tout le hachis soit employé.
19	Œufs.	2 ou 3 (blancs et jaunes).	Battre dans un bol à part.
20	Sel, poivre. . .	. . . .	
21	. . . .	. . . .	Y tremper chaque boulette. A rouler ensuite dans la mie de pain pour parer une deuxième fois.
22	Friture (beurre fondu, huile ou graisse)	. . . .	Faire bouillir dans la poële.
23	Sel.	. . . .	Ajouter.
24	. . . .	. . . .	Y jeter les croquettes à mesure qu'elles sont prêtes.
25	. . . .	. . . .	Dès qu'elles ont pris une belle couleur, les retirer avec l'écumoire et les dresser sur le plat à servir.
26	Persil frit. . . .	. . . .	Mettre autour du plat.
27	. . . .	. . . .	Servir chaud avec une sauce à part dans la saucière (à volonté).

71.—VEAU : FOIE A LA BROCHE (*rôti*)

ORDRE des opérations	NOMS.	PROPORTIONS	PRÉPARATIONS ET CUISSON.
1	Gros lardons. . .	. . . . . .	Rouler ensemble.
2	Persil.	haché fin.	
3	Sel, poivre. . .	. . . . . .	Semer.
4	Muscade. . . .	. . . . . .	
5	Foie de veau. .	. . . . . .	A choisir bien blond, l'essuyer, enlever les peaux.
6	. . . .	. . . . . .	Le piquer, bien rapproché, avec le lard préparé.
7	. . . .	. . . . . .	Le mettre dans une terrine.
8	Sel, poivre. . .	. . . . . .	Semer dessus.
9	Huile d'olives. .	2 cuillerées.	Verser id.
10	Persil.	quelq. branches attach. en bouquet.	Ajouter en assaisonnement.
11	Thym.		
12	Laurier. . . .		
13	Ciboule. . . .		
14	. . . .	. . . . . .	Laisser mariner 5 ou 6 heures.
15	. . . .	. . . . . .	Retirer ensuite le foie de sa marinade.
16	. . . .	. . . . . .	L'essuyer, l'embrocher.
17	. . . .	. . . . . .	Bien assujettir la broche, qui ne doit pas remuer.
18	. . . .	. . . . . .	Enrouler d'un papier huilé ou beurré.
19	. . . .	. . . . . .	Laisser cuire 1/2 heure à feu doux.
20	. . . .	. . . . . .	Oter alors le papier et laisser prendre couleur à découvert un moment.
21	. . . .	. . . . . .	Quand le foie ne rend plus de sang, il est cuit à point.
22	Jus du foie dégraissé. . .	. . . . . .	Mêler dans un bol pour faire une sauce piquante.
23	Echalotes. . .	haché fin.	
24	Fines herbes. .		
25	Bouillon. . . .	2 cuillerées.	

VEAU : FOIE A LA BROCHE (*suite*).

ORDRE des opérations	NOMS.	PROPORTIONS	PRÉPARATIONS ET CUISSON.
26	Câpres.	. . . .	Ajouter à volonté.
27	Jus de citron. . .	. . . .	
28	. . . .	. . . .	Dresser le foie rôti sur le plat à servir.
29	. . . .	. . . .	Puis verser la sauce à part dans une saucière.

72.—VEAU : FOIE A LA BOURGEOISE (*entrée*)

1	Gros lardons. .		
2	Persil.	haché fin.	Rouler ensemble.
3	Sel, poivre. . .	. . . . . .	
4	Muscade râpée. .	. . . . . .	Semer dessus.
5	Foie de veau. .	. . . . . .	Choisir bien blond, essuyer, enlever les peaux.
6	. . . .	. . . . . .	Le piquer intérieurement, dans sa longueur, avec le lard préparé. (Le lard ne doit point se voir).
7	Beurre. . . .	125 gramm.	Faire fondre dans une casserole sur un feu doux.
8	. . . .	. . . . . .	Le laisser bien roussir.
9	Farine.	1 cuillerée.	Mêler au beurre, en remuant avec la cuiller de bois.
10	. . . .	. . . . . .	Mettre le foie à cuire dans ce roux.
11	Sel, poivre. . .	. . . . . .	Semer dessus.
12	Bouillon ou eau.	1 verre.	
13	Vin rouge ou vin blanc.	1 verre.	Ajouter à moitié de la cuisson.
14	Oignons. . . .	2 ou 3.	Couper en petits filets et les mettre autour de la viande.
15	Carottes. . . .	couper en tr.	
16	Sel, poivre. . .	. . . . . .	Ajouter.
17	Bouquet garni. .	. . . . . .	

VEAU : FOIE A LA BOURGEOISE (*suite*)

ORDRE des opérations	NOMS.	PROPORTIONS	PRÉPARATIONS ET CUISSON.
18			Recouvrir avec un couvercle chargé de braise allumée.
19			Laisser cuire 2 ou 3 heures à feu très-doux.
20			Surveiller la cuisson en enlevant de temps en temps la viande pour ne pas la laisser s'attacher au fond de la casserole.
21			Quand le foie est cuit au point, retirer la casserole du feu.
22			Chauffer le plat à servir.
23			Y dresser le foie.
24			Poser une passoire sur un bol.
25			Y verser le jus à dégraisser.
26	Beurre.		Fondre dans une autre casserole.
27	Farine.		Semer d'une main dans le beurre, en tournant de l'autre avec la cuiller de bois.
28			Mouiller peu à peu avec le jus de cuisson dégraissé.
29			Laisser réduire un moment à découvert.
30			Verser cette sauce sur le foie dressé dans le plat.
31			Ranger les carottes et les oignons autour de la viande.
32	Câpres ou cornichons en tranches.		Ajouter (à volonté).
33			Servir de suite

73.—VEAU : FOIE EN BROCHETTES (*entrée*)

ORDRE des opérations	NOMS.	PROPORTIONS	PRÉPARATIONS ET CUISSON.
1	Foie de veau cru.	. . . .	Couper en carrés de 2 centimètres.
2	Lard mince. . .	. . . .	Id.
3	Beurre.	. . . .	Faire fondre dans une casserole sur un feu doux.
4	. . . .	. . . .	Y faire sauter le foie et le lard.
5	Sel, poivre. . .	. . . .	
6	Muscade râpée. .	. . . .	Semer en assaisonnement.
7	Echalotes . . .	hacher fin.	
8	Persil.		
9	. . . .	. . . .	Prendre six brochettes en bois ou en argent, et y enfiler : un carré de foie, un carré de lard à la suite, en alternant ainsi.
10	Chapelure fine. .	. . . .	Semer dessus de tous côtés.
11	. . . .	. . . .	Mettre les brochettes sur le gril sur un bon feu.
12	. . . .	. . . .	Les retourner plusieurs fois, puis les dresser en pyramide sur le plat chaud à servir.
13	Sauce piquante. .	. . . .	Servir à part à volonté.

74.—VEAU : FOIE SAUTÉ (*entrée*)

	NOMS.	PROPORTIONS	PRÉPARATIONS ET CUISSON.
1	Foie de veau cru.	. . . .	Couper en tranches minces sur une table de cuisine.
2	. . . .	. . . .	Les frapper légèrement avec le plat du couperet pour les amincir encore.
3	Sel, gros poivre.	. . . .	Semer dessus des deux côtés.
4	Farine.	1 pincée.	
5	Beurre.	. . . .	Fondre dans la poêle sur un feu vif.

VEAU : FOIE SAUTÉ (*suite*)

ORDRE des opérations	NOMS.	PROPORTIONS	PRÉPARATIONS ET CUISSON.
6			Y mettre les tranches préparées.
7	Persil.		Hacher fin et ajouter (à volonté).
8	Echalote		
9	Ciboule.		
10			Quand les morceaux de foie sont raffermis d'un côté, les retourner de l'autre.
11	Vin rouge ou vin blanc.	1 verre.	Ajouter.
12			Laisser bouillir 10 minutes (plus longtemps raccornirait le foie).
13	Bouillon.		Ajouter si la sauce est trop courte.
14			Ranger les tranches en couronne sur le plat à servir.
15	Croûtons de pain frits à part.		Mettre à volonté entre chaque tranche de foie.
16			Verser la sauce dans le milieu du plat et servir.

75.—VEAU : FRAISE A LA VINAIGRETTE

1	Fraise de veau.		Placer dans une terrine.
2	Eau bouillante.		Verser dessus à tout couvrir.
3	Sel.		
4			Laisser tremper et dégorger 3 ou 4 heures.
5			La transvaser dans une autre terrine.
6	Eau froide.		Verser dessus à tout couvrir.

VEAU : FRAISE A LA VINAIGRETTE (*suite*).

ORDRE des opérations	NOMS.	PROPORTIONS	PRÉPARATIONS ET CUISSON.
7	. . . .	. . . .	Laisser rafraîchir et raffermir 1/4 d'heure.
8	. . . .	. . . .	Égoutter sur une passoire.
9	. . . .	. . . .	Couper en morceaux à mettre à mesure dans une casserole.
10	Sel, poivre. . .	. . . . . .	
11	Oignons.	. . . . . .	
12	Carottes.	. . . . . .	Ajouter en assaisonnement.
13	Bouquet garni . (persil, cerfeuil)	. . . . . .	
14	Eau et vin blanc ou vinaigre. .	. . . . . .	Verser à couvrir le tout et laisser cuire au moins 3 heures.
15	. . . .	. . . .	Retirer les morceaux avec l'écumoire pour les faire égoutter à mesure et les dresser sur le plat à servir.
16	Persil.	. . . . . .	Mettre en garniture autour du plat.
17	. . . .	. . . .	Tenir le plat au chaud sur le bord du fourneau ou servir de suite.
18	Huile.	. . . . . .	
19	Vinaigre. . . .	. . . . . .	
20	Sel, poivre. . .	. . . . . .	Mêler ensemble dans une saucière à servir à part.
21	Ciboule.		
22	Persil.	hachés fin.	
23	Estragon. . . .		

76. — VEAU EN FRICANDEAU (entrée)

ORDRE des opérations	NOMS.	PROPORTIONS	PRÉPARATIONS ET CUISSON.
1	Rouelle de veau.	1 tranche épaisse de 2 doigts.	Parer en ôtant les peaux et les nerfs.
2	Lard fin.	. . . .	Employer à piquer le dessus en rangs très-serrés.
3	Beurre.	. . . .	Mettre au fond d'une casserole.
4	. . . .	. . . .	Placer la viande par-dessus.
5	Sel, poivre. . . .	. . . .	
6	Bouquet garni. . .	. . . . . .	
7	Débris de lard. . .	. . . .	Ajouter.
8	Carottes.	coupés en	
9	Oignons.	tranches.	
10	Bouillon ou eau. .	. . . .	Verser à baigner le tout.
11	. . . .	. . . .	Faire cuire 4 ou 5 heures sur un feu doux.
12	. . . .	. . . .	Dresser ensuite la viande cuite sur le plat à tenir chaud.
13	. . . .	. . . .	Dégraisser la sauce, la passer au tamis en écrasant les légumes.
14	. . . .	. . . .	La remettre sur le feu pour la laisser réduire à glace.
15	Farine ou fécule.	1 pincée.	Mêler en tournant avec la cuiller de bois pour bien lier la sauce.
16	Caramel.	. . . . . .	Ajouter pour donner une belle couleur.
17	. . . .	. . . . . .	Laisser réduire à découvert.
18	. . . .	. . . .	Y remettre la viande un moment à volonté.
19	. . . .	. . . .	Servir le fricandeau sur son jus, réduit presque en gelée, ou, au choix, sur une purée d'épinards, ou d'oseille, ou de chicorée, etc.

77.—VEAU : PIEDS A LA POULETTE (*entrée*)

ORDRE des opérations	NOMS.	PROPORTIONS	PRÉPARATIONS ET CUISSON.
1	Pieds de veau..	. . . .	Placer dans une terrine.
2	Eau bouillante..	. . . .	Verser dessus pour les nettoyer.
3	. . . .	. . . .	Laisser tremper 1/2 heure.
4	. . . .	. . . .	Transvaser dans une autre terrine.
5	Eau froide.	. . . .	Verser dessus.
6	. . . .	. . . .	Laisser tremper un instant pour raffermir.
7	. . . .	. . . .	Retirer de l'eau, essuyer, arracher les poils.
8	. . . .	. . . .	Les fendre pour en supprimer l'os principal.
9	. . . .	. . . .	Les parer, leur donner une bonne forme.
10	. . . .	. . . .	Les mettre à cuire dans le pot-au-feu 2 ou 3 heures.
11	Beurre.	. . . .	Fondre ensuite dans une casserole.
12	Farine.	1 pincée.	Jeter et mêler de suite.
13	Bouillon ou eau de cuisson des pieds.	. . . .	Verser peu à peu d'une main en tournant de l'autre main avec la cuiller de bois.
14	Sel.	. . . . . .	Ajouter à volonté dans la sauce.
15	Persil.	. . . . . .	
16	Champignons. . .	. . . . . .	
17	Petits oignons. .	. . . . . .	
18	Sel, poivre. . .	. . . . . .	
19	Laurier.	. . . . . .	
20	Jaune d'œuf. . .	. . . . . .	Délayer dans un bol à part pour faire une liaison.
21	Jus de citron ou vinaigre. . . .	1 filet.	
22	Sel.	. . . . . .	

VEAU : PIEDS A LA POULETTE (*suite*).

ORDRE des opérations	NOMS.	PROPORTIONS	PRÉPARATIONS ET CUISSON.
23	Persil, ciboules.	hachés fin.	Ajouter à la liaison, en mêlant avec la cuiller de bois.
24	. . . .	. . . . . .	Retirer la casserole hors du feu et attendre que la sauce ne bouille plus.
25	. . . .	. . . . . .	Mêler peu à peu à la sauce cette liaison, en tournant doucement avec la cuiller de bois.
26	. . . .	. . . . . .	Retirer les pieds de veau de la marmite quand ils sont cuits.
27	. . . .	. . . . . .	Les dresser sur le plat.
28	. . . .	. . . . . .	Disposer autour les oignons et les champignons.
29	. . . .	. . . . . .	Verser la sauce par-dessus et servir.

78. — VEAU : RIS EN CAISSES

	NOMS.	PROPORTIONS	PRÉPARATIONS ET CUISSON.
1	Ris de veau. . .	4 moyens.	Mettre dans un plat creux.
2	Eau bouillante..	. . . . . .	Verser dessus pour les blanchir.
3	Sel, ...	. . . . . .	Id.
4	. . . .	. . . . . .	Laisser tremper et dégorger.
5	. . . .	. . . . . .	Faire égoutter sur une passoire ou sur un tamis.
6	. . . .	. . . . . .	Les remettre dans le plat creux.
7	Eau froide. . . .	. . . . . .	Verser dessus pour les raffermir.
8	Persil.	. . . . .	
9	Cerfeuil.	. . . . .	
10	Ciboules, ...	. . . . .	Hacher fin.
11	Champignons. .	. . . . .	
12	Lard.	. . . . .	

VEAU : RIS EN CAISSES (*suite*)

ORDRE des opérations	NOMS.	PROPORTIONS	PRÉPARATIONS ET CUISSON.
13	Beurre.	. . . .	Faire fondre dans une casserole sur un feu doux.
14	Sel, poivre. . . .	. . . . . .	Semer dessus.
15	. . . .	. . . . . .	Y mêler les fines herbes hachées.
16	Huile d'olives. .	1 cuillerée.	Ajouter.
17	. . . .	. . . . . .	Faire égoutter les ris de veau, puis les remettre dans cette marinade.
18	Bouillon ou consommé. . . .	. . . . . .	Ajouter à volonté.
19	. . . .	. . . . . .	Laisser cuire aux trois quarts.
20	. . . .	. . . . . .	Pendant que les ris de veau achèvent de cuire, préparer, avec du papier fort, de petites caisses rondes ou carrées en nombre égal à celui des convives.
21	Huile ou beurre fondu tiède. .	. . . . . .	Répandre dans l'intérieur de chaque caisse pour en imprégner le papier.
22	Mie de pain ou chapelure. . .	. . . . . .	Saupoudrer.
23	Bardes de lard mince.	. . . . . .	Placer au fond, à volonté, et mettre par-dessus une partie de l'assaisonnement haché.
24	. . . .	. . . . . .	Couper les ris de veau en petites tranches minces.
25	. . . .	. . . . . .	Les ranger dans les caisses.
26	. . . .	. . . . . .	Recouvrir avec le reste de l'assaisonnement haché.

VEAU : RIS EN CAISSES (*suite*)

ORDRE des opérations	NOMS.	PROPORTIONS	PRÉPARATIONS ET CUISSON.
27	Mie de pain émiettée dans du bouillon ou avec du beurre fondu tiède. .	. . . . . .	Ajouter à volonté. Arroser le dessus de chaque caisse.
28	. . . .	. . . . . .	Mettre les caisses ainsi préparées dans une casserole peu profonde, ou sur le gril, sur la cendre chaude.
29	. . . .	. . . . . .	Recouvrir avec le four de campagne chargé de braise allumée.
30	. . . .	. . . . . .	Laisser prendre couleur en ayant soin que le papier ne brûle pas,
31	. . . .	. . . . . .	Laisser cuire.
32	Jus de citron. .	. . . . . .	Ajouter au moment de servir.
33	. . . .	. . . . . .	Servir dans les caisses.

70. — VEAU ROTI

1	Carré de veau. .		
2	Longe.	morceaux les meilleurs à choisir.	Parer, ôter les peaux et les nerfs.
3	Cuisse.		
4	Noix.		
5	Rouelle. . . .		
6	. . . .		Embrocher.
7	. . . .	pour 4 livres	Faire rôtir 2 heures à feu doux.
8	. . . .	pour 2 livres	Id. 1 heure 1/4 id.
9	Sel.		Saupoudrer.

VEAU ROTI (suite).

ORDRE des opérations	NOMS.	PROPORTIONS	PRÉPARATIONS ET CUISSON.
10	Beurre.	. . . .	Mettre au fond de la lèchefrite et arroser avec le jus qui tombe tout le temps de la cuisson.
11	. . . .	. . . .	Piquer la viande avec la pointe d'un couteau pour voir son degré de cuisson ; quand la chair de dessous est bien blanche, elle est cuite au point ou quand elle commence à fumer.
12	. . . .	. . . .	Dresser sur le plat à servir.
13	Jus dégraissé. . .		Mêler dans la saucière, à servir à part.
14	Ciboule.	hacher fin.	
15	Vinaigre. . . .	1 filet.	

80. — VEAU ROTI RÉCHAUFFÉ A LA BROCHE

1	. . . .	. . . .	Parer la partie entamée.
2	Beurre frais ou saindoux. . . .	. . . .	Étaler légèrement sur la surface de la viande.
3	. . . .	. . . .	Remettre à la broche devant un feu très-doux.
4	Jus conservé de la veille. . . .	. . . .	Verser dans la lèchefrite au-dessous du rôti et arroser le veau pendant qu'il réchauffe.
5	. . . .	. . . .	Aussitôt que la viande est chaude, débrocher et dresser sur le plat à servir.

7

81.—VEAU : MARINADE D'ÉTÉ

ORDRE des opérations	NOMS.	PROPORTIONS	PRÉPARATIONS ET CUISSON.
1	Sel, poivre........		Répandre au fond d'un plat creux.
2	....		Y placer la viande fraîche.
3	Sel, poivre........		Saupoudrer le dessus.
4	Vinaigre.........		Arroser.
5	....		Laisser tremper 2 heures d'abord, sans y toucher.
6	....		Retourner alors la viande sens dessus dessous.
7	....		Laisser tremper encore 2 heures. La chair devient ainsi très-tendre.

82—VEAU : RENSEIGNEMENTS

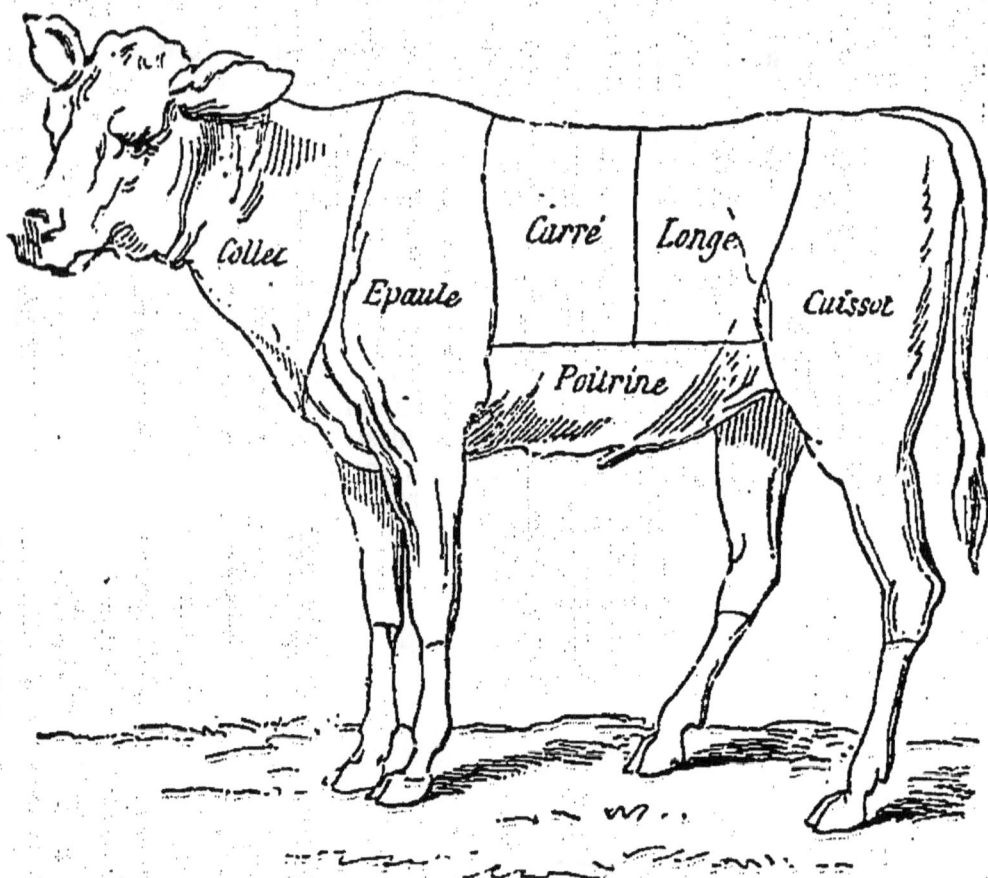

1 Cuissot	12 Cuissot		23 Pieds	
2 Rognons	1re caté-	13 Epaule		24 Quasi	
3 Longe	gorie.	14 Filet		25 Ris	
4 Carré		15 Foie		26 Rognons	
5 Epaule	2e caté-	16 Fressure		27 Tendons	
6 Poitrine	gorie.	17 Jarret		28 Yeux	
7 Collier		18 Langue		29 Cervelle	morceaux
8 Carré		19 Longe		30 Oreilles	estimés
9 Cervelle		20 Noix		31 Bajoues	de la tête
10 Poitrine couverte	21 Oreilles		32 Langue	de veau.
11 Poitrine découv.	22 Poitrine			

Noms des morceaux à choisir.

83 — VEAU : TENDONS A LA POULETTE

ORDRE des opérations	NOMS.	PROPORTIONS	PRÉPARATIONS ET CUISSON.
1	Beurre	. . . . . .	Fondre dans une casserole.
2	Farine	1 cuillerée.	Ajouter de suite, en remuant avec la cuiller de bois.
3	Sel, poivre . . .	. . . . . .	Saupoudrer.
4	Tendons de poi- trine de veau.	coupés en morceaux	Ajouter.
5	Bouillon ou eau tiède	1 verre.	Verser dessus en remuant.
6	Persil.	attachés en	
7	Cives	bouquet.	
8	Petits oignons. .	. . . . . .	
9	Champignons . .	. . . . . .	Ajouter.
10	Sel, poivre . . .	. . . . . .	
11	. . . .	. . . . . .	Laisser cuire 2 heures à feu doux.
12	. . . .	. . . . . .	Retirer le bouquet vers la fin de la cuisson.
13	Persil haché fin.	1 forte pincée	Ajouter alors.
14	. . . .	. . . . . .	Dresser les morceaux de veau sur le plat à servir.
15	. . . .	. . . . . .	Retirer du feu la casserole où a dû rester la sauce.
16	Jaunes d'œuf . .	1 ou 2.	Délayer doucement dans cette sauce pour la bien lier.
17	. . . .	. . . . . .	Verser sur le plat dressé et servir chaud.

84.—VEAU : DESSERTE DE TÊTE DE VEAU EN BLANQUETTE

ORDRE des opérations	NOMS.	PROPORTIONS	PRÉPARATIONS ET CUISSON.
1	Desserte de tête de veau. . . .	. . . . . .	Couper en petits morceaux.
2	Beurre, ...	. . . . . .	Faire fondre dans la poêle sur un feu doux sans laisser roussir.
3	Farine.	1 pincée.	Semer en remuant avec la cuiller de bois.
4	. . . . . .	. . . . . .	Y mettre les morceaux de tête de veau.
5	. . . . . .	. . . . . .	Agiter en tous sens.
6	Sel, poivre	. . . . . .	Saupoudrer.
7	Bouillon ou eau.	. . . . . .	Verser doucement, en continuant à tourner avec la cuiller de bois.
8	. . . . . .	. . . . . .	Laisser bouillir 5 minutes seulement.
9	Jaunes d'œufs . .	1 ou 2.	Délayer dans un bol à part et battre avec une fourchette.
10	Ciboules . , . . .	hachées fin.	
11	Vinaigre	1 filet.	
12	. . . . . .	. . . . . .	Retirer la poêle hors du feu, puis dresser les morceaux de veau sur un plat.
13	. . . . . .	. . . . . .	Verser ensuite la liaison de jaunes d'œufs dans la sauce restée dans la poêle et mêler.
14	. . . . . .	. . . . . .	Verser le tout sur le plat et servir.

85.—VEAU : TÊTE AU NATUREL (renseignements pour la découper)

Une tête de veau bien cuite doit laisser voir les lignes qui indiquent la jointure des os.

Enlever d'abord la partie du dessus du crâne qui recouvre la cervelle, enlever les chairs des joues autour des yeux.

Yeux
Bajoues
Tempes } Morceaux distingués à servir à la cuiller sans laisser
Oreilles   refroidir.
Langue

Couper la langue en tranches transversales, très-minces, à ajouter à chaque part offerte.

La cervelle, puisée avec une cuiller, se sert comme la langue.

86.—VEAU : RENSEIGNEMENTS POUR LE CONSERVER EN ÉTÉ

Battre la viande un quart d'heure si on craint qu'elle soit dure.

De mai à septembre, temps des meilleurs veaux.

Beurre, fondre dans une casserole sur un feu doux.

Sel, poivre, saupoudrer.

Y mettre la viande quelques minutes, puis la retirer du feu.

La ficeler et la suspendre dans un endroit sec.

On la conserve ainsi très-bonne quelques jours.

87.—VEAU : TÊTE AU NATUREL

ORDRE des opérations	NOMS.	PROPORTIONS	PRÉPARATIONS ET CUISSON.
1	Tête de veau entière	. . . .	Choisir grasse et bien fraîche, la placer dans un chaudron.
2	Eau bouillante. .	. . . .	Verser dessus à tout baigner, laisser dégorger 1 heure.
3	. . . .	. . . .	Jeter l'eau qui a servi.
4	Eau, sel	. . . . . .	Faire bouillir dans le même chaudron ou dans une marmite.
5	. . . .	. . . .	Quand l'eau est bouillante, y plonger la tête de veau, à laisser blanchir 1/4 d'heure.
6	. . . .	. . . .	Transvaser ensuite la tête de veau dans une terrine d'eau froide, la laisser rafraîchir quelques instants.
7	. . . .	. . . .	Puis la déposer sur un linge blanc pour la faire égoutter.
8	Mâchoire inférieure.	. . . . . .	Inciser par dessous, dans la longueur, pour enlever les os, en prenant soin de ne pas endommager la peau.
9	Mufle (ou mâchoire supér°).	. . . . . .	Désosser avec le même soin jusqu'aux yeux, en enlevant la peau, brûler les poils du museau en les flambant au-dessus du fourneau.
10	Langue.	. . . . . .	Dépouiller de sa peau dure, puis rapprocher tous les muscles de la tête.
11	Avec un citron.	coupé en 4.	Frotter toute la surface de la tête pour en conserver la blancheur.

VEAU : TÊTE AU NATUREL (*suite*).

ORDRE des opérations	NOMS.	PROPORTIONS	PRÉPARATIONS ET CUISSON.
12	. . . .	. . . . . .	Poser dessus des ronds de citron.
13	. . . .	. . . . . .	Envelopper le tout dans une toile forte, à coudre tout autour, pour garder en bonne forme (ou à attacher autrement en nouant les quatre coins avec une ficelle).
14	. . . .	. . . . . .	Mettre ce paquet dans un grand chaudron.
15	Farine ou fécule de pomme de terre. . . .	2 cuillerées.	Délayer doucement dans un bol à part, puis verser dans le chaudron.
16	Eau bouillante.		
17	Beurre.	60 grammes.	
18	Sel, gros poivre.	. . . . . .	
19	Vinaigre. . . .	1/2 verre,	
20	Persil.		
21	Thym.		
22	Laurier.	attachés en bouquet.	Ajouter en assaisonnement.
23	Cerfeuil.		
24	Ciboules.		
25	Carottes.	2.	
26	Panais.	1.	
27	Oignons	2.	
28	Clous de girofle.	4.	
29	. . . .	. . . . . .	Laisser bouillir 4 heures à petit feu.
30	. . . .	. . . . . .	Retirer alors la tête enveloppée.
31	. . . .	. . . . . .	Développer le linge et laisser égoutter.
32	. . . .	. . . . . .	Fendre la peau avec soin dans la longueur depuis le sommet de la tête.

VEAU : TÊTE AU NATUREL (*suite*).

ORDRE des opérations	NOMS.	PROPORTIONS	PRÉPARATIONS ET CUISSON.
33	. . . .	. . . .	Ouvrir le crâne avec la pointe d'un fort couteau.
34	. . . .	. . . .	Retirer les deux os du crâne mettant alors la cervelle à découvert.
35	. . . .	. . . .	Rapprocher la peau pour recouvrir la cervelle.
36	. . . .	. . . . . .	Peler la langue.
37	. . . .	. . . . . .	Dresser la tête sur un grand plat.
38	Avec du persil en branches . . .	. . . .	Décorer le tour du plat.
39	Sauce poivrade.		
40	Sauce piquante.	au choix.	Servir à part dans la saucière.
41	Ravigote froide.		

Autre sauce à choisir.

Bouillon ou eau de cuisson.
Sel, poivre. . . . .
Huile. . . . .
Vinaigre. . . . .   Mêler ensemble dans la saucière.
Oignons . . . .
Echalote . . . . } hacher fin.
Ciboule. . . . .

CHAPITRE III

BŒUF

TABLE DES RECETTES

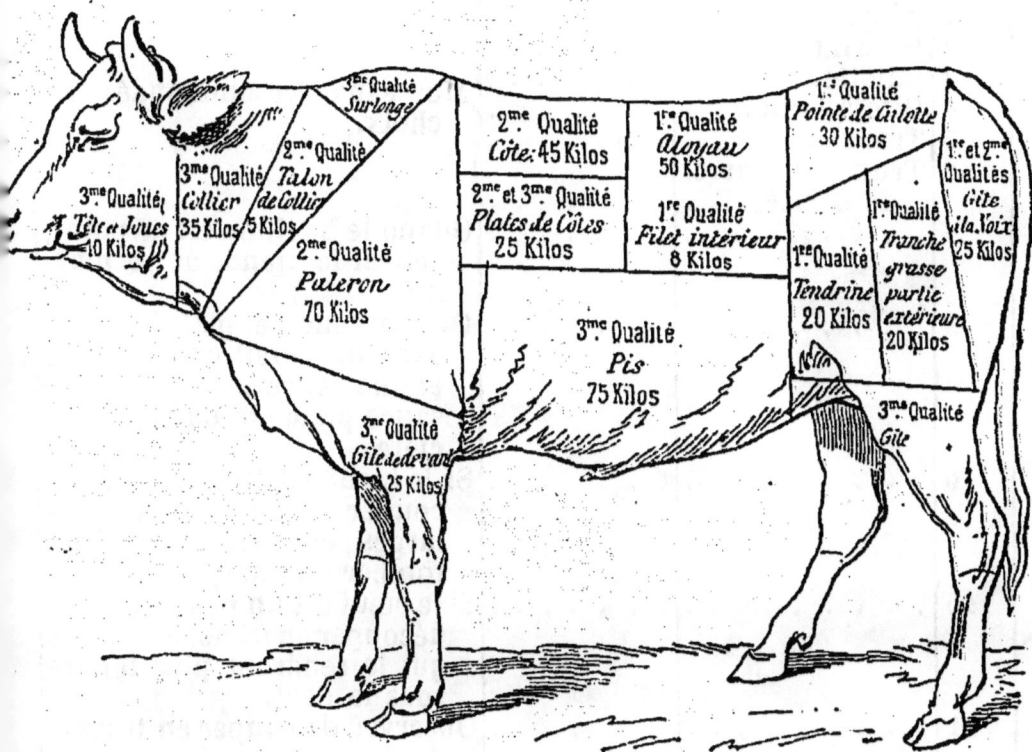

3me Qualité
Surlonge

2me Qualité
Côte 45 Kilos

1re Qualité
Aloyau
50 Kilos

1re Qualité
Pointe de Culotte
30 Kilos

2me Qualité
Talon
de Collier 5 Kilos

3me Qualité
Collier
35 Kilos

3me Qualité
Tête et Joues
10 Kilos

2me et 3me Qualité
Plates de Côtes
25 Kilos

1re Qualité
Filet intérieur
8 Kilos

1re et 2me
Qualités
Gite à la Noix
25 Kilos

2me Qualité
Paleron
70 Kilos

1re Qualité
Tranche
grasse
partie
extérieure
20 Kilos

1re Qualité
Tendrine
20 Kilos

3me Qualité
Pis
75 Kilos

3me Qualité
Gite de devant
25 Kilos

3me Qualité
Gite

88.—BŒUF BOUILLI — POT-AU-FEU — *Renseignements*

ORDRE des opérations	NOMS.	PROPORTIONS	PRÉPARATIONS ET CUISSON.
1	Aloyau.	. . . .	Morceaux recommandés au choix.
2	Poitrine.	. . . .	
3	Culotte.	. . . .	
4	Gîte à la noix. .	. . . .	
5	Tranche.	. . . .	
6	Trumeau (jarret de derrière). .	. . . .	
7	. . . .	. . . .	Quand le bouillon est au point, retirer la viande de la marmite.
8	. . . .	. . . .	Dresser sur le plat à servir avec du persil en garniture et une sauce tomate ou une sauce piquante dans la saucière.
9	. . . .	. . . .	Si le bœuf est très-cuit, le découper en tranches très-larges pour éviter de le faire tomber en charpie.
10	. . . .	. . . .	Si le bœuf est un peu ferme, le découper en tranches minces qui le rendront plus tendre sous la dent.
11	. . . .	. . . .	Observer de couper en travers du fil de la viande.

89.—BIFSTEAK : *Renseignements*. MARINADE D'ÉTÉ

1	Filet de bœuf. .	. . . . . .	Le meilleur morceau à choisir.
2	. . . .	. . . . . .	Le couper en tranches épaisses d'un doigt.
3	. . . .	. . . . . .	Battre chaque tranche avec le plat du couperet.
4	. . . .	. . . . . .	Placer une tranche dans un plat creux.

BIFSTEAK : *Renseignements*. MARINADE D'ÉTÉ (*suite*).

ORDRE des opérations	NOMS.	PROPORTIONS	PRÉPARATIONS ET CUISSON.
5	Poivre		Semer dessus.
6	Vinaigre. . . .	quelq. goutt.	Arroser.
7	Huile d'olives. .	id.	
8	. . . .	. . . . .	Placer une seconde tranche sur la première, et recommencer à l'arroser de même, ainsi des autres.
9	. . . .	. . . . .	Laisser mariner dans un lieu frais un ou plusieurs jours, moyen sûr de rendre la viande très-tendre.
10	. . . .	. . . . .	Au moment de servir, mettre les tranches sur le gril, sur un feu vif et retourner une seule fois.

90.—BIFSTEAK : *Renseignements*. MARINADE D'HIVER

ORDRE des opérations	NOMS.	PROPORTIONS	PRÉPARATIONS ET CUISSON.
1	Filet de bœuf. .	. . . . .	Le meilleur morceau à choisir.
2	. . . . . .	. . . . .	Le couper en tranches épaisses d'un doigt.
3	. . . . . .	. . . . .	Battre chaque tranche avec le plat d'un couperet.
4	. . . . . .	. . . . .	Placer une tranche dans un plat creux.
5	Beurré salé. .	. . . . .	Faire fondre sur un feu doux.
6	. . . . . .	. . . . .	En arroser la tranche de filet.
7	. . . . . .	. . . . .	Placer une seconde tranche sur la première, et recommencer la même opération, Ainsi des autres.
8	. . . . . .	. . . . .	Laisser mariner un ou plusieurs jours, moyen sûr de rendre la viande très-tendre.
9	. . . . . .	. . . . .	Faire cuire sur le gril à feu vif, et retourner une seule fois.

91. — BŒUF : BIFSTEAKS A L'ANGLAISE.

ORDRE des opérations	NOMS.	PROPORTIONS	PRÉPARATIONS ET CUISSON.
1	Filet de bœuf ou faux filet ou aloyau. . . .	. . . .	Morceaux à choisir. Parer en ôtant les graisses et les peaux nerveuses.
2	. . . .	. . . .	Couper en travers 6 tranches de l'épaisseur d'un doigt.
3	. . . .	. . . .	Battre chaque tranche avec le plat du couperet.
4	Sel fin.	. . . .	Semer des deux côtés de cha-
5	Gros poivre. . .	. . . .	que tranche.
6	. . . .	. . . .	Chauffer d'avance le plat à servir en le trempant dans de l'eau très-chaude.
7	Beurre frais. . .	125 gr. pour 6 bifsteaks.	Fondre sur un feu doux dans la casserole ou dans la poêle.
8	. . . .	. . . .	Y placer les bifsteaks préparés.
9	. . . .	. . . .	Retourner chaque tranche dans le beurre.
10	. . . .	. . . .	Poser un gril sur un feu de braise ardente pour le chauffer un instant à l'avance.
11	. . . .	. . . .	Essuyer rapidement le plat qui trempe dans l'eau chaude et le laisser sur le bord du fourneau.
12	Beurre frais. . .	125 gramm.	
13	Sel, poivre. . .	. . . . . .	Manier ensemble sur le plat chaud.
14	Persil.	hachés fin.	
15	Ciboule. . . .		
16	Jus de Citron. .	. . . . . .	Presser sur le tout.
17	. . . .	. . . . . .	Mettre alors sur le gril les tranches de bifsteak.
18	. . . .	. . . . . .	Après un moment, les retourner.

BŒUF : BIFSTEAKS A L'ANGLAISE (*suite*)

ORDRE des opérations	NOMS.	PROPORTIONS	PRÉPARATIONS ET CUISSON.
19	. . . .	. . . .	Dès que le bifsteak est un peu coloré et que le jus en sort en le piquant au bout d'une fourchette, il est cuit au point
20	. . . .	. . . .	Placer alors de suite une tranche de bifsteak saignant sur le beurre préparé dans le plat à servir.
21	. . . .	. . . .	Appuyer dessus, puis retourner.
22	. . . .	. . . .	Recommencer ainsi pour les six tranches à ranger autour du plat.
23	Persil ou cresson en branches, ou pommes de terre tournées en olives et frites dans le beurre. . . .	. . . .	Dresser en garniture autour ou au milieu du plat à volonté.

92. — BŒUF EN BOULETTES (*entrée*).

	NOMS.	PROPORTIONS	PRÉPARATIONS ET CUISSON.
1	Desserte de bœuf bouilli.	. . . . . .	Hacher fin et mêler ensemble.
2	Chair à saucisses.	. . . . . .	
3	Lard.	. . . . . .	
4	Restes de volaille rôtie	. . . . . .	
5	Persil.	très-peu.	Hacher fin et mêler à la viande.
6	Ciboule. . . .		
7	Sel, poivre. . .	. . . . . .	Semer en assaisonnement.
8	. . . .	. . . . . .	Mettre le tout dans un plat creux ou dans un saladier.
9	Mie de pain. . .	. . . . .	Mêler dans un bol, puis ajouter au hachis.
10	Lait ou bouillon.	. . . . . .	
11	Œufs battus. . .	. . . . .	

BŒUF EN BOULETTES (*suite*).

ORDRE des opérations.	NOMS.	PROPORTIONS.	PRÉPARATIONS ET CUISSON.
12	. . . .	. . . . . .	Bien pétrir et amalgamer le tout avec la cuiller de bois.
13	. . . .	. . . . . .	Prendre une cuillerée à bouche de ce hachis préparé.
14	Farine..	. . . . . .	Répandre sur la table de cuisine.
15	. . . .	. . . . . .	Y rouler en boulette la cuillerée de hachis ; donner une bonne forme en la roulant entre les deux mains.
16	. . . .	. . . . . .	Recommencer de même jusqu'à ce que le hachis soit employé entièrement.
17	Beurre.	. . . . . .	Faire fondre dans la poêle ou dans une casserole sur un feu doux.
18	Sel.	. . . . . .	Saupoudrer.
19	. . . .	. . . . . .	Quand le beurre est fondu, y mettre les boulettes à frire.
20	. . . .	. . . . . .	Quand les boulettes sont frites d'un côté, les retourner de l'autre.
21	. . . .	. . . . . .	Les dresser sur le plat sans sauce ou avec la préparation suivante.
22	Oignons.	hachés fin.	Jeter dans le beurre qui est resté au fond de la poêle ou de la casserole.
23	Vinaigre.	1 filet.	Ajouter.
24	. . . .	. . . . . .	Verser sur les boulettes et servir de suite.
25	ou Sauce tomate.	. . . . . .	Très-bonne à servir sur les boulettes, ou mise à part dans la saucière.

93. — BŒUF EN DAUBE (*entrée*).

ORDRE des opérations	NOMS.	PROPORTIONS.	PRÉPARATIONS ET CUISSON.
1	Tranche mince..	au choix.	Morceaux recommandés.
2	Gîte à la noix. .		
3	. . . .	. . . . . .	Battre la viande avec le plat d'un couperet.
4	Gros lard. . . .	. . . . . .	Couper en lardons et en piquer le bœuf en suivant le fil de la viande.
5	Sel, gros poivre.	. . . . . .	Semer de tous côtés.
6	Couenne de lard.	. . . . . .	Placer au fond d'une grande casserole.
7	. . . .	. . . . . .	Mettre le morceau de bœuf par-dessus.
8	Pieds de veau ou jarrets.		
9	Carottes.		
10	Oignons.		
11	Clous de girofle.	à piquer sur un oignon.	Ajouter.
12	Persil.	attachés en bouquet.	
13	Ciboules.		
14	Laurier.	2 feuilles.	
15	Thym.		
16	Sel, poivre. . . .		
17	Bouillon ou eau.	1 ou 2 verres.	
18	Vin blanc ou eau-de-vie.	1 verre.	Verser sur le tout.
19	. . . .	. . . . . .	Laisser bouillir sur un feu doux pendant quatre heures au moins, en retournant la viande plusieurs fois.
20	. . . .	. . . . . .	Quand le bœuf est bien cuit, le dresser sur le plat à servir.
21	. . . .	. . . . . .	Tenir le plat sur le bord du fourneau.

BŒUF EN DAUBE (*Suite*).

ORDRE des opérations	NOMS.	PROPORTIONS.	PRÉPARATIONS ET CUISSON.
22	. . . .	. . . . .	Dégraisser la sauce, passer au tamis.
23	. . . .	. . . .	Remettre le jus à réduire sur le feu, à découvert, quelques instants.
24	Caramel. . . .	. . . .	Ajouter à volonté pour donner plus de couleur à la sauce.
25	. . . .	. . . . .	Verser la sauce autour du bœuf et servir.
26	. . . .	. . . . .	*Nota :* Ce plat est excellent, le lendemain, servi froid, avec la sauce en gelée.

94. — BŒUF : ENTRE-COTE BRAISÉE (*entrée*).

1	Entre-côte. . . .	. . . .	A choisir un peu forte et pas trop grasse.
2	Lard.	. . . .	Tailler en gros lardons et en piquer le morceau de bœuf.
3	Sel, poivre. . .	. . . .	Saupoudrer de tous côtés.
4	. . . .	. . . .	Attacher la viande avec une ficelle pour lui conserver une bonne forme.
5	Lard.	quelq. tranches minces.	Placer au fond d'une casserole ou d'une marmite (à choisir de préférence en fonte émaillée.)
6	. . . .	. . . .	Mettre la côte de bœuf par-dessus.
7	. . . .	. . . .	Recouvrir avec d'autres bardes de lard.

BŒUF : ENTRE-COTE BRAISÉE (*Suite*).

ORDRE des opérations	NOMS.	PROPORTIONS.	PRÉPARATIONS ET CUISSON.
8	Bouill. dégraissé.	2 tasses.	
9	Carottes.	à volonté.	
10	Persil.	attachés en bouquet.	
11	Thym.		
12	Ciboule. . . .		
13	Laurier. . . .	1 feuille.	Ajouter.
14	Gros oignons. . .	. . . . .	
15	Clous de girofle.	2 ou 3 piqués sur les oignons.	
16	Eau-de-vie. . . .	2 cuillerées, à volonté.	
17	. . . .	. . . . .	Mettre la casserole ou la marmite sur un feu vif et laisser bouillir, à découvert, quelques minutes.
18	. . . .	. . . . .	Recouvrir avec le four de campagne ou avec un couvercle chargé de charbons ardents.
19	. . . .	. . . . .	Laisser cuire très-doucement trois heures au moins.
20	. . . .	. . . . .	Retirer du feu quand le bœuf est bien cuit.
21	. . . .	. . . . .	Retirer la ficelle.
22	. . . .	. . . . .	Replacer le bœuf dans une casserole, verser dessus un peu de jus de cuisson et le tenir chaud au bord du fourneau.
23	. . . .	. . . . .	Passer au tamis le reste du jus.
24	. . . .	. . . . .	Le remettre à réduire un instant.
25	. . . .	. . . . .	Dresser le morceau de bœuf dans un plat creux. Verser la sauce par-dessus et servir chaud.

95. — BŒUF : GRAS-DOUBLE. *Préparations.*

ORDRE des opérations	NOMS.	PROPORTIONS.	PRÉPARATIONS ET CUISSON.
1	Grasdouble(morceau de panse de bœuf). . . .	. . . .	Râtisser, nettoyer, jeter dans une terrine.
2	Eau bouillante .	. . . .	Verser dessus.
3	. . . .	. . . .	Laisser tremper 1 4 d'heure.
4	. . . .	. . . .	Changer l'eau qui a servi.
5	. . . .	. . . .	Nettoyer de nouveau et jeter cette deuxième eau.
6	Eau froide. . .	. . . .	Verser dessus pour raffermir.
7	. . . .	. . . . . .	Égoutter.
8	. . . .	. . . .	Couper les gras-doubles égouttés en petits carrés de 5 à 6 centimètres.
9	. . . .	. . . .	Les jeter dans une casserole.
10	Eau, ...	. . . .	
11	Sel, poivre, . .	. . . .	Ajouter par-dessus.
12	Gros oignons. .	. . . .	
13	Ail.	. . . .	
14	. . . .	. . . .	Faire bouillir à grand feu pendant 2 ou 3 heures.
15	. . . .	. . . . . .	Faire égoutter sur une passoire ou sur un tamis et laisser refroidir.
16	. . . .	. . . . . .	Les gras-doubles sont alors prêts à être accommodés.

96. — BŒUF : GRAS-DOUBLE A LA LYONNAISE.

	NOMS.	PROPORTIONS.	PRÉPARATIONS ET CUISSON.
1	Oignons. . . .	8 à 10 coupés en tranches minces.	
2	Beurre.	60 grammes	Mettre dans la poêle, sur un feu ardent, et laisser frire tout ensemble.
3	ou Huile d'olives	1 cuillerée	
4	Sel, poivre. . .	. . . . . .	
5	Persil.	haché fin.	

BŒUF : GRAS-DOUBLE A LA LYONNAISE (*Suite*).

ORDRE des opérations	NOMS.	PROPORTIONS.	PRÉPARATIONS ET CUISSON.
6	Morceaux de gras-double préparés	. . . .	Y mettre et mêler, en faisant sauter la poêle jusqu'à ce qu'ils aient pris une belle couleur.
7	. . . .	. . . .	Chauffer le plat à servir.
8	. . . .	. . . .	Y ranger les gras-doubles cuits.
9	. . . .	. . . .	Verser la sauce par-dessus.
10	Jus de citron. .	. . . .	Presser id. en assaisonnement.
11	. . . .	. . . .	Servir chaud.

97. — BŒUF : GRAS-DOUBLE A LA POULETTE.

ORDRE des opérations	NOMS.	PROPORTIONS.	PRÉPARATIONS ET CUISSON.
1	Beurre frais. . .	60 grammes.	Faire fondre dans une casserole sur un feu doux.
2	Farine.	1 grande cuillerée	Ajouter en remuant avec la cuiller de bois.
3	Sel, poivre. . .	. . . .	Semer en assaisonnement.
4	Bouillon. . . .	1 tasse.	Verser par-dessus le tout en continuant à mêler doucement.
5	Persil.	1 pincée hachée fin.	Semer.
6	. . . .	. . . .	Laisser bouillir 10 minutes.
7	Gras-double préparés.	. . . .	Mettre alors dans cette sauce, et laisser cuire 1/2 heure.
8	. . . .	. . . .	Chauffer le plat à servir.
9	. . . .	. . . .	Y ranger le gras-double.

BŒUF : GRAS-DOUBLE A LA POULETTE (*Suite*).

ORDRE des opérations	NOMS.	PROPORTIONS.	PRÉPARATIONS ET CUISSON.
10	Jaune d'œuf. . .	1	Délayer dans un bol à part pour faire une liaison.
11	Vinaigre ou jus de citron. . . .	1 filet.	
12	. . . .	. . . .	Mêler cette liaison avec la sauce restée dans la casserole, en tournant doucement avec la cuiller de bois.
13	. . . .	. . . .	Verser ensuite sur le plat et servir.

98. — BŒUF EN GRILLADE.

1	Bœuf bouilli. . .	desserte de la veille.	Couper en tranches un peu épaisses.
2	. . . .	. . . .	Les mettre sur le gril.
3	. . . .	. . . .	Retourner.
4	. . . .	. . . .	Dresser sur le plat à servir.
5	Sel.	. . . .	Semer dessus.
6	Persil en branch.	. . . .	Ranger autour du plat.
7	. . . .	. . . .	Servir.

99. — AUTRE MANIÈRE.

1	Lard.	. . . . . .	Faire revenir dans la poêle sur un feu vif.
2	Saucisses. . . .	. . . . . .	
3	Bœuf bouilli. . .	coupé en tranches.	Ajouter dans la poêle.
4	Bouillon . . .	2 cuillerées.	Verser par-dessus le tout.
5	Vinaigre. . . .	1 filet.	
6	. . . .	. . . . . .	Laisser sur le feu 1/4 d'heure.
7	. . . .	. . . . . .	Chauffer le plat à servir.
8	. . . .	. . . . . .	Y dresser le bœuf et les saucisses en couronnes.
9	. . . .	. . . . . .	Verser la sauce dans le milieu.
10	. . . .	. . . . . .	Servir.

100. — BŒUF EN HACHIS.

ORDRE des opérations	NOMS.	PROPORTIONS.	PRÉPARATIONS ET CUISSON.
1	Desserte de bœuf bouilli.	. . . .	Couper en petits morceaux, puis hacher très-fin.
2	Chair à saucisses	. . . .	Id. id. et mêler ensemble.
3	Beurre.	. . . .	Faire fondre dans une casserole sur un feu doux.
4	. . . .	. . . .	Y jeter le hachis.
5	Farine.	1 pincée.	Semer de sus en mêlant avec la cuiller de bois.
6	Sel, poivre. . .		
7	Ciboule.	hacher fin.	Ajouter en assaisonnement.
8	Persil.		
9	Vin blanc. . . .	1/2 verre.	Verser sur le tout.
10	Bouillon dégraissé ou eau . . .	1/2 verre.	
11	. . . .	. . . .	Laisser mijoter 20 minutes sur un feu doux.
12	. . . .	. . . .	Dresser le hachis en pyramide sur le plat à servir.
13	. . . .	. . . .	Décorer le bord du plat à volonté avec des croûtons frits.

101. — BŒUF : LANGUE EN DAUBE.

ORDRE des opérations	NOMS.	PROPORTIONS.	PRÉPARATIONS ET CUISSON.
1	Langue de bœuf.	. . . .	Parer, supprimer le haut dit *cornet* (morceau bon à mettre dans le pot-au-feu).
2	. . . .	. . . .	Placer la langue dans la marmite.
3	Eau bouillante.	. . . .	Verser dessus pour la blanchir.
4	. . . .	. . . .	Laisser tremper une heure près du feu.
5	. . . .	. . . .	L'essuyer et la dépouiller toute chaude en la grattant avec un couteau.

BŒUF : LANGUE EN DAUBE (*Suite*).

ORDRE des opérations	NOMS.	PROPORTIONS.	PRÉPARATIONS ET CUISSON.
6	. . . .	. . . .	L'ouvrir en cœur en la fendant par le côté dans sa longueur.
7	Lard.	. . . .	Couper en petits lardons et en piquer la langue à plusieurs rangs.
8	Beurre.	. . . .	Faire fondre dans une grande casserole sur un feu doux.
9	Farine.	. . . .	Semer sur le beurre quand il commence à roussir.
10	Sel, poivre. . .	. . . .	Ajouter en remuant avec la cuiller de bois.
11	Eau ou bouillon de la cuisson. .	. . . . . .	
12	. . . .	. . . .	Quand le roux est bien lié, y placer la langue préparée.
13	Carottes. . . .	coupés en	
14	Oignons.. . . .	tranches.	
15	Persil.	1 bouquet.	Ajouter dans la casserole.
16	Thym, laurier. .		
17	Clous de girofle.	à volonté.	
18	Vin blanc. . . .	1 verre.	
19	Bouillon ou eau-de-vie.	1 verre.	Verser par-dessus à tout baigner.
20	. . . .	. . . . .	Recouvrir avec un papier beurré.
21	. . . .	. . . . .	Puis avec le four de campagne.
22	. . . .	. . . . .	Laisser bouillir à feu égal pendant 4 ou 5 heures.
23	. . . .	. . . . .	Dresser sur le plat la langue ouverte.
24	. . . .	. . . . .	Ranger autour, à volonté, les carottes et les oignons.
25	. . . .	. . . . .	Verser la sauce par-dessus.
26	Cornichons. . .	coupés en filets.	Piquer sur la langue en décoration.

102. — MARINADE POUR CONSERVER LE BŒUF.

ORDRE des opérations	NOMS.	PROPORTIONS.	PRÉPARATIONS ET CUISSON.
1	. . . .	. . . .	Mettre le morceau de viande crue dans un plat creux.
2	Sel, poivre . . .	. . . .	Saupoudrer.
3	Persil.	attachés en bouquet.	Ajouter dessus la viande et autour.
4	Laurier.		
5	Thym.		
6	Oignons.	coupés en tranches.	
7	Huile.	. . . .	Verser sur le tout à tout arroser.
8	. . . .	. . . .	Mettre dans un lieu frais le plat ainsi préparé.
9	. . . .	. . . .	Retourner la viande une fois par jour. Le bœuf se conserve ainsi plusieurs jours et reste excellent à rôtir ou à accommoder.

103. — BŒUF EN MIROTON (entrée).

	NOMS.	PROPORTIONS.	PRÉPARATIONS ET CUISSON.
1	Desserte de bœuf bouilli.	. . . . . .	Couper en tranches égales.
2	Beurre	. . . . . .	Faire fondre dans une casserole sur un feu doux.
3	Oignons.	coupés en petits dés ou en croissants	Jeter dans le beurre.
4	. . . .	. . . . . .	Laisser frire et prendre une belle couleur blonde.
5	Farine	1 cuillerée.	Semer dessus en remuant avec une cuiller de bois.
6	Bouillon	qq. cuillerées	Ajouter peu à peu en continuant à bien mêler avec la cuiller.
7	Sel, poivre . . .		
8	Vinaigre ou vin blanc. . . .	même quantité que celle du bouillon.	
9	Persil.	haché fin.	

BŒUF EN MIROTON (*Suite*).

ORDRE des opérations	NOMS.	PROPORTIONS.	PRÉPARATIONS ET CUISSON.
10	. . . .	. . . .	Laisser bouillir et réduire un peu la sauce à découvert.
11	. . . .	. . . .	Y mettre alors les tranches de bœuf à réchauffer.
12	. . . .	. . . .	Laisser quelques minutes sur le feu.
13	. . . .	. . . .	Chauffer le plat à servir.
14	. . . .	. . . .	Y dresser les tranches de bœuf en couronne.
15	. . . .	. . . .	Verser la sauce au milieu et par-dessus.

104. — BŒUF EN POT-AU-FEU.

ORDRE des opérations	NOMS.	PROPORTIONS.	PRÉPARATIONS ET CUISSON.
1	Git-à-la-noix (bas de la cuisse), ou	. . . .	Morceaux les meilleurs à choisir.
2	Culotte de bœuf.	. . . .	
3	ou Tranche. . .	. . . .	
4	. . . .	. . . .	Battre la viande avec le plat d'un couperet pesant.
5	. . . .	. . . .	Ficeler.
6	. . . .	. . . .	La placer dans une marmite en terre (de préférence à toute autre).
7	Eau froide. . . .	1 litre 1/2 par livre de viande.	Verser par-dessus le bœuf.
8	Gros sel.	1 poignée.	Ajouter.
9	. . . .	. . . .	Mettre la marmite ainsi préparée devant un bon feu. Laisser bouillir d'abord à découvert.
10	. . . .	. . . .	Dès que l'écume monte, l'enlever avec l'écumoire.

BŒUF EN POT-AU-FEU (*Suite*).

ORDRE des opérations	NOMS.	PROPORTIONS.	PRÉPARATIONS ET CUISSON.
11	Poireaux	3 ou 4	Couper en morceaux à jeter à mesure dans un plat d'eau, puis les faire égoutter et les jeter dans la marmite.
12	Carottes.	2 belles.	Fendre en long et ajouter id.
13	Navets	2	
14	Oign. piqué d'un clou de girofle.	. . . . . .	
15	Céleri.	(quelq. branches attach.	Ajouter id.
16	Persil.	en bouquet.	
17	Laurier sauce. .		
18	Os concassés. . .	. . . . . .	
19	Débris de mouton	. . . . . .	Au choix, à volonté, très-bons à ajouter dans le pot-au-feu.
20	de vieille poule.	. . . . . .	
21	de vieille perdrix	. . . . . .	
22	Foie, lard. . . .	. . . . . .	
23	Chou pommé (dit Pancalier) . . .	qq. feuilles.	Laver, puis ajouter au reste (selon le goût).
24	. . . .	. . . . .	Quelques livres disent que le chou donne un goût âcre au bouillon et l'empêche de se conserver.
25	. . . .	. . . . .	Replacer le couvercle sur la marmite.
26	. . . .	. . . . .	Laisser bouillir à feu égal et modéré 4, 5, ou 6 heures, selon que la viande est plus ou moins dure.
27	Eau chaude. . .	. . . . .	Ajouter dans la marmite à mesure que le bouillon s'évapore en bouillant (à moins qu'on ne le veuille très-fort et très-réduit).

BŒUF EN POT-AU-FEU (*Suite*).

ORDRE des opérations	NOMS.	PROPORTIONS.	PRÉPARATIONS ET CUISSON.
28 29 30 31	Boule colorante. ou Caramel. . . ou Suc de légum. ou Oignon brûlé.	au choix.	Ajouter vers la fin de la cuisson pour donner couleur et arôme au bouillon.
32	. . . .	. . . . . .	Dégraisser.
33	Pain taillé en tranches minces	. . . . . .	Ranger au fond de la soupière à servir.
34	. . . .	. . . . . .	Poser une passoire fine sur la soupière.
35	. . . .	. . . . . .	Y verser le bouillon, peu à peu d'abord, pour imbiber le pain.
36	. . . .	. . . . . .	Laisser le pain se gonfler, puis verser tout le reste du bouillon.
37	Cerfeuil. . . .	1 pincée.	Ajouter sur le dessus du potage.
38	. . . .	. . . . . .	Servir sur une assiette à part les carottes, les navets, le céleri et autres légumes.

105. — BŒUF A LA MODE *servi en tranches* (*entrée*).

1	Culotte de bœuf (morc. à choisir).	. . . .	Battre avec le plat d'un couperet pesant.
2	. . . .	. . . . . .	Couper en petites tranches.
3	Lard.	. . . . . .	Diviser en gros lardons et en piquer chaque tranche.
4	Barde de lard. .	. . . . . .	Étaler au fond d'une daubière en terre.
5	Oignons	2 ou 3	Couper en tranches à ranger sur le lard.
6	Carottes. . . .	2 ou 3	

BŒUF A LA MODE *servi en tranches* (*Suite*).

ORDRE des opérations	NOMS.	PROPORTIONS.	PRÉPARATIONS ET CUISSON.
7	. . . .	. . . .	Placer ensuite les tranches de bœuf en les serrant bien.
8	Laurier sauce. .	1 feuille.	
9	Ail.	2 ou 3 gousses non épluchées.	Ajouter.
10	Sel, poivre. . .	. . . .	
11	. . . .	. . . .	Mettre la daubière sur un feu doux et laisser revenir à découvert.
12	. . . .	. . . .	L'odeur indique le moment où le lard et les oignons sont cuits à point.
13	Vin rouge. . . .	1 verre.	
14	Couenne de lard.	en petits morceaux.	Ajouter alors.
15	. . . .	. . . .	Recouvrir la daubière avec un fort papier beurré.
16	. . . .	. . . .	Mettre le couvercle par-dessus.
17	. . . .	. . . .	Laisser bouillir 4 ou 5 heures sur un feu très-doux, de temps en temps agiter la daubière par les anses.
18	. . . .	. . . .	Dresser les tranches de bœuf sur un plat à tenir chaud.
19	. . . .	. . . .	Mettre une passoire sur un bol.
20	. . . .	. . . .	Y faire passer le jus en écrasant les carottes avec la cuiller de bois.
21	Sucre.	2 ou 3 morceaux.	Faire fondre en caramel dans une casserole à part.
22	Eau chaude. . .	1 verre.	Verser dessus en remuant.

BŒUF A LA MODE *servi en tranches* (suite)

ORDRE des opérations	NOMS.	PROPORTIONS.	PRÉPARATIONS ET CUISSON.
23	Jus passé. . . .	. . . .	Verser en le tournant avec la cuiller de bois et bien mêler.
24	. . . .	. . . . . .	Laisser encore un instant sur le feu.
25	. . . .	. . . . . .	Verser sur le bœuf dressé dans le plat et servir chaud.

106. — BŒUF A LA MODE *servi entier* (entrée).

1	Cuisse de bœuf ou tranche grasse.	. . . . . .	Morceaux à choisir.
2	. . . .	. . . . . .	Battre la viande sur le billot avec le plat du couperet.
3	Lard.	. . . . . .	Tailler en languettes à mettre à mesure dans un bol.
4	Sel, poivre. . .		Semer sur les lardons.
5	Persil.	haché fin.	
6	. . . .	. . . . .	Piquer alors le bœuf dans le sens du fil de la viande avec les lardons préparés.
7	. . . .	. . . . .	Le mettre ensuite dans un plat creux.
8	Vin blanc. . . .	1/2 litre par kil. de viande	Verser par-dessus.
9	. . . .	. . . . .	Laisser tremper 1 heure d'abord sans y toucher.
10	. . . .	. . . . .	Puis retourner le bœuf dans sa marinade.
11	. . . .	. . . . .	Laisser tremper encore 1 heure
12	. . . .	. . . . .	Choisir une braisière de grandeur proportionnée pour que la pièce de viande puisse y tremper dans le jus.
13	Couenne de lard.	. . . . .	Étaler au fond de la braisière.

9

BŒUF A LA MODE servi entier (Suite).

ORDRE des opérations	NOMS.	PROPORTIONS.	PRÉPARATIONS ET CUISSON.
14	. . . .	. . . .	Poser par-dessus le bœuf préparé.
15	Poivre, sel. . . .	. . . : . .	
16	Oignons piqués de clous de girofle.	. . . . . .	
17	Persil.	attaché en bouquet.	Ajouter en assaisonnement et garniture.
18	Thym.	1 branche.	
19	Laurier.	2 feuilles.	
20	Ail.	2 gousses.	
21	Pied de veau. .	désossé.	
22	Eau ou bouillon.	4 verres.	Verser par-dessus le tout.
23	. . . .	. . . . . .	Faire bouillir sur un feu vif d'abord.
24	. . . .	. . . . . .	Puis diminuer le feu.
25	. . . .	. . . . . .	Au bout d'une heure, retourner la pièce de viande.
26	. . . .	. . . . . .	Recouvrir alors la braisière d'un fort papier blanc, puis du four de campagne chargé de charbons allumés.
27	. . . .	. . . . . .	Laisser mijoter 5 ou 6 heures à feu doux.
28	Eau-de-vie. . .	1/2 verre.	
29	ou Reste du vin blanc où a trempé le bœuf. . .	. . . . . .	Ajouter vers la fin de la cuisson.
30	. . . .	. . . . . .	Chauffer le plat à servir en le trempant dans de l'eau presque bouillante. L'essuyer vivement.
31	. . . .	. . . . . .	Y dresser le bœuf.
32	. . . .	. . . . . .	Ranger les carottes et les oignons autour, en garniture.
33	. . . .	. . . . . .	Dégraisser, passer le jus.

BŒUF A LA MODE *servi entier (Suite).*

ORDRE des opérations	NOMS.	PROPORTIONS.	PRÉPARATIONS ET CUISSON.
34	Caramel.	. . . . . .	Ajouter s'il y a besoin de le colorer.
35	. . . .	. . . . . .	Verser ce jus sur le bœuf et les légumes.
36	. . . .	. . . . . .	Servir chaud.

107. — BŒUF : *Renseignements sur les morceaux à choisir.*

1	Aloyau.		Bon pour bifsteak.
2	Bavette d'aloyau.		
3	Cervelle. . . .		
4	Côtes couvertes.		
5	Côtes découvertes ou charbonnées. . . .		
6	Culotte. . . .		Bon pour pot-au-feu.
7	Collier. . . .		
8	Epaule. . . .		
9	Entre-côte. . .		
10	Filet.		Bon rôti.
11	Filet mignon. .		Morceau le plus tendre placé sous les rognons et adhérant à l'échine.
12	Flanchet. . .		
13	Gite à la noix. .		Pièce ronde du bas de la cuisse, morceau estimé pour le pot-au-feu.
14	Gros bout. . .		
15	Gite de rouelle. .		
16	Gite de cuisse. .		Morceau donnant de bon bouillon, mais peu présentable.
17	Longe. . . .		
18	Noix.		
19	Palais.		
20	Rognons. . . .		
21	Poitrine. . . .		Morceaux bons pour le pot-au-feu.

BŒUF : *Renseignements (Suite).*

22	Queue.	
23	Paleron.	Morceau inférieur.
24	Rumbsteak. . .	Morceau de culotte allant de la tranche à la queue.
25	Surlonge. . . .	
26	Tendons.. . . .	
27	Tranche.. . . .	
28	Tête..	

MEILLEUR ASPECT DE LA VIANDE CRUE

Chair fine d'un rouge brun cramoisi veiné de blanc. — Le bœuf bien couvert d'une graisse bien blanche. — Si la graisse est jaunâtre, la qualité du bœuf est médiocre. — Si la viande est dure, battre le morceau des deux côtés, avec un rouleau de bois (bâton long et lisse).

Nota. — Pour le pot-au-feu, la viande la plus fraîche est recommandée comme produisant le plus de substance pour le bouillon.

108. — *Renseignements pour découper le bœuf à table.*

1	Bœuf bouilli.. .	Découper en travers du fil de la viande. La viande courte est plus tendre. Si le bœuf est tendre, séparer en tranches épaisses. Si le bœuf est ferme, séparer en tranches minces. Couronner d'un petit morceau de graisse chaude chaque tranche à offrir.
2	Bœuf à la mode.	Découper les lardons en travers.
3	Aloyau rôti. . .	Détacher d'abord le filet du dedans. Le morceau charnu, dit morceau des clercs, se découpe ensuite. La tranche voisine de l'os est la plus délicate.
4	Filet piqué. . .	Morceau distingué. Les tranches des deux bouts se laissent comme moins délicates.
5	Langue.	Découper en travers par rouelles comme le filet.

108. — BŒUF : *Renseignements pour conserver la viande en été.*

1	. . . .	Mettre la viande dans une marmite.
2	Eau.	Verser dessus à tout baigner.
3	Sel.	Ajouter.
4	. . . .	Faire bouillir un instant sur un feu doux.
5	. . . .	Écumer.
6	Sel.	Semer sur un plat.
7	. . . .	Poser le morceau de bœuf par-dessus le sel.
8	Sel.	Semer le sel par-dessus le bœuf.
9	. . . .	La viande se conserve ainsi plusieurs jours à volonté.
10	. . . .	Il suffit, quand on l'emploie, de n'y point remettre de sel.

109. — AUTRE MÉTHODE.

1	Sel.	Étendre en lit au fond d'une marmite.
2	Bœuf.	Poser par-dessus.
3	Sel.	Semer par-dessus à en imprégner la viande de tous côtés.
4	Eau.	Quelques gouttes. Verser pour humecter.
5	. . . .	Laisser reposer ainsi 48 heures et pendant ce temps :
6	Suie de cheminée où l'on n'ait brûlé que du bois.	Mettre dans un vase 1 litre pour 3 livres de viande.
7	Eau.	2 litres : verser dessus.
8	. . . .	Laisser infuser 24 heures en remuant de temps en temps.
9	. . . .	Décanter ensuite dans une marmite.
10	. . . .	L'eau se trouve alors chargée d'un 25e du poids de la suie.
11	. . . .	Y plonger la viande à conserver.
12	. . . .	Laisser tremper 1/2 heure.
13	. . . .	Retirer la viande et la sécher à l'air.
14	. . . .	La viande, préparée ainsi, peut se conserver six semaines et davantage sans rien perdre de sa saveur.

110. — BŒUF ROTI OU ROASTBEAF.

ORDRE des opérations	NOMS.	PROPORTIONS.	PRÉPARATIONS ET CUISSON.
1	Aloyau ou filet..	. . . .	Morceaux à choisir (vertèbres lombaires le long du dos).
2	. . . .	. . . .	Retirer les graisses et les membranes.
3	. . . .	. . . .	Battre la viande des deux côtés pour l'aplatir. Couper la pointe. Parer le morceau.
4	Lard gras.. . . .	. . . .	Couper en filets et en piquer le bœuf aux deux bouts dans le sens du fil de la viande.
5	. . . .	. . . .	Laisser le milieu sans être piqué pour ceux qui n'aiment point le lard.
6	. . . .	. . . .	Mettre dans un plat creux la pièce ainsi préparée.
7	Vinaigre. . . .	quelq. cuill.	Verser dessus pour l'attendrir.
8	Eau.	id.	Id.
9	Oignons.	2 ou 3 coupés en rouelles.	
10	Sel, poivre.. . . .	. . . .	
11	Persil.	quelq. bran-	
12	Thym.	ches attach.	Ajouter en garniture et assaisonnement.
13	Laurier sauce. .	en bouquet.	
14	Clous de girofle piqués sur les oignons	. . . .	
15	Jus de citron. . .	. . . .	
16	. . . .	. . . .	Laisser tremper le bœuf dans cette marinade 12 heures (plus ou moins, à volonté) dans un lieu frais.
17	. . . .	. . . .	Retourner deux ou trois fois la viande pour la pénétrer de tous côtés.

BŒUF ROTI OU ROASTBEAF (*Suite*).

ORDRE des opérations	NOMS.	PROPORTIONS.	PRÉPARATIONS ET CUISSON.
18	. . . .	. . . .	Retirer ensuite la viande et l'essuyer dans un linge en pressant.
19	. . . .	. . . . . .	Beurrer ou huiler un grand papier.
20	. . . .	. . . . . .	Y envelopper la viande pour que le côté piqué ne se dessèche pas au feu.
21	. . . .	. . . . . .	Embrocher.
22	. . . .	. . . . . .	Placer devant un feu vif qui saisisse la viande afin que le jus reste en dedans.
23	. . . .	. . . . . .	Laisser rôtir 1 heure 1/2 pour 5 livres de viande.
24	. . . .	. . . . . .	Une heure avant de servir retirer le papier beurré pour laisser prendre couleur à découvert.
25	Sel.	. . . . . .	Saupoudrer alors.
26	. . . .	. . . . . .	Arroser jusqu'à la fin de la cuisson pour éviter la perte du jus par l'évaporation.
27	Pommes de terre frites à part. .	. . . . . .	Servir à volonté autour du plat.

SAUCE PIQUANTE A SERVIR DANS LA SAUCIÈRE.

1	Jus tombé de la broche.		
2	Vinaigre. . . .	1 filet.	Mêler dans la saucière.
3	Echalotes. . . .	2 hachés fin.	
4	Sel, poivre. . . .	. . . . . .	

111. — BŒUF : QUEUE EN HOCHEPOT.

ORDRE des opérations	NOMS.	PROPORTIONS.	PRÉPARATIONS ET CUISSON.
1	Queue de bœuf.		Couper aux trois jointures.
2	. . . .	. . . .	Mettre les morceaux dans un plat creux.
3	Eau bouillante. .	. . . .	Verser dessus.
4	. . . .	. . . .	Laisser tremper 1/4 d'heure.
5	. . . .	. . . . . .	Transvaser dans un vase d'eau froide.
6	. . . .	. . . .	Égoutter sur une passoire.
7	Barde de lard. .	. . . .	Étaler au fond d'une casserole dite braisière.
8	Carottes.	5 ou 6 coup. en tranches.	
9	Oignons.	2 ou 3 id.	
10	Clous de girofle.	piqués sur les oignons.	Ajouter.
11	Bouquet garni. .	. . . .	
12	Sel, poivre . . .	. . . .	
13	. . . .	. . . .	Placer les queues préparées par-dessus les légumes.
14	Vin blanc. . . .	1/2 bouteille	Verser à tout faire baigner.
15	Eau.	id.	
16	. . . .	. . . . .	Laisser cuire sur un feu doux 5 ou 6 heures.
17	. . . .	. . . .	Dégraisser.
18	Beurre	. . . . . .	Faire fondre dans une casserole à part.
19	Farine	1 pincée.	Semer en tournant avec la cuiller de bois pour faire un roux.
20	Eau de la cuisson des queues. . .	. . . . . .	Verser peu à peu en continuant à tourner avec la cuiller.
21	Vin blanc. . . .	. . . . . .	
22	Carottes	tournées en olives.	Ajouter.
23	Navets	. . . . . .	

BŒUF : QUEUE EN HOCHEPOT (*Suite*).

ORDRE des opérations	NOMS.	PROPORTIONS.	PRÉPARATIONS ET CUISSON.
24	. . . .	. . . .	Laisser mijoter jusqu'à la parfaite cuisson des légumes.
25	. . . .	. . . .	Poser alors une passoire sur une autre casserole.
26	. . . .	. . . .	Passer la sauce.
27	. . . .	. . . .	La remettre à réduire un instant sur le feu.
28	. . . .	. . . .	Egoutter les queues de bœuf.
29	. . . .	. . . .	Les dresser au milieu d'un plat.
30	. . . .	. . . .	Ranger les légumes par-dessus, en pyramide ou autour.
31	. . . .	. . . .	Verser la sauce sur le tout et servir chaud.

112. — BŒUF EN VINAIGRETTE.

	NOMS.	PROPORTIONS.	PRÉPARATIONS ET CUISSON.
1	Desserte de bœuf bouilli.	. . . . . .	Couper en tranches minces.
2	. . . .	. . . . . .	Ranger les tranches dans un saladier.
3	Cerfeuil.	. . . . . .	
4	Ciboule.	. . . . . .	Hacher fin, mêler et répandre
5	Estragon.	. . . . .	sur le bœuf.
6	Pimprenelle. . .	. . . . . .	
7	Filets d'anchois.	. . . . . .	Disposer avec goût sur le dessus du saladier en formant des dessins à volonté.
8	Poivre.	. . . . . .	Ajouter en assaisonnement à
9	Huile.	. . . . . .	table même.
10	Vinaigre. . . .	. . . . . .	
11	. . . .	. . . . . .	Servir sans retourner la vinaigrette.

113. — BŒUF : ROGNONS SAUTÉS AU VIN BLANC (entrée)

ORDRE des opérations	NOMS.	PROPORTIONS.	PRÉPARATIONS ET CUISSON.
1	Rognon de bœuf.	. . . .	Préparer, parer en ôtant le morceau du centre (dit chaine) qui est un peu dur.
2	. . . .	. . . .	Partager le rognon en deux dans la longueur.
3	. . . .	. . . .	Puis couper chaque moitié en tranches minces (dites émincées) de la grandeur d'une pièce de 5 francs.
4	. . . .	. . . .	Les mettre dans une terrine.
5	Eau bouillante	. . . .	Verser dessus pour blanchir.
6	. . . .	. . . .	Laisser tremper 5 minutes.
7	. . . .	. . . .	Faire égoutter sur un tamis.
8	Beurre	. . . .	Fondre dans la poêle sur un feu vif.
9	. . . .	. . . .	Faire sauter pendant 5 minutes.
10	Farine.	1 cuillerée	Semer dessus en continuant à remuer la poêle.
11	Persil.	hachés fin.	Ajouter.
12	Ciboule.		
13	Vin blanc. . . .		
14	ou Eau-de-vie. .		Verser peu à peu et mêler le tout.
15	ou Champagne . .	1/2 verre.	
16	Eau.	id.	
17	Bouillon. . . .	id.	
18	Sel, poivre . . .	. . . .	Ajouter en assaisonnement.
19	Muscade râpée. .	. . . .	
20	. . . .	. . . .	Laisser réduire la sauce 5 minutes sans bouillir (sinon la viande se raccornirait).
21	. . . .	. . . .	Dresser les émincées de rognon sur un plat chauffé d'avance.
22	. . . .	. . . .	Verser la sauce par-dessus.
23	. . . .	. . . .	Servir de suite.

114. — BŒUF : ROGNONS SAUTÉS AUX FINES HERBES.

ORDRE des opérations	NOMS.	PROPORTIONS.	PRÉPARATIONS ET CUISSON.
1	Rognon de bœuf.	. . . .	Préparer, parer, en ôtant le morceau du centre (dit chaîne) qui est un peu dur.
2	. . . .	. . . .	Couper le rognon en deux dans la longueur.
3	. . . .	. . . .	Puis chaque moitié en tranches minces (dites émincées) de la grandeur d'une pièce de 5 francs.
4	Beurre	. . . .	Faire fondre dans la poêle sur un feu vif.
5	. . . .	. . . .	Y mettre les rognons à sauter.
6	Farine.	1 pincée	Saupoudrer des deux côtés en faisant sauter les rognons.
7	Vin blanc. . . .	1 verre.	Verser peu à peu.
8	Echalotes. . . .	hachés fin.	
9	Persil.		Ajouter.
10	Sel, poivre. . . .	. . . . . .	
11	Muscade râpée. . .	. . . . . .	
12	. . . .	. . . . . .	Laisser réduire la sauce 5 minutes sans laisser bouillir (sinon la viande se raccornirait).
13	. . . .	. . . . . .	Dresser les émincées de rognon sur un plat chauffé d'avance.
14	. . . .	. . . . . .	Verser la sauce par-dessus.
15	Croûtons frits au beurre.	. . . . . .	Poser sur les émincées ou autour du plat.
16	. . . .	. . . . .	Servir chaud.

115. — BŒUF : ROGNONS SAUTÉS A LA BOURGEOISE.

ORDRE des opérations	NOMS.	PROPORTIONS.	PRÉPARATIONS ET CUISSON.
1	Rognon de bœuf.		Préparer, parer, en ôtant le morceau du centre (dit chaîne) qui est un peu dur.
2			Couper le rognon en deux dans la longueur.
3			Puis chaque moitié en tranches minces (dites émincées) grandeur d'une pièce de 5 francs.
4	Oignons.	1 ou 2	Hacher.
5	Beurre		Faire fondre dans la poêle sur un feu vif.
6			Y mettre les émincées de rognon.
7	Farine.	1 bonne pincée.	Saupoudrer des deux côtés en faisant sauter les morceaux dans la poêle.
8	Eau, bouillon ou jus.		Verser peu à peu par-dessus.
9	Sel, poivre..		Semer.
10	Persil.	haché fin.	Ajouter.
11	Muscade râpée.		
12			Laisser réduire la sauce 5 minutes sans bouillir (sinon la viande se raccornirait).
13			Chauffer le plat à servir en le trempant dans de l'eau très-chaude, puis en l'essuyant vivement.
14			Y dresser les émincées de rognon.
15			Verser la sauce par-dessus.
16	Vinaigre ou citron.	1 filet.	Ajouter au moment de servir.

CHAPITRE QUATRIEME

AGNEAU

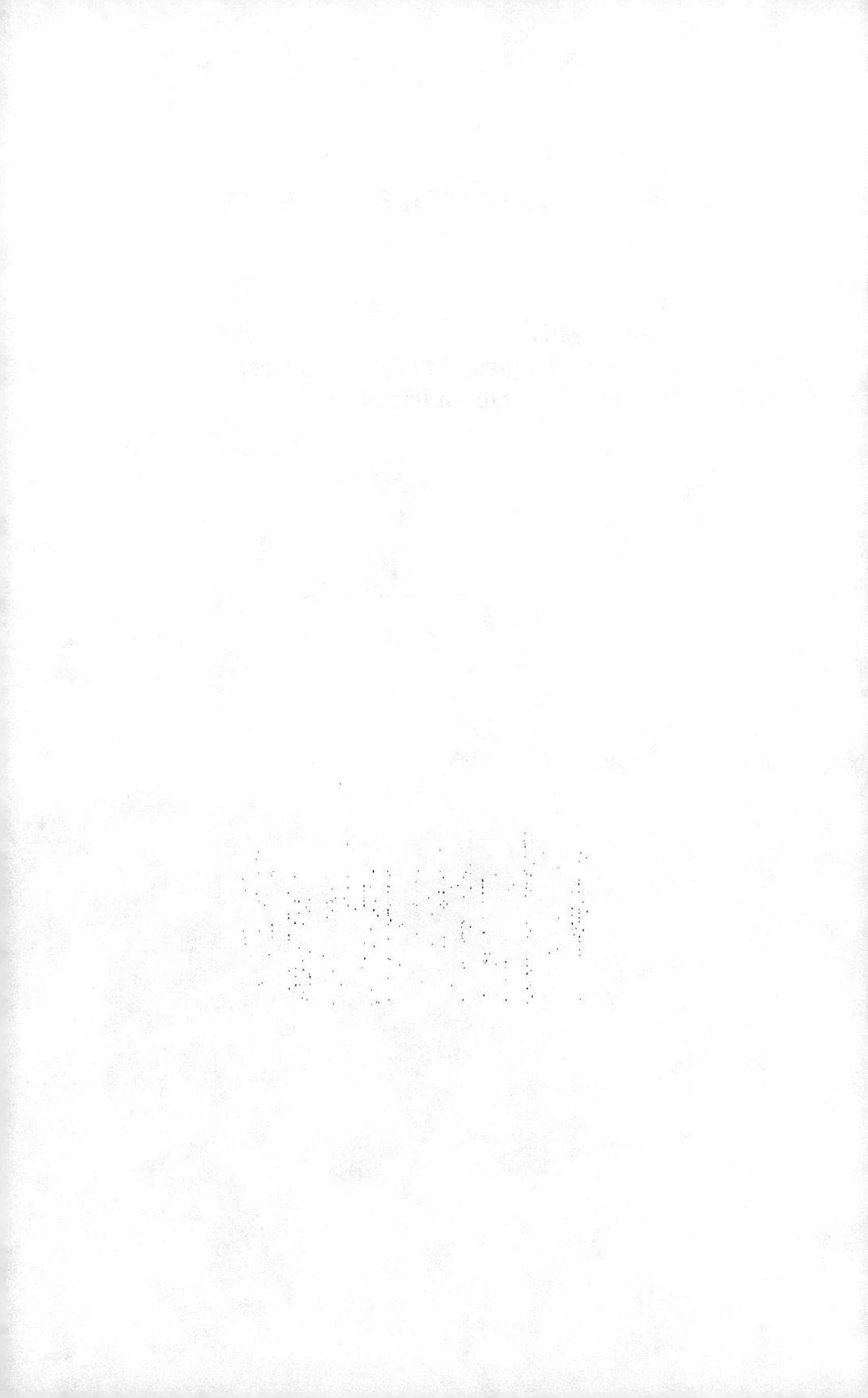

TABLE DES RECETTES

116. — AGNEAU ROTI.

ORDRE des opérations	NOMS.	PROPORTIONS.	PRÉPARATIONS ET CUISSON.
1	Quart. d'agneau.	. . . .	Morceau le plus délicat à choisir.
2	Lard	. . . . .	Couper en lardons fins et en piquer toute l'épaisseur des deux gigots.
3	. . . . . .	. . . . .	Beurrer ou huiler un grand papier et en envelopper le morceau d'agneau.
4	. . . . . .	. . . . .	Passer un grand hatelet entre les côtes et l'épaule.
5	. . . . . .	. . . . .	Attacher à la broche les deux bouts des hatelets.
6	. . . . . .	. . . . .	Faire tourner devant un feu modéré pendant 2 heures.
7	. . . . . .	. . . . .	Enlever le papier à moitié de la cuisson.
8	. . . . . .	. . . . .	Raviver alors le feu pour faire prendre couleur.
9	Sel	. . . . .	Saupoudrer.
10	. . . . . .	. . . . .	Chauffer un grand plat à servir.
11	Beurre . . .		
12	Persil. . . .	hacher fin.	Manier ensemble et mettre au milieu du plat.
13	Ciboule. . .		
14	. . . . . .	. . . . .	Dresser le quartier d'agneau par-dessus, et servir brûlant.

117. — AGNEAU : COTELETTES PANÉES ET GRILLÉES

1	Côtelettes d'agn.	. . . . .	Préparer, parer, aplatir.
2	Beurre. . . .	. . . . .	Faire fondre dans la poêle sur un feu doux.
3	Sel	. . . . .	Saupoudrer.
4	. . . . . .	. . . . .	Y mettre les côtelettes à revenir un instant.

AGNEAU : COTELETTES PANÉES ET GRILLÉES (*Suite*).

ORDRE des opérations	NOMS.	PROPORTIONS.	PRÉPARATIONS ET CUISSON.
5	. . . .	. . . .	Les retirer sur un plat.
6	. . . .	. . . .	Laisser tiédir le beurre qui est resté dans la poêle.
7	Jaunes d'œufs. .	2	Battre dans un bol à part, puis verser doucement dans le beurre cuit, en mêlant avec la cuiller de bois.
8	. . . .	. . . .	Y tremper les côtelettes.
9	Mie de pain. . .	. . . .	Emietter dans un plat creux.
10	. . . .	. . . .	Y tremper les côtelettes pour les paner à mesure qu'on les sort du beurre tiède.
11	. . . .	. . . .	Les mettre de suite sur le gril, posé sur un feu doux.
12	. . . .	. . . .	Les retourner quand elles sont cuites d'un côté.
13	. . . .	. . . .	Les dresser en couronne sur le plat à servir.
14	Citron.	. . . .	En presser le jus sur les côtelettes ou le servir à part pour les amateurs.

118. — AGNEAU : POITRINE EN FRICASSÉE

1	Poitrine d'agneau	. . . .	Couper en petits carrés à mettre dans un plat creux.
2	Eau bouillante. .	. . . .	Verser dessus à tout couvrir; laisser tremper.
3	. . . .	. . . .	Egoutter les morceaux sur un linge.
4	Beurre	. . . .	Faire fondre dans une casserole sur un feu doux.
5	Farine	. . . .	Saupoudrer en remuant avec la cuiller de bois.

AGNEAU : POITRINE EN FRICASSÉE (*Suite*).

ORDRE des opérations	NOMS.	PROPORTIONS.	PRÉPARATIONS ET CUISSON.
6	Bouillon	. . . .	Verser peu à peu en continuant à tourner.
7	. . . .	. . . .	Mettre les morceaux de poitrine dans ce roux.
8	Champignons . .	. . . . . .)	
9	Petits oignons. .	. . . . . .	
10	Sel.	. . . . . .	Ajouter.
11	Bouquet garni. .	. . . . . .)	
12	. . . .	. . . . . .	Laisser cuire une heure.
13	. . . .	. . . . . .	Retirer le bouquet vers la fin de la cuisson.
14	Jaunes d'œufs. .	2	Délayer dans un bol à part,
15	Jus de citron . .	. . . . . .)	pour liaison.
16	. . . .	. . . . . .	Chauffer le plat à servir.
17	. . . .	. . . . . .	Y dresser les morceaux de poitrine.
18	. . . .	. . . . . .	Verser peu à peu dans la sauce restée sur le bord du fourneau la liaison préparée, en mêlant et tournant avec la cuiller de bois.
19	. . . .	. . . . . .	Verser cette sauce liée sur le plat.
20	. . . .	. . . . . .	Servir chaud.

CHAPITRE CINQUIÈME

MOUTON

TABLE DES RECETTES

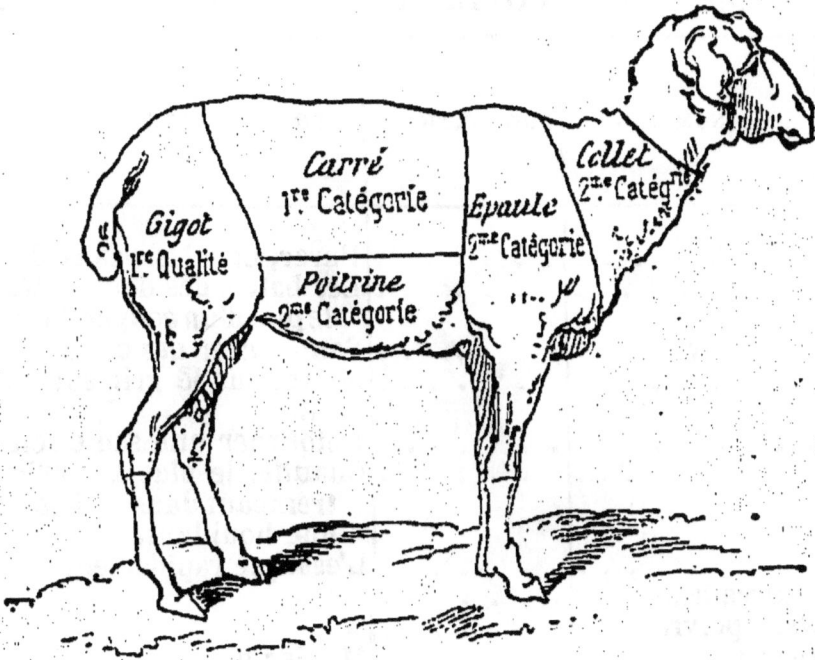

Carré 1re Catégorie

Gigot 1re Qualité

Poitrine 2me Catégorie

Epaule 2me Catégorie

Collet 2me Catég.

1re catégorie : { 1. Gigot.
2. Carré.

2e catégorie : { 1. Epaule.
2. Poitrine.
3. Collet.

119. — MOUTON : COTELETTES SUR LE GRIL (*Entrée*).

ORDRE des opérations	NOMS.	PROPORTIONS.	PRÉPARATIONS ET CUISSON.
1	Côtelettes. . . .	. . . .	Parer, ôter les peaux du tour.
2	. . . .	. . . . . .	Les battre des deux côtés avec le plat d'un couperet mouillé.
3	Sel, poivre . . .	. . . . . .	Saupoudrer des deux côtés.
4	. . . .	. . . . . .	Mettre sur le gril sur un feu vif.
5	. . . .	. . . . . .	Retourner une seule fois.
6	. . . .	. . . . . .	Chauffer le plat à servir en le trempant dans de l'eau presque bouillante.
7	. . . .	. . . . . .	L'essuyer rapidement.
8	Beurre frais. . .		
9	Sel, poivre. . .		
10	Persil.	hacher fin	Manier en boulette, à mettre au milieu du plat.
11	Echalote . . .		
12	Jus de citron ou vinaigre . . .	1 filet.	
13	. . . .	. . . . . .	Dresser les côtelettes en couronne sur le beurre.
14	Pommes de terre frites au beurre	. . . . . .	Mettre en garniture à volonté.

120. — MOUTON ; CARRÉ A LA BOURGEOISE (*Entrée*).

1	Carré de mouton.	. . . . . .	Parer, enlever les peaux, puis le mettre dans une grande casserole.
2	Sel, poivre . . .		
3	Persil.	attacher en bouquet.	
4	Ciboule. . . .		
5	Ail.	1 gousse.	Ajouter par-dessus la viande.
6	Clou de girofle.	2	
7	Bouillon . . .	1 verre.	
8	Vin blanc. . .	1 verre.	

MOUTON : CARRÉ A LA BOURGEOISE (*Entrée*). (*Suite*).

ORDRE des opérations	NOMS.	PROPORTIONS.	PRÉPARATIONS ET CUISSON.
9	. . . .	. . . .	Mettre sur le feu jusqu'à parfaite cuisson.
10	. . . .	. . . .	Dresser la viande sur un plat chaud.
11	. . . .	. . . .	Mettre une passoire sur une autre casserole.
12	. . . .	. . . .	Y faire passer le jus.
13	. . . .	. . . .	Mettre à réduire un instant sur le feu.
14	Beurre		Manier ensemble en boulette, à ajouter dans la sauce.
15	Persil.	haché fin.	
16	Farine..	. . . .	
17	. . . .	. . . .	Bien lier sur le feu en tournant doucement avec la cuiller de bois.
18	Vinaigre ou jus de citron . . .	1 filet.	Ajouter au moment de servir.
19	. . . .	. . . .	Verser la sauce sur le plat et servir chaud.

121. — MOUTON : BOULETTES FRITES (*Entrée*).

1	Desserte de gigot ou d'autre pièce de mouton . .		Hacher très-fin et mêler ensemble.
2	Chair à saucisses	1/4 du mouton employé.	
3	Mie de pain trempée dans du lait	. . . . . .	
4	Pommes de terre cuites à l'eau.	. . . . . .	Ajouter au hachis, bien mêler. Pétrir le tout avec la cuiller de bois.
5	Fines herbes . .	hachées fin.	
6	Sel, poivre . . .	. . . . . .	
7	Jaunes d'œufs. .	2	

MOUTON : BOULETTES FRITES (*Entrée*). (*Suite*).

ORDRE des opérations	NOMS.	PROPORTIONS.	PRÉPARATIONS ET CUISSON.
8	. . . .	. . . .	Prendre de ce hachis avec une cuiller à bouche, et en former des boulettes à rouler entre les mains (farinées).
9	Mie de pain. . .	. . . .	Emietter dans un bol.
10	Beurre ou graisse	. . . .	Faire fondre dans la poêle sur un fou vif.
11	. . . .	. . . .	Tremper les boulettes dans la mie de pain et les jeter à mesure dans la friture bouillante.
12	. . . .	. . . .	Dresser sur le plat à servir.
13	. . . .	. . . . . .	Accompagner d'une sauce tomate ou sauce piquante à volonté.

122. — MOUTON : COTELETTES PANÉES ET GRILLÉES.

1	Côtelettes. . . .	. . . .	Parer en ôtant les peaux et les graisses.
2	. . . .	. . . .	Les aplatir en les frappant fortement avec le plat d'un couperet mouillé (pour qu'il ne s'y attache pas).
3	. . . .	. . . . . .	Les arrondir en bonne forme avec le couteau.
4	Sel, poivre . . .	. . . . . .	Semer des deux côtés.
5	Beurre.	. . . . . .	Fondre dans la poêle sur un feu doux.
6	Mie de pain. . .	. . . . . .	Emietter dans un bol.
7	. . . .	. . . . . .	Quand le beurre est tiède, y tremper les côtelettes.
8	. . . .	. . . . . .	Les plonger dans la mie de pain.

MOUTON : COTELETTES PANÉES ET GRILLÉES (*Suite*).

ORDRE des opérations	NOMS.	PROPORTIONS.	PRÉPARATIONS ET CUISSON.
9	. . . .	. . . .	Puis les mettre à mesure sur le gril posé sur un feu doux.
10	. . . .	. . . .	Laisser cuire 10 minutes en les retournant une seule fois.
11	. . . .	. . . .	Les dresser en couronne sur le plat à servir.
12	. . . .	. . . .	Accompagner d'un jus de citron.

123. — MOUTON : COTELETTES SAUTÉES DANS LA POÊLE.

1	Côtelettes. . . .	. . . .	Parer en ôtant les peaux et les graisses.
2	. . . .	. . . .	Les aplatir en les frappant fortement avec le plat d'un couperet mouillé (pour qu'il ne s'attache pas).
3	. . . .	. . . .	Les arrondir en bonne forme avec le couteau.
4	Sel, poivre . . .	. . . .	Semer des deux côtés.
5	Beurre	. . . .	Fondre dans la poêle sur un feu doux.
6	. . . .	. . . .	Y mettre les côtelettes à revenir.
7	. . . .	. . . .	Quand elles sont cuites au point d'un côté, les retourner.
8	. . . .	. . . .	Chauffer le plat à servir en le trempant dans de l'eau presque bouillante.
9	. . . .	. . . .	L'essuyer vivement.

MOUTON : COTELETTES SAUTÉES DANS LA POÊLE (*Suite*).

ORDRE des opérations	NOMS.	PROPORTIONS.	PRÉPARATIONS ET CUISSON.
10	. . . .	. . . .	Y dresser les côtelettes en couronne.
11	. . . .	. . . .	Tenir le plat sur le bord du fourneau.
12	Bouillon.	quelques cuillerées	
13	Echalotes. . . .		
14	Fines herbes . .	hacher fin.	Ajouter au beurre resté dans la casserole.
15	Sel, poivre . . .	. . . .	
16	Cornichon. . . .	couper en filets.	
17	. . . .	. . . .	Laisser bouillir un instant cette sauce.
18	. . . .	. . . .	La verser au milieu du plat de côtelettes.
19	. . . .	. . . .	Et servir. . . .

124. — MOUTON : COTELETTES A LA JARDINIÈRE.

	NOMS.	PROPORTIONS.	PRÉPARATIONS ET CUISSON.
1	Cotelettes. . . .	. . . .	Parer, ôter les peaux et graisses.
2	Beurre	mis en petits morceaux.	Fondre dans un plat allant au feu.
3	Sel, poivre . . .	. . . .	Semer dessus.
4	. . . .	. . . .	Y ranger les côtelettes.
5	. . . .	. . . .	Quand elles sont cuites d'un côté, les retourner de l'autre.
6	. . . .	. . . .	Chauffer le plat à servir en le trempant dans de l'eau presque bouillante.
7	. . . .	. . . .	L'essuyer vivement.
8	. . . .	. . . .	Y dresser les côtelettes en couronne.

MOUTON : COTELETTES A LA JARDINIÈRE (*Suite*).

ORDRE des opérations	NOMS.	PROPORTIONS.	PRÉPARATIONS ET CUISSON.
9	. . . .	. . . . . .	Tenir le plat sur le bord du fourneau ou sur une terrine remplie d'eau bouillante.
10	Haricots verts. .	. . . .	
11	Haricots blancs. .	. . . . . .	
12	Petits pois . . .		
13	Choux-fleurs . .	partagés en petits bouquets.	Mettre dans une casserole à part.
14	Carottes	coupés en petits morceaux carrés ou ronds.	
15	Navets		
16	Pommes de terre		
17	Eau ou bouillon. .	. . . . . .	Verser par-dessus.
18	. . . .	. . . . . .	Faire mijoter sur un feu doux.
19	Beurre	. . . . . .	Ajouter vers la fin de la cuisson.
20	. . . .	. . . . . .	Verser dans le milieu du plat de côtelettes et servir chaud.

125. — MOUTON : ÉPAULE BRAISÉE (*Entrée*).

1	Epaule.	. . . . . .	Désosser en cassant l'os avec le dos du couperet.
2	Fines herbes . .	hachées.	
3	Lard rapé. . . .	. . . . . .	Mêler et semer dessus la viande.
4	Ail.	. . . . . .	
5	Sel, poivre. . .	. . . . . .	
6	. . . .	. . . . . .	Rouler l'épaule et la ficeler.
7	Beurre	. . . . . .	Mettre au fond d'une grande casserole.
8	. . . .	. . . . . .	Y placer l'épaule.

MOUTON : ÉPAULE BRAISÉE (*Entrée*) — (*Suite*).

ORDRE des opérations	NOMS.	PROPORTIONS.	PRÉPARATIONS ET CUISSON.
9	....	....	Faire prendre couleur sur un feu modéré.
10	....	....	Quand la viande a pris couleur d'un côté, la retourner de l'autre.
11	Carottes		
12	Persil.	attachés en bouquet.	Ajouter dans la casserole.
13	Cerfeuil.		
14	Oignons.		
15	Bouillon ou eau et sel.	....	Verser à tout couvrir.
16	....	....	Laisser cuire 4 heures.
17	....	....	Servir sur la sauce ou sur une purée au choix.

126. — MOUTON : ÉMINCÉES A LA BOURGEOISE (*Entrée*).

	NOMS.	PROPORTIONS.	PRÉPARATIONS ET CUISSON.
1	Desserte de gigot rôti.	....	Couper en tranches dites émincées.
2	Beurre	....	Fondre dans une casserole sur un feu doux.
3	Farine..	....	Semer dessus en remuant avec la cuiller de bois.
4	Sel, poivre ...		
5	Jus du gigot ..		Ajouter peu à peu en continuant à tourner, mêler.
6	Echalotes. ...	hachées fin.	
7	Fines herbes ..		
8	Bouillon	....	Ajouter id. si le jus ne suffit point à faire la sauce.
9	....	....	Laisser réduire un instant à découvert.
10	....	....	Y mettre alors les tranches de gigot à réchauffer.

MOUTON : ÉMINCÉES A LA BOURGEOISE (*Entrée*)—(*Suite*).

ORDRE des opérations	NOMS.	PROPORTIONS.	PRÉPARATIONS ET CUISSON.
11	. . . .	. . . .	Ne point laisser bouillir, ce qui ferait durcir la viande.
12	Vinaigre	1 filet.	Ajouter au moment de servir.
13	Cornichons. . .	en tranches minces.	
14	. . . .	. . . .	Dresser les tranches de mouton en couronne sur le plat à servir.
15	. . . .	. . . .	Verser la sauce au milieu.

127. : MOUTON. : GIGOT RÔTI. — *Renseignements*.

1	Mouton des Ardennes		
2	Mouton de Cobourg.	Les plus recherchés.	
3	Mouton des prés salés		
4	Gigot court et de chair brunâtre	Le meilleur à choisir.	
5	. . . .	Battre vivement des deux côtés avec le plat d'un fort couperet pour attendrir la chair.	

128. — MARINADE SELON RASPAIL.

1	Vinaigre		
2	Ail écrasé. . . .		
3	Persil.	Mêler ensemble dans un grand plat creux ou dans une terrine.	
4	Laurier, thym. .		
5	Cannelle		
6	Sel, poivre . . .		
7	. . . .	Y mettre le gigot à tremper 3 ou 4 jours en le retournant chaque jour dans sa marinade.	

129. — CUISSON DU GIGOT ROTI.

ORDRE des opérations	NOMS.	PROPORTIONS.	PRÉPARATIONS ET CUISSON.
1	Ail.	1 gousse.	Loger dans le manche (à volonté).
2	. . . .	. . . .	Embrocher le gigot.
3	Beurre.	. . . .	Etaler sur toute la surface.
4	Sel	. . . .	Saupoudrer id.
5	. . . .	. . . .	Le mettre devant un feu qui le saisisse d'abord, pour éviter la perte du jus par l'évaporation.
6	. . . .	. . . .	Tourner souvent la broche.
7	Eau ou jus de marinade. . .	. . . .	Mettre dans la lèchefrite et en
8	Sel.	. . . .	arroser sans cesse le gigot.
9	Beurre	. . . .	
10	. . . .	. . . .	Quand il a pris couleur, diminuer le feu.
11	. . . .	. . . .	Pour 2 kilos de viande : laisser 1 heure à la broche devant la cheminée.
12	. . . .	. . . .	Ou 45 minutes dans la cuisinière.
13	. . . .	. . . .	Ou 10 minutes devant la coquille.
14	. . . .	. . . .	Quand le gigot fume et perd son jus, il est au point.
15	. . . .	. . . .	Le dresser sur un plat long.
16	. . . .	. . . .	Entourer le manche d'une touffe de papier frisé ou d'un manche d'argent.
17	. . . .	. . . .	Dégraisser le jus à servir dans la saucière.

11

130. — DÉCOUPAGE DU GIGOT ROTI (*Manière dite à la française*).

1	Couper perpendiculairement en allant vers l'os.
2	Quand toutes les tranches sont coupées ainsi, glisser la lame du couteau le long de l'os du gigot. Toutes les tranches s'enlèvent à la fois, d'un seul coup.
3	Poser chaque tranche à la pointe du couteau sur un autre plat long (les unes sur les autres pour les tenir chaudes).
4	Retourner le gigot et détacher les parties de derrière.

131. — DÉCOUPAGE DU GIGOT ROTI (*Manière dite à l'anglaise*).

1	Enlever d'abord le haut du manche appelé « souris. »
2	Couper en tranches minces, horizontales, dans le sens parallèle à l'os.
	(Cette manière de découper offre l'avantage de donner le choix aux goûts différents des convives : les morceaux du dessus étant plus cuits et ceux près de l'os étant saignants.

132. — MOUTON : GIGOT BRAISÉ (*Entrée*).

ORDRE des opérations	NOMS.	PROPORTIONS.	PRÉPARATIONS ET CUISSON.
1	Gigot.	. . . .	Désosser.
2	Gros lardons. .	assaisonnés de poivre, huile.	Employer à piquer la viande intérieurement (le lard ne doit pas dépasser et se voir).
3	. . . .	. . . .	Attacher en bonne forme avec une ficelle.
4	Lard	coupé en tranches minces.	Etaler au fond d'une marmite ou d'une grande casserole.

MOUTON. : GIGOT BRAISÉ (*Entrée*) — (*Suite*).

ORDRE des opérations	NOMS.	PROPORTIONS.	PRÉPARATIONS ET CUISSON.
5	. . . .	. . . .	Placer le gigot par-dessus le lard.
6	Carottes. . . .	coupées en tr.	
7	Oignons. . . .	. . . . . .	
8	L'os du gigot. .	rompu en 2	
9	Sel, poivre . .	ou 3 morc.	Ajouter id.
10	Persil, ciboule .	attachés en	
11	Cerfeuil. . . .	bouquet.	
12	Bouillon dégraissé ou eau. . .	. . . . . .	Verser sur le tout, à tout baigner.
13	. . . .	. . . .	Mettre la marmite ou la casserole ainsi remplie sur un feu vif d'abord.
14	. . . .	. . . .	Quand l'ébullition commence, ralentir le feu. Entourer de cendres chaudes.
15	. . . .	. . . .	Recouvrir avec un couvercle chargé de charbons allumés.
16	. . . .	. . . .	Laisser cuire ainsi doucement feu dessus et dessous, jusqu'à ce que le gigot soit très-cuit.
17	. . . .	. . . .	Retirer alors le gigot et le déficeler.
18	. . . .	. . . .	Le dresser sur un plat chaud à tenir près du feu.
19	. . . .	. . . .	Dégraisser le jus, le passer, y écraser une partie des carottes et des oignons.
20	. . . .	. . . .	Remettre le jus à réduire quelques instants sur le feu à découvert.
21	. . . .	. . . .	Verser sur le gigot au moment de servir.
22	. . . .	. . . .	Ranger les carottes et les oignons autour du plat.

133. : MOUTON. — GIGOT A L'EAU.

Ordre des opérations	NOMS.	PROPORTIONS.	PRÉPARATIONS ET CUISSON.
1	Gigot.		Accrocher, pendre dans un lieu frais, et le laisser mortifier un ou plusieurs jours (selon la saison) pour le rendre plus tendre.
2			Désosser au moment de s'en servir.
3			Battre fortement des deux côtés avec le plat d'un couperet.
4			Le ficeler en bonne forme.
5	Beurre		Faire fondre dans une grande casserole sur un feu doux.
6			Y mettre le gigot.
7			Quand il a pris une belle couleur d'un côté, le retourner de l'autre.
8	Eau.		Verser dessus.
9	Ail.	2 ou 3 gousses	
10	Oignons	4 ou 5 entiers	
11	Carottes	id. en tranch.	
12	Persil.	quelq. bran-	Ajouter.
13	Cerfeuil.	ches attach.	
14	Ciboule.	en bouquet.	
15	Sel, poivre		
16			Laisser cuire 6 ou 7 heures très-doucement.
17			Dresser le gigot sur un plat long à tenir près du feu.
18			Ranger les carottes et les oignons autour.
19			Mettre une passoire sur une autre casserole.
20			Y verser le jus à passer.
21			Remettre le jus sur le feu un instant à réduire.

MOUTON : GIGOT A L'EAU (Suite).

ORDRE des opérations	NOMS.	PROPORTIONS.	PRÉPARATIONS ET CUISSON.
22	Fécule	1 pincée.	Y mêler peu à peu en tournant avec la cuiller de bois pour lier le jus et lui donner de la consistance.
23	. . . .	. . . .	Verser sur le gigot à servir.
24	Purée de chicorée	. . . . . .	
25	ou de Haricots .	. . . . . .	
26	ou de Marrons .	. . . . . .	Accompagnements excellents,
27	ou de Pommes de terre	. . . . . .	au choix, pour le gigot à l'eau.
28	ou Jardinière de légumes.	. . . . . .	

134. — MOUTON : GIGOT RÉCHAUFFÉ.
(Desserte de gigot en émincés aux fines herbes.)

1	Desserte de gigot rôti.	. . . . . .	Couper en tranches minces.
2	Beurre	. . . . . .	Fondre dans une casserole sur un feu doux.
3	Farine.	. . . . . .	Y mêler en tournant avec la cuiller de bois.
4	Bouillon	. . . . . .	Y mêler id. en continuant à remuer.
5	Vin blanc.	. . . . . .	
6	Sel, poivre	. . . . . .	Mettre en assaisonnement.
7	. . . .	. . . . . .	Laisser réduire cette sauce à découvert.
8	. . . .	. . . . . .	Y placer ensuite les tranches de gigot.
9	Persil.		
10	Echalotes. . . .	hacher fin.	Et semer par-dessus.
11	Estragon		
12	. . . .	. . . . . .	Laisser chauffer sans bouillir.

MOUTON : GIGOT RÉCHAUFFÉ (*Suite*)

ORDRE des opérations	NOMS.	PROPORTIONS.	PRÉPARATIONS ET CUISSON.
13	. . . .	. . . .	Chauffer le plat à servir en le trempant dans de l'eau très-chaude et en l'essuyant vivement.
14	. . . .	. . . .	Y dresser les tranches en couronne.
15	Cornichons . . .	coupés en tr.	Poser sur chaque morceau de viande.
16	. . . .	. . . .	Verser la sauce au milieu et servir.

135. — MOUTON EN HACHIS.

ORDRE des opérations	NOMS.	PROPORTIONS.	PRÉPARATIONS ET CUISSON.
1	Restes de mouton (rôti ou accommodé).	1/2 de la quantité du mouton.	Hacher et mêler dans une terrine.
2	Chair à saucisses		
3	Pommes de terre cuites à l'eau.	. . . .	Mêler au hachis en les écrasant avec la cuiller de bois.
4	Marrons grillés.	. . . .	Écraser et mêler id. à volonté.
5	Sel, poivre . . .	. . . .	Ajouter en continuant à bien amalgamer le tout.
6	Œufs.	1 ou 2	
7	Beurre.	. . . .	Faire fondre dans une casserole sur un feu doux.
8	Fines herbes . .	hachées fin.	
9	Champignons. .	id. à volonté	Ajouter en remuant toujours.
10	Farine	1 cuillerée	
11	Bouillon.		Verser peu à peu id.
12	. . . .	. . . .	Mettre alors dans ce beurre le hachis préparé.
13	Sel, poivre . . .	. . . .	Semer de nouveau.

MOUTON EN HACHIS (*Suite*).

ORDRE des opérations	NOMS.	PROPORTIONS.	PRÉPARATIONS ET CUISSON.
14	. . . .	. . . .	Dresser le hachis en pyramide ou dôme sur le plat à servir.
15	Croûtons frits.		
16	ou Œufs pochés.	au choix.	Ranger sur le hachis et servir.
17	ou Œufs frits.		

136. — MOUTON EN HARICOT OU HOCHEPOT.

1	Poitrine ou épaule de mouton.	. . . .	Faire couper par le boucher en 10 ou 12 morceaux.
2	Beurre	. . . .	Faire fondre dans une casserole sur un feu vif.
3	. . . .	. . . .	Y jeter les morceaux de mouton.
4	Farine	1 cuillerée.	Semer dessus.
5	. . . .	. . . .	Laisser revenir et prendre couleur environ 1/4 d'heure.
6	Eau chaude . . .	2 cuillerées	Verser peu à peu en remuant avec la cuiller de bois.
7	Sel, poivre . . .	. . . .	Saupoudrer.
8	Persil.	quelques	
9	Thym.	branches at-	Ajouter.
10	Cerfeuil.	tachées en	
11	Laurier.	bouquet.	
12	. . . .	. . . .	Laisser cuire 1/2 heure.
13	Navets et pommes de terre.	. . . .	Ràtisser ou peler. Les couper dans la longueur s'ils sont gros.
14	Beurre	. . . .	Faire fondre dans une seconde casserole sur un feu doux.
15	. . . .	. . . .	Y mêler les navets préparés et les laisser roussir.

MOUTON EN HARICOT OU HOCHEPOT (*Suite*).

ORDRE des opérations	NOMS.	PROPORTIONS.	PRÉPARATIONS ET CUISSON.
16	Sel.	. . . .	Semer dessus.
17	. . . .	. . . .	Ajouter les légumes à la viande 1/4 d'heure avant la fin de la cuisson.
18	. . . .	. . . .	Chauffer un plat creux à servir.
19	. . . .	. . . .	Y dresser les morceaux de mouton.
20	. . . .	. . . .	Ranger les navets tout autour.
21	. . . .	. . . .	Jeter le bouquet.
22	. . . .	. . . .	Dégraisser la sauce.
23	. . . .	. . . .	La verser sur le plat dressé et servir.

137. — MOUTON : PIEDS A LA POULETTE

	NOMS.	PROPORTIONS.	PRÉPARATIONS ET CUISSON.
1	Pieds de mouton crus	. . . .	Placer dans une terrine.
2	Eau bouillante . .	. . . .	Verser dessus et laisser tremper.
3	. . . .	. . . .	Les essuyer, puis les flamber pour en ôter les poils.
4	. . . .	. . . .	Les mettre dans une marmite.
5	Eau.	. . . .	Verser dessus à les couvrir.
6	Oignons.		
7	Sel, poivre . . .		
8	Persil.	attachés	Ajouter.
9	Cerfeuil.	en	
10	Ciboule.	bouquet.	
11	. . . .	. . . .	Faire cuire pendant 4 ou 5 heures.
12	. . . .	. . . .	Egoutter sur un linge.

MOUTON : PIEDS A LA POULETTE (*Suite*).

ORDRE des opérations	NOMS.	PROPORTIONS.	PRÉPARATIONS ET CUISSON.
13	. . . .	. . . .	Fendre les deux pieds entre les deux ergots, et en enlever une petite boule remplie de poils.
14	. . . .	. . . .	Enlever le grand os jusqu'à la jointure.
15	. . . .	. . . .	Couper chaque pied en 3 morceaux.
16	. . . .	. . . .	Mettre ces morceaux dans un plat à tenir chaud et couvert.
17	Beurre frais. . .	. . . .	Faire fondre dans une casserole.
18	Farine	. . . .	Ajouter en remuant vivement avec la cuiller de bois.
19	Sel		
20	Persil.	haché fin.	
21	Bouillon ou eau chaude	. . . .	Ajouter id. peu à peu en continuant à remuer.
22	Petits oignons .	. . . .	Id.
23	Champignons . .	coupés en m.	
24	. . . .	. . . .	Mettre alors les pieds de mouton par-dessus le tout.
25	. . . .	. . . .	Laisser mijoter 1/2 heure couvert ou à découvert.
26	. . . .	. . . .	Chauffer un plat creux à servir en le trempant dans de l'eau très-chaude.
27	. . . .	. . . .	L'essuyer rapidement.
28	. . . .	. . . .	Y dresser les pieds de mouton, les oign. et les champign.
29	. . . .	. . . .	Retirer du feu la casserole où a dû rester la sauce, ôter le bouquet.
30	Jaunes d'œufs . .	. . . . . .	Délayer dans un bol à part pour faire une liaison.
31	Jus de citron ou filet de vinaigre	. . . . . .	

MOUTON : PIEDS A LA POULETTE (*Suite*).

ORDRE des opérations	NOMS.	PROPORTIONS.	PRÉPARATIONS ET CUISSON.
32	. . . .	. . . .	Verser cette liaison peu à peu dans la sauce en mêlant doucement avec la cuiller de bois.
33	. . . .	. . . .	Verser la sauce sur les pieds de mouton et servir très-chaud.

138. — MOUTON : POITRINE SUR LE GRIL.

1	Poitrine de mouton.	. . . . . .	Ficeler et faire cuire dans la marmite avec le bœuf d'un pot-au-feu.
2	. . . .	. . . . . .	La retirer avec la passoire quand elle est assez cuite.
3	. . . .	. . . . . .	Laisser égoutter et refroidir.
4	. . . .	. . . . . .	Déficeler, parer, ôter les peaux.
5	Sel, poivre	. . . . . .	Semer dessus des deux côtés.
6	Mie de pain rassis	. . . . . .	Emietter dans un plat creux.
7	Beurre frais. . .	. . . . . .	Faire fondre sur un feu doux.
8	. . . .	. . . . . .	Placer un gril sur le fourneau allumé.
9	. . . .	. . . . . .	Tremper alors la poitrine de mouton dans le beurre fondu, puis dans la mie de pain et poser sur le gril.
10	. . . .	. . . . . .	Quand elle a pris une belle couleur d'un côté, la retourner de l'autre.
11	. . . .	. . . . . .	Servir à sec.
12	Persil en branches	. . . . . .	Mettre autour du plat en décoration.
13	Sauce piquante.	. . . . . .	Servir à part dans la saucière
14	ou Sauce tomate,	. . . . . .	en accompagnement.
15	. . . .	. . . . . .	Ce plat est encore excellent à servir sur une purée au choix.

139. — MOUTON : ROGNONS A LA BROCHETTE.

ORDRE des opérations	NOMS.	PROPORTIONS.	PRÉPARATIONS ET CUISSON.
1	Rognons de mouton.	. . . .	Mettre dans un plat creux.
2	Eau froide.. . . .	. . . .	Verser dessus. Laisser tremper quelques minutes.
3	. . . .	. . . .	Oter les peaux en dépouillant la pellicule dite chaîne.
4	. . . .	. . . .	Les fendre par le milieu (du côté opposé aux nerfs) et sans séparer entièrement les deux moitiés.
5	Lard très-fin . .	. . . .	Employer à piquer les rognons.
6	. . . .	. . . .	Avec des brochettes en argent ou en bois, les enfiler à plat, trois par trois, bien ouverts (pour qu'ils ne se referment pas).
7	Sel, poivre . . .	. . . . . .	Semer dessus.
8	Beurre ou huile.	. . . . . .	Faire chauffer dans la poêle.
9	Mie de pain. . .	. . . . . .	Emietter dans un plat creux.
10	. . . .	. . . . . .	Tremper chaque brochette de rognons dans le beurre tiède ou dans l'huile.
11	. . . .	. . . . . .	Puis dans la mie de pain.
12	. . . .	. . . . . .	Poser sur le gril.
13	. . . .	. . . . . .	Mettre le gril sur un feu vif.
14	. . . .	. . . . . .	Retourner les brochettes 1 ou 2 fois.
15	. . . .	. . . . . .	Chauffer le plat à servir en le trempant dans de l'eau très-chaude et essuyant vivement.
16	Beurre		Manier en boulette à mettre au milieu du plat pour faire une maître d'hôtel.
17	Sel, poivre . .	} hacher fin.	
18	Persil		
19	Fines herbes . .		

MOUTON : ROGNONS A LA BROCHETTE (*Suite*).

ORDRE des opérations	NOMS.	PROPORTIONS.	PRÉPARATIONS ET CUISSON.
20	. . . .	. . . .	Si les brochettes sont en argent les poser sur la maître-d'hôtel et servir avec un jus de citron.
21	. . . .	. . . .	Si les brochettes sont en bois, faire glisser les rognons sur le plat à servir.
22	. . . .	. . . .	Mettre sur chaque rognon un peu du beurre préparé.
23	. . . .	. . . .	Arroser avec le jus de citron et servir chaud.

140. — MOUTON : ROGNONS SAUTÉS AU VIN BLANC.

1	Rognons de mouton.	. . . . . .	Préparer dans un plat creux.
2	Eau froide..	. . . . . .	Verser dessus et laisser tremper 5 minutes.
3	. . . .	. . . . . .	Enlever la peau en dépouillant avec soin la pellicule dite chaine.
4	. . . .	. . . . . .	Fendre par le milieu, du côté opposé aux nerfs, et séparer chaque rognon en deux.
5	Beurre .	. . . . . .	Fendre dans la poêle sur un feu vif.
6	. . . . . .	. . . . . .	Y mettre les rognons à sauter.
7	Sel, poivre.	. . . . . .	Saupoudrer des deux côtés.
8	. . . .	. . . . . .	Les retourner plusieurs fois jusqu'à parfaite cuisson.
9	. . . .	. . . . . .	Chauffer le plat à servir en le mettant sur une terrine d'eau bouillante et y dresser les rognons à tenir chauds.

MOUTON : ROGNONS SAUTÉS AU VIN BLANC (*Suite*).

ORDRE des opérations	NOMS.	PROPORTIONS.	PRÉPARATIONS ET CUISSON.
10	Croûtons de pain rassis.	. . . .	Tailler en même nombre et même grandeur que les moitiés de rognons.
11	Beurre	. . . . . .	Faire fondre dans une casserole sur un feu vif.
12	. . . .	. . . . .	Y mettre les croûtons à frire.
13	Sel.	. . . . .	Semer dessus.
14	Beurre	. . . . .	Faire fondre dans une autre casserole sur un feu doux.
15	Farine. . . .	1 cuillerée.	Semer dessus en remuant avec la cuiller de bois.
16	Jus ou bouillon.	1/2 tasse.	Ajouter peu à peu en continuant à tourner sans arrêt.
17	Vin blanc. . . .	id.	
18	. . . .	. . . . .	Bien mêler et lier la sauce.
19	. . . .	. . . . .	Sur chaque moitié de rognon poser un croûton frit.
20	. . . . . .	. . . . .	Verser la sauce par-dessus le tout.
21	Jus de citron. .	. . . . .	Ajouter à volonté.
22	. . . .	. . . . .	Servir bouillant.

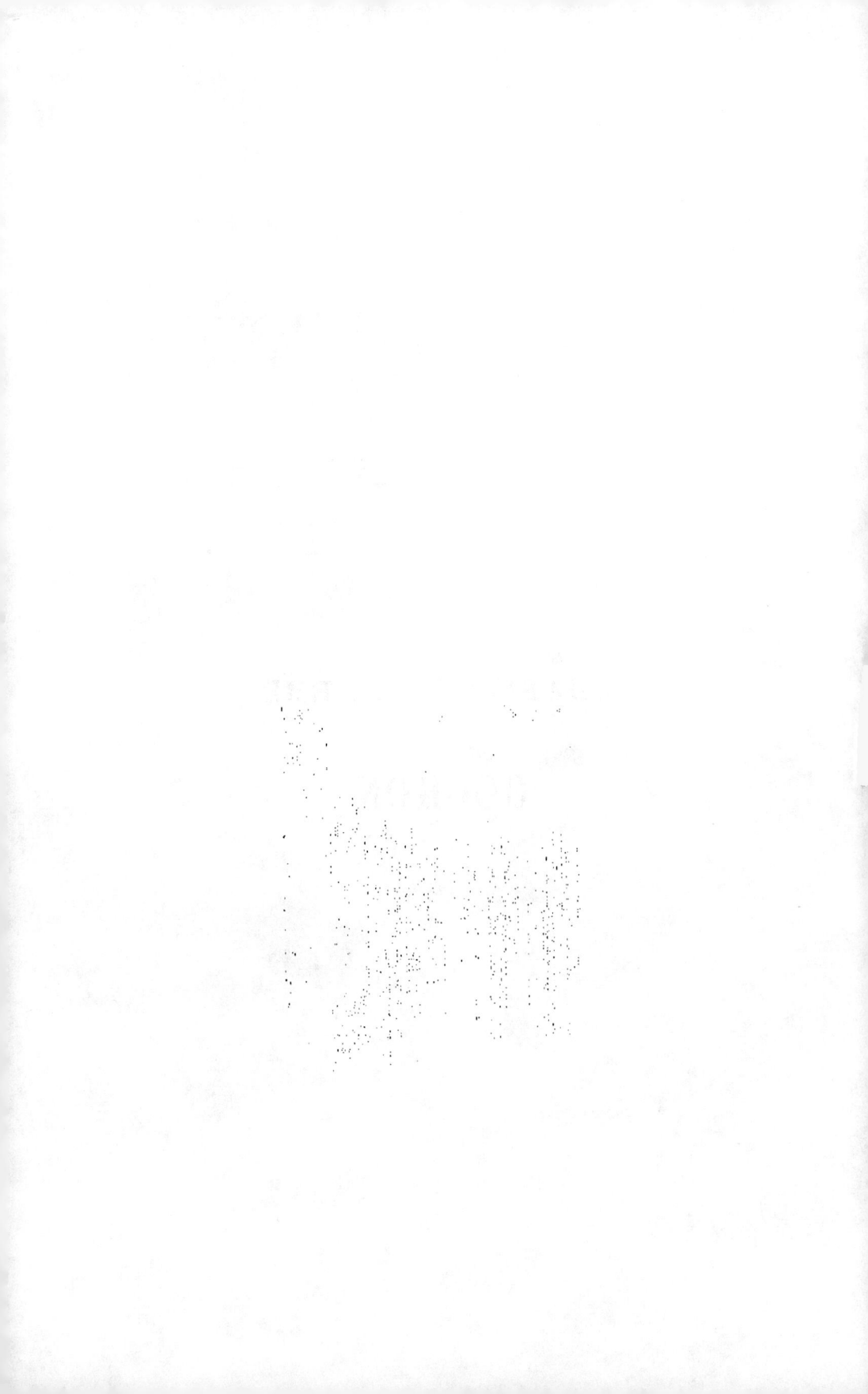

CHAPITRE SIXIEME

COCHON

TABLE DES RECETTES

141. — COCHON : COTELETTES DE PORC FRAIS SUR LE GRIL.

ORDRE des opérations	NOMS.	PROPORTIONS.	PRÉPARATIONS ET CUISSON.
1	Côtelettes de porc frais.	. . . .	Parer, aplatir avec le couperet
2	. . . .	. . . .	Oter le surplus de graisse qui les entoure.
3	. . . .	. . . .	Les mettre dans un plat creux.
4	Huile d'olive . .	. . . . . .	Verser dessus pour les imbiber.
5	Sel, poivre . . .		
6	Persil.	1 bouquet.	Ajouter.
7	Laurier.	1 feuille.	
8	Clou de girofle .	. . . . . .	
9	. . . .	. . . .	Laisser mariner 1 ou 2 jours, à volonté.
10	. . . .	. . . .	Chauffer le gril au moment de s'en servir.
11	. . . .	. . . .	Y placer les côtelettes, sur un feu clair.
12	. . . .	. . . .	Quand elles sont cuites d'un côté, les retourner de l'autre.
13	Sel, poivre . . .	. . . . . .	Semer dessus.
14	. . . .	. . . .	Dresser sur un plat et accompagner d'une sauce du choix, dans la saucière.
15	. . . .	. . . .	(Sauce piquante ou sauce tomate).
16	Cornichons, . .	coupés en tranches.	Mettre en décoration, à volonté, dessus ou autour des côtelettes.

142. — JAMBON CUIT DANS LA MARMITE.

ORDRE des opérations	NOMS.	PROPORTIONS.	PRÉPARATIONS ET CUISSON.
1	Jambon ou morceau de jambon cru.	. . . . . .	Bien nettoyer. Gratter sans endommager la couenne.
2	. . . . . .	. . . . . .	Le mettre dans une terrine proportionnée à sa grandeur.
3	Eau.	. . . . . .	Verser dessus à tout couvrir, et laisser dessaler.
4	. . . . . .	. . . . . .	Égoutter sur un gros linge blanc.
5	. . . . . .	. . . . . .	Attacher avec une ficelle.
6	. . . . . .	. . . . . .	Puis le placer au fond d'une grande marmite.
7	Oignons.	. . . .	
8	Clou de girofle piqué sur un oignon.	. . . .	
9	Carottes	. . . .	Ajouter.
10	Sel, poivre. . .	. . . .	
11	Ail.	. . . .	
12	Thym, laurier. .	attacher en	
13	Ciboule, persil. .	bouquet.	
14	Eau.	. . . . .	Verser dessus jusqu'à tout faire baigner.
15	. . . . . .	. . . . .	Mettre la marmite à bouillir sur un feu doux 6 ou 7 heures.
16	. . . . . .	. . . . .	Vers la fin de la cuisson, piquer le jambon avec une fourchette, pour juger s'il est au point voulu.
17	. . . . . .	. . . . .	Quand il est bien cuit, retirer la marmite du feu, et le laisser refroidir dedans.

JAMBON CUIT DANS LA MARMITE (*Suite*).

Ordre des opérations	NOMS.	PROPORTIONS.	PRÉPARATIONS ET CUISSON.
18	. . . .	. . . .	Quand le jambon est froid, le retirer de la marmite et le faire égoutter sur un linge blanc.
19	Persil.	. . . .	Hacher fin et étaler sur un grand plat.
20	. . . .	. . . .	Poser le jambon par-dessus.
21	Eau-de-vie. . .	1 cuillerée.	Verser dessus le jambon.
22	Chapelure (croûte de pain râpée)	. . . .	Semer id. à recouvrir tout le jambon.
23	. . . .	. . . .	Il est prêt à servir alors.
24	. . . .	. . . .	(L'eau de la cuisson passée au tamis, est très-bonne à employer pour une soupe aux choux).

143. — OREILLE DE COCHON A LA BOURGEOISE.

1	Oreille de cochon	. . . .	Flamber sur un feu clair pour ôter les poils.
2	. . . .	. . . .	La mettre dans une terrine.
3	Eau bouillante .	. . . .	Verser dessus et bien nettoyer le dedans.
4	. . . .	. . . .	Égoutter sur un gros linge.
5	. . . .	. . . .	Puis la mettre dans une marmite ou dans une grande casserole.
6	Carottes. . . .	2	
7	Oignons.	2	
8	Clous de girofle piqués sur les oignons. . .		Ajouter.
9	Sel, poivre. . .	. . . .	

OREILLE DE COCHON A LA BOURGEOISE (*Suite*).

ORDRE des opérations	NOMS.	PROPORTIONS.	PRÉPARATIONS ET CUISSON.
10	Persil..	quelques branches attachées en bouquet.	Ajouter.
11	Cerfeuil.		
12	Ciboule.		
13	Thym..		
14	Laurier.		
15	Eau.		Verser à tout baigner.
16			Faire cuire 4 ou 5 heures à feu égal.
17			Retirer alors l'oreille de la marmite.
18			La laisser égoutter et refroidir.
19			Puis la couper en petits filets minces pris dans la longueur.
20			Dresser ces filets sur un plat allant au feu.
21	Beurre		Faire fondre dans une casserole à part sur un feu clair.
22	Oignons.	coupés en tranches.	Jeter dans le beurre et laisser revenir.
23	Farine	1 bonne pincée.	Saupoudrer, remuer avec la cuillère de bois.
24	Vinaigre.	1 ou 2 cuillerées.	Mêler doucement en tournant sans arrêt avec la cuiller.
25	Bouillon dégraissé.	1 tasse.	
26			Verser cette sauce sur les émincés dans le plat.
27			Mettre le plat sur un feu doux et laisser mijoter 1/4 d'heure.
28			Servir chaud.

144. — OREILLE DE COCHON FARCIE.

ORDRE des opérations	NOMS.	PROPORTIONS.	PRÉPARATIONS ET CUISSON.
1	Oreille de cochon	. . . .	Flamber sur un feu clair pour ôter tous les poils.
2	. . . .	. . . .	Mettre dans une terrine.
3	Eau bouillante. .	. . . .	Verser dessus et bien nettoyer le dedans.
4	. . . .	. . . .	Égoutter sur un gros linge blanc.
5	. . . .	. . . .	Puis placer l'oreille dans une casserole.
6	Oignons.		
7	Clous de girofle à piquer dans un oignon. . .	. . . .	
8	Thym.	quelques	Ajouter par-dessus.
9	Laurier. . . .	branches at-	
10	Persil. . . .	tachées en	
11	Cerfeuil. . . .	bouquet.	
12	Ciboules. . . .		
13	Eau.	. . . .	Verser à tout baigner.
14	. . . .	. . . .	Laisser cuire à moitié, c'est-à-dire 2 heures.
15	Restes de volaille rôtie ou de veau rôti.	égale quantité.	Hacher à part, très-fin.
16	Petit salé. . . .		
17	Mie de pain. . .	trempés	
18	Crème.	ensemble.	Mêler au hachis ou farce.
19	Sel, poivre. . .	. . . .	Saupoudrer.
20	. . . .	. . . .	Faire égoutter l'oreille à moitié cuite.
21	. . . .	. . . .	Puis en remplir tout l'intérieur avec une partie de la farce préparée.
22	Grande barde de lard.	. . . .	Étendre sur une table de cuisine.

OREILLE DE COCHON FARCIE (*Suite*).

ORDRE des opérations	NOMS.	PROPORTIONS.	PRÉPARATIONS ET CUISSON.
23	. . . .	. . . .	La recouvrir avec une couche de la même farce, mince comme une tartine de beurre.
24	. . . .	. . . .	Poser l'oreille préparée par-dessus.
25	. . . .	. . . .	Replier les quatre coins de la barde pour bien envelopper le tout.
26	. . . .	. . . .	Attacher un fil blanc autour.
27	Mie de pain émiettée fin		Mêler et en saupoudrer le côté extérieur de la barde de lard.
28	Sel, poivre. . . .	. . . . . .	
29	. . . .	. . . .	Embrocher.
30	. . . .	. . . .	Placer devant un feu doux.
31	. . . .	. . . .	Arroser avec le jus qui découle à mesure jusqu'à ce que la barde soit bien cuite.
32	. . . .	. . . .	Laisser cuire environ 2 heures.
33	. . . .	. . . .	Dresser sur le plat à servir.
34	Jus de citron. . .	. . . . . .	Ajouter à volonté.
35	. . . .	. . . .	Servir chaud.

145. — OREILLE DE COCHON FRITE.

ORDRE des opérations	NOMS.	PROPORTIONS.	PRÉPARATIONS ET CUISSON.
1	Oreille de cochon	. . . .	Flamber sur un feu clair pour ôter tous les poils.
2		. . . .	La mettre dans une terrine.
3	Eau bouillante. .	. . . . . .	Verser dessus et bien nettoyer le dedans.
4	. . . .	. . . .	Égoutter sur un gros linge.
5	. . . .	. . . .	Puis mettre dans une casserole.

OREILLE DE COCHON FRITE (*Suite*).

ORDRE des opérations	NOMS.	PROPORTIONS.	PRÉPARATIONS ET CUISSON.
6	Oignons.		
7	Clou de girofle à piquer sur un oignon		
8	Carottes.	1 ou 2	
9	Thym.	1 branche.	Ajouter par-dessus.
10	Laurier.	1 feuille.	
11	Sel, poivre. . .		
12	Persil.	attachés	
13	Ciboule.	en	
14	Cerfeuil.	bouquet.	
15	Eau froide. . .		Verser à tout recouvrir.
16	. . . .		Laisser cuire 4 heures ainsi.
17	. . . .		Retirer ensuite de la casserole l'oreille de cochon, et la mettre à égoutter et à refroidir.
18	. . . .		Quand elle est froide, la fendre par le milieu.
19	. . . .		Couper chaque moitié en 4 morceaux.
20	Saindoux. . . .		Fondre dans une casserole ou dans la poêle sur un feu vif.
21	. . . .		Quand le saindoux est bouillant, y mettre à frire les morceaux d'oreille.
22	. . . .		Chauffer le plat à servir.
23	Persil en branches.		Mettre à frire avec l'oreille.
24	. . . .		Dresser les morceaux d'oreille sur le plat chauffé.
25	. . . .		Garnir le tout avec les branches de persil frit.
26	. . . .		Servir chaud.

146. — PORC FRAIS ROTI.

ORDRE des opérations	NOMS.	PROPORTIONS.	PRÉPARATIONS ET CUISSON.
1	Echine (le long du dos, près de la tête). . . .	. . . .	Morceaux les meilleurs à choisir pour rôti.
2	ou Filet (près de la queue). . . .	. . . .	
3	ou Carré. . . .	. . . . . .	
4	. . . .	. . . . . .	Parer le morceau choisi, ôter le trop de graisse, n'en laisser qu'une couche d'un centimètre d'épaisseur.
5	. . . .	. . . . . .	Mettre la viande dans une terrine.
6	Huile d'olive. . .	. . . . .	Verser dessus pour l'imbiber.
7	Sel, poivre. . . .	. . . . .	Saupoudrer.
8	Oignons. . . .	coupés en	
9	Carottes. . . .	tranches,	
10	Persil. . . .	attachés	Ajouter.
11	Thym. . . .	en	
12	Laurier. . . .	bouquet.	
13	. . . . . .	. . . . . .	Laisser tremper 24 heures au moins dans cette marinade.
14	. . . . . .	. . . . . .	Retirer alors la viande.
15	. . . . . .	. . . . . .	Taillader la graisse de haut en bas à distances égales.
16	. . . . . .	. . . . . .	Mettre à la broche devant un feu vif.
17	. . . . . .	pour 4 livres de viande.	Laisser cuire 2 heures au moins.
18	. . . . . .	pour 2 livres de viande.	Laisser cuire 1 heure 1/2.
19	. . . . . .	. . . . . .	Pendant ce temps, passer la marinade et en arroser la viande.
20	Sel.	. . . . . .	Saupoudrer 1/4 d'heure avant la fin de la cuisson.

PORC FRAIS ROTI (*Suite*)

ORDRE des opérations	NOMS.	PROPORTIONS.	PRÉPARATIONS ET CUISSON.
21	. . . .	. . . .	Dresser sur le plat à servir.
22	. . . .	. . . .	Accompagner d'une sauce piquante, ou tomate ou autre, dans la saucière.

147. — PIEDS DE COCHON. — *Préparation.*

	NOMS.	PROPORTIONS.	PRÉPARATIONS ET CUISSON.
1	Pieds de cochon.	. . . .	Flamber sur un feu clair pour en ôter tous les poils.
2	. . . .	. . . .	Les mettre ensuite dans une terrine.
3	Eau bouillante.	. . . .	Verser dessus.
4	. . . .	. . . .	Les nettoyer soigneusement, puis les essuyer.
5	. . . .	. . . .	Les entourer d'un ruban de fil pour qu'ils ne se déforment pas en cuisant.
6	. . . .	. . . .	Les mettre dans une marmite basse, dite braisière.
7	Lard.	quelques tranches.	
8	Veau maigre.	id.	
9	Carottes.	id.	
10	Oignons.		
11	Clou de girofle piqué sur un oignon.		Mettre par-dessus.
12	Cerfeuil.	quelques branches attachées en bouquet.	
13	Ciboule.		
14	Persil.		
15	Thym.		
16	Laurier.		

PIEDS DE COCHON. — *Préparation (Suite).*

ORDRE des opérations	NOMS.	PROPORTIONS.	PRÉPARATIONS ET CUISSON.
17 18	Vin blanc. . . . Bouillon dégrais-sé.	égale quantité.	Verser sur le tout à tout baigner.
19	. . . .	. . . . . .	Laisser cuire 12 heures sans arrêt.
20	. . . .	. . . . . .	Faire égoutter les pieds de co-chon le soir du premier jour.
21	. . . .	. . . . . .	Le lendemain, remettre à cuire encore 12 heures.
22 23	. . . .	. . . .	Laisser refroidir et égoutter. Enlever les cordons qui les attachent.
24	. . . .	. . . . . .	Les pieds sont prêts alors à être accommodés.

148. — PIEDS DE COCHON A LA SAINTE-MENEHOULD.
Pieds de cochon préparés (ou pris tout cuits chez le charcutier).

ORDRE des opérations	NOMS.	PROPORTIONS.	PRÉPARATIONS ET CUISSON.
1 2	Mie de pain. . . . Sel, poivre. . . .	. . . .	Émietter fin dans un plat creux. Saupoudrer, mêler à la mie de pain.
3	Beurre.	. . . . . .	Fondre dans la poêle sur un feu doux.
4	. . . .	. . . . . .	Y tremper les pieds de cochon puis les passer de suite dans la mie de pain préparée pour les paner.
5	. . . .	. . . . . .	Les mettre sur le gril sur un bon feu clair.
6	. . . .	. . . . . .	Laisser prendre une belle cou-leur.
7	. . . .	. . . . . .	Les retourner une fois seule-ment.
8	. . . .	. . . . . .	Servir très-chaud sur le plat, et sans sauce.

149. — LARD : *Manière de s'en servir pour piquer la viande.*

1	Lard.	Tailler en lardons minces.
2	. . . .	Prendre de la main gauche la pièce à piquer.
3	. . . .	Y enfoncer la lardoire de manière à en laisser passer les deux bouts.
4	. . . .	Introduire un lardon dans l'ouverture extérieure de la lardoire.
5	. . . .	Tirer à soi la lardoire en ayant soin de laisser dépasser le lard également des deux côtés.
6	. . . .	Recommencer la même opération à côté — à distances égales — formant une ligne droite.
		(La seconde rangée de lard doit se croiser avec la première pour couvrir ainsi toute la pièce à trous contrariés.)

150. — SAINDOUX : *Manière de le faire fondre.*

1	Panne de porc frais.	Choisir bien blanche et épaisse.
2	. . . .	Retirer les peaux et membranes qui l'enveloppent.
3	. . . .	La battre fortement avec une latte de bois.
4	. . . .	Couper en petits morceaux à mettre dans une marmite en fonte.
5	Eau.	Faire bouillir dans une grande chaudière (à remplir à moitié et à pendre à la crémaillère).
6	. . . .	Quand l'eau est bouillante, y placer la marmite où est la graisse pour la faire fondre ainsi au bain-marie.
7	. . . .	Bien entretenir le feu en dessous.
8	. . . .	Quand la graisse est toute fondue, la décanter doucement dans des pots de grès de moyenne grandeur.
9	Reste de la panne non fondue. . .	
10	Rognures de pièces de lard. . .	Remettre sur un feu doux.

SAINDOUX : *Manière de le faire fondre (Suite)*.

11	. . . .	Prendre garde de laisser roussir.
12	. . . .	Ne pas mêler ce saindoux de deuxième fonte avec le premier qu'il gâterait.
		(Moins fin, il se conserve moins, et est bon à être utilisé le premier).
13	. . . .	Garder dans un lieu frais.

CHAPITRE SEPTIEME

VOLAILLE

151. — CROQUETTES DE VOLAILLE.

ORDRE des opérations	NOMS.	PROPORTIONS.	PRÉPARATIONS ET CUISSON.
1	Desserte de volaille rôtie et d'autres viandes blanches.	. . . .	Hacher fin et mettre dans un plat creux.
2	Beurre.	. . . .	Fondre dans une casserole sur un feu doux, sans laisser roussir.
3	Farine.	. . . .	Semer d'une main en remuant de l'autre avec la cuiller de bois.
4	Bouillon ou jus de rôti.	. . . .	Verser peu à peu en continuant à remuer pour bien lier.
5	Oignons.	coupés en morceaux.	Faire cuire dans cette sauce.
6	. . . .	. . . .	Laisser réduire à découvert jusqu'à ce que la sauce soit devenue très-épaisse.
7	. . . .	. . . .	Retirer alors sa casserole du feu et attendre que la sauce ne bouille plus.
8	Jaunes d'œuf. . .	. . . .	Y mêler pour liaison.
9	Sel, poivre. . . .	. . . .	Semer en assaisonnement.
10	. . . .	. . . .	Verser le tout sur le hachis préparé.
11	. . . .	. . . .	Laisser refroidir et épaissir.
12	Mie de pain. . .	. . . .	Émietter fin dans un plat creux.
13	. . . .	. . . .	Prendre une cuillerée à bouche du hachis préparé, et renverser sur la mie de pain. Retourner la croquette dans la mie de pain pour lui en faire absorber de tous côtés.

GROQUETTES DE VOLAILLE (*Suite.*)

ORDRE des opérations	NOMS.	PROPORTIONS.	PRÉPARATIONS ET CUISSON.
14	. . . . . .	. . . . . .	Rouler la croquette en forme oblongue.
15	. . . . . .	. . . . . .	En recommencer une autre de la même manière et ainsi de suite, jusqu'à ce que tout le ragout soit employé.
16	Beurre ou huile ou graisse. . .	. . . . . .	Faire bouillir en friture dans la poêle.
17	Œufs.	3 jaunes pour 2 blancs.	Battre dans un bol avec une fourchette.
18	Sel.	. . . . . .	Saupoudrer en battant.
19	. . . . . .	. . . . . .	Y tremper chaque croquette à retremper de suite dans la mie de pain pour la repaner.
20	. . . . . .	. . . . . .	Les jeter à mesure dans la friture qui doit bouillir dans la poêle.
21	. . . . . .	. . . . . .	Dès qu'elles ont pris couleur, retirer du feu et dresser sur le plat à servir, à tenir sur le bord du fourneau.
22	Persil.	quelques branches.	Mettre à frire dans la poêle, puis les ranger en garniture autour du plat de croquettes.
23	. . . . . .	. . . . . .	Servir chaud.

152. — CANARD AUX NAVETS (*Entrée*).

ORDRE des opérations	NOMS.	PROPORTIONS.	PRÉPARATIONS ET CUISSON.
1	Canard.	. . . .	Plumer.
2	. . . .	. . . .	Vider, flamber, supprimer le cou et les pattes.
3	. . . .	. . . .	Plier les ailes et les cuisses à attacher avec une ficelle.
4	Beurre.	. . . .	Fondre dans une grande casserole sur un feu doux.
5	. . . .	. . . .	Y mettre le canard à prendre couleur.
6	. . . .	. . . .	Quand il a pris couleur d'un côté, le retourner de l'autre.
7	. . . .	. . . .	Le retirer ensuite sur un plat au bord du fourneau.
8	Farine.	1 pincée.	Semer dans le beurre resté dans la casserole sur le feu.
9	. . . .	. . . .	Remuer avec la cuiller de bois jusqu'à ce que le roux ait pris consistance.
10	Petits oignons. .	. . . .	
11	Bouillon ou eau.	2 cuillers à pot.	
12	Vin blanc. . . .	1 verre (à volonté).	
13	Sel, poivre. . .		
14	Laurier.	1 feuille	Ajouter dans la casserole.
15	Lard.	coupé en petits morc.	
16	Ail.	1/2 gousse.	
17	Persil.	hachés fin.	
18	Ciboule.		
19	. . . .	. . . .	Remettre le canard par-dessus toutes ces garnitures.
20	. . . .	. . . .	Couvrir la casserole.
21	. . . .	. . . .	Laisser cuire tout ensemble 1/2 heure.

CANARDS AUX NAVETS (*Suite*).

ORDRE de cuisson	NOMS.	PROPORTIONS	PRÉPARATIONS ET CUISSON.
22	. . . .	. . . .	Retirer le canard pour passer et dégraisser le jus de cuisson.
23	Beurre ou graisse	. . . .	Mettre dans la casserole sur un feu doux.
24	Petits navets entiers grattés ou gros navets pelés et coupés en morceaux.. . . .	. . . .	Mettre à roussir dans le beurre.
25	. . . .	. . . .	Quand ils ont pris une belle couleur blonde, verser peu à peu le jus dégraissé par dessus.
26	Sucre en poudre.	1 pincée.	Ajouter à volonté.
27	. . . .	. . . .	Faire sauter un instant la casserole sur le feu.
28	. . . .	. . . .	Y remettre le canard à achever de cuire avec les navets pendant 1/4 d'heure.
29	. . . .	. . . .	Chauffer le plat à servir en le trempant dans de l'eau très-chaude, puis l'essuyer vivement.
30	. . . .	. . . .	Désosseler le canard et le dresser sur le plat.
31	. . . .	. . . .	Ranger les navets et les oignons autour.
32	. . . .	. . . .	Verser la sauce par-dessus et servir.

153. — CANARD AUX PETITS POIS.

ORDRE des opérations	NOMS.	PROPORTIONS	PRÉPARATIONS ET CUISSON.
1	Canard.	. . . .	Plumer, vider, flamber.
2	. . . .	. . . . . .	Supprimer le cou et les pattes.
3	. . . .	. . . . . .	Replier les ailes et les cuisses à maintenir avec une ficelle.
4	. . . .	. . . . . .	Recoudre l'ouverture du cou avec du gros fil de cuisine.
5	Beurre.	. . . . . .	Faire fondre dans une grande casserole sur un feu doux et mettre le canard à revenir.
6	Sel, poivre.. . .	. . . . . .	Saupoudrer.
7	. . . .	. . . . . .	Quand le canard a pris couleur d'un côté, le retourner de l'autre.
8	. . . .	. . . . . .	Le retirer ensuite dans un plat sur le bord du fourneau.
9	Farine.	1 pincée.	Ajouter au beurre resté dans la casserole.
10	Bouillon..	. . . . . .	Verser peu à peu par-dessus le beurre en remuant avec la cuiller de bois.
11	. . . .	. . . . . .	Quand la sauce est bien liée, remettre le canard dans la casserole.
12	Barde de lard mince.	. . . . . .	Poser par-dessus (à volonté).
13	Petits pois.. . .	1 litre.	
14	Sel, poivre. . .		Ajouter.
15	Persil.	attachés en	
16	Ciboule. . . .	bouquet.	
17	. . . .	. . . . . .	Laisser bouillir à petit feu.
18	. . . .	. . . . . .	Piquer la viande avec une fourchette pour juger le point de cuisson.
19	. . . .	. . . . . .	Dégraisser.

CANARD AUX PETITS POIS (*Suite*).

ORDRE des opérations	NOMS.	PROPORTIONS	PRÉPARATIONS *ET* CUISSON.
20	. . . .	. . . .	Oter la ficelle qui attache le canard.
21	. . . .	. . . .	Jeter le bouquet. . .
22	. . . .	. . . .	Verser les pois dans un plat creux.
23	. . . .	. . . .	Poser le canard par-dessus et servir chaud.

154. — CANARD ROTI. *Renseignements*.

	NOMS.	PROPORTIONS	PRÉPARATIONS ET CUISSON.
1	Canard sauvage.	. . . .	Espèce la plus recherchée.
2	Canard domestique.	. . . .	Bon à manger vers 6 ou 7 mois.
3	. . . .	. . . .	Pour le tuer, il suffit de lui enfoncer une épingle au sommet de la tête. Le canard meurt en quelques minutes.
4	. . . .	. . . .	Plumer, flamber.
5	. . . .	. . . .	Vider et enlever toute la graisse intérieure surabondante.
6	. . . .	. . . .	Couper le bout des ailes et des pattes.
7	Marrons.	. . . .	Faire griller à part.
8	. . . .	. . . .	Peler les deux peaux.
9	. . . .	. . . .	Introduire les marrons pelés dans le corps du canard.
10	Chair à saucisse.	. . . .	
11	Champign. cuits, coupés en petits morceaux . . .	. . . .	Mêler en farce aux marrons.
12	Beurre.	. . . .	
13	Oignons.	. . . .	
14	. . . .	. . . .	Recoudre l'ouverture faite au canard pour la refermer.

CANARD ROTI. *Renseignements (Suite).*

ORDRE des opérations	NOMS.	PROPORTIONS	PRÉPARATIONS ET CUISSON.
15	. . . .	. . . . .	Attacher les cuisses contre la bête en roulant une ficelle autour.
16	. . . .	. . . . .	Embrocher devant un bon feu.
17	. . . .	. . . . .	La peau ferme et épaisse du canard peut supporter un feu vif comme les grosses viandes.
18	Beurre	. . . . .	Mettre dans la lèchefrite.
19	. . . .	. . . . .	Arroser avec le jus qui découle du canard.
20	. . . .	. . . . .	Tourner de temps en temps.
21	. . . .	. . . . .	Laisser cuire 3/4 d'heure.
22	. . . .	. . . . .	Le piquer avec le bout d'une fourchette pour juger s'il est cuit à point.
23	Tranches de citron ou tranches de pain grillées et trempées dans la graisse du canard.	au choix.	Etaler au fond du plat à servir.
24	. . . .	. . . . .	Dresser le canard par-dessus, posé sur le dos.
25	. . . .	. . . . .	Dégraisser le jus et le verser dans la saucière.
26	. . . .	. . . . .	Ou servir une sauce piquante à part.

155. — RENSEIGNEMENTS POUR DÉCOUPER LE CANARD A TABLE.

1 Lever d'abord les deux cuisses.
2 Couper les chairs de l'estomac en filets dans la longueur.
3 Lever les deux ailes en dernier.

156. — CANARD EN SALMIS (*Entrée*).

ORDRE des opérations	NOMS.	PROPORTIONS.	PRÉPARATIONS ET CUISSON.
1	Canard sauvage ou canard domestique. . . .	au choix.	Rôtir aux 3/4, puis retirer du feu (ou employer des restes de la veille).
2	. . . .	. . . .	Couper en morceaux les membres et l'estomac.
3	Beurre.	. . . .	Fondre dans une casserole sur un feu doux.
4	Farine.	1 pincée.	Semer de suite sans laisser roussir le beurre.
5	Bouillon. . . .	1/2 verre.	Y mêler peu à peu en tournant avec la cuiller de bois.
6	Vin rouge. . . .	1/2 verre.	
7	Echalotes. . . .	2 entières.	Ajouter idem.
8	Sel, poivre. . .	. . . .	
9	. . . .	. . . .	Laisser bouillir 1/2 heure.
10	. . . .	. . . .	Retirer alors les échalotes.
11	. . . .	. . . .	Mettre les morceaux de canard à chauffer dans la sauce et ne plus laisser bouillir.
12	Tranches de pain grillé	. . . .	Ranger sur le plat à servir.
13	. . . .	. . . .	Y dresser les morceaux de canard.
14	. . . .	. . . .	Verser la sauce par-dessus.
15	. . . .	. . . .	Ajouter un jus de citron, à volonté.
16	. . . .	. . . .	Servir chaud.

157. — DINDON : ABATIS A LA BOURGEOISE.

ORDRE des opérations	NOMS.	PROPORTIONS.	PRÉPARATIONS ET CUISSON.
1	Tête..	morceaux dits abatis.	Ranger dans un plat creux.
2	Ailerons..		
3	Pattes.		
4	Cou.		
5	Foie.		
6	Cœur. , ...		
7	Gésier..		
8	Eau bouillante..	. . . .	Verser dessus et les bien nettoyer.
9	Beurre.	. . . .	Faire fondre dans une casserole sur un feu doux.
10	. . . .	. . . .	Y mettre les abatis à revenir.
11	Farine. . , . .	1 cuillerée	Semer dessus quand la viande a pris couleur.
12	Eau ou bouillon.	1 tasse.	Verser peu à peu en remuant avec la cuiller de bois.
13	Sel, gros poivre.	. . . .	
14	Persil..	quelq. branches attach. en bouquet.	Ajouter en assaisonnement.
15	Ciboule.		
16	Thym..		
17	Laurier.		
18	Champignons. .	Coupés en 2.	
19	. . . .	. . . .	Laisser réduire la sauce dans la casserole à découvert, sur un feu doux.
20	. . . .	. . . .	Quand tout est cuit, retirer le bouquet.
21	. . . .	. . . .	Dresser les abatis dans un plat creux à tenir sur le bord du fourneau.
22	. . . .	. . . .	Passer la sauce.
23	Jaunes d'œufs. ,	. . . .	Casser dans un bol.
24	. . . .	. . . .	Les délayer doucement avec un peu de la sauce passée.
25	. . . .	. . . .	Mêler toute la sauce, puis verser sur le plat d'abatis et servir chaud.

158. — RESTES DE DINDE ACCOMMODÉS A LA BONNE FEMME.

ORDRE des opérations	NOMS.	PROPORTIONS	PRÉPARATIONS ET CUISSON.
1	Restes de dinde rôtie la veille. .	. . . .	Découper en morceaux à mettre dans une casserole.
2	Ciboule.	. . . .	Hacher fin, mêler, et semer sur la viande.
3	Persil.	. . . .	
4	Bouillon.	1 cuillerée.	Verser par-dessus.
5	Vinaigre. . . .	1 cuillerée.	
6	Sel, poivre. . .	. . . .	Ajouter.
7	. . . .	. . . .	Mettre la casserole sur un feu doux et laisser mitonner.
8	. . . .	. . . .	Servir dans un plat creux.

159. — DINDON EN CAPILOTADE (*Entrée*).

ORDRE des opérations	NOMS.	PROPORTIONS	PRÉPARATIONS ET CUISSON.
1	Restes de dinde rôtie la veille. .	. . . .	Découper en morceaux.
2	Echalotes. . . .	. . . .	Hacher fin et mêler.
3	Champignons. .	. . . .	
4	Persil.	. . . .	
5	Beurre.	. . . .	Faire fondre dans une casserole sur un feu doux. Y mettre le hachis préparé en remuant avec la cuiller de bois.
6	Farine.	1 pincée.	Saupoudrer.
7	Sel, gros poivre.	. . . .	
8	Bouillon.	1 verre.	Verser dessus peu à peu en continuant à remuer.
9	Vinaigre ou vin blanc.	1 verre.	Laisser réduire un instant à découvert.
10	. . . .	. . . .	Mettre dans cette sauce les morceaux de dinde découpés.

DINDON EN CAPILOTADE (*Suite*).

ORDRE des opérations	NOMS.	PROPORTIONS.	PRÉPARATIONS ET CUISSON.
11	. . . .	. . . .	Couvrir la casserole.
12	. . . .	. . . .	Laisser mijoter 1/2 heure sur un feu doux.
13	. . . .	. . . .	Dresser les morceaux de dinde sur le plat à servir.
14	. . . .	. . . .	Verser la sauce par-dessus et servir chaud.
15	Jus de citron . .	. . . .	Ajouter à volonté (si l'on a mis du vin blanc et point de vinaigre).

160. — DINDON : DESSERTE A LA CHIPOLATA.

ORDRE des opérations	NOMS.	PROPORTIONS.	PRÉPARATIONS ET CUISSON.
1	Bardes de lard minces.	. . . . . .	Placer au fond d'une casserole.
2	Débris du dindon rôti la veille. . .	.	Couper en morceaux à mettre sur la barde de lard.
3	Petites saucisses.	. . . . . .	
4	Petits oignons blanchis d'avance dans l'eau bouillante. . .	. . . . . .	
5	Petit lard. . . .	coupé en tranches.	Ajouter.
6	Bouillon.. . . .	1 tasse.	
7	Citron.. . . , . .	2 tranches.	
8	Fines herbes., .	liées en bouquet.	
9	Barde de lard ou papier beurré..	. . . . . .	Poser sur le tout pour recouvrir hermétiquement la casserole.
10	. . . .	. . . .	Mettre la casserole ainsi préparée sur un feu doux et laisser bien cuire.

DINDON : DESSERTE A LA CHIPOLATA (*Suite*).

ORDRE des opérations	NOMS.	PROPORTIONS.	PRÉPARATIONS ET CUISSON.
11	. . . .	. . . . .	Dresser ensuite les morceaux de dindon sur le plat à servir.
12	. . . .	. . . . .	Retirer le bouquet.
13	. . . .	. . . . .	Dégraisser la sauce, la passer.
14	. . . .	. . . . .	La verser sur le plat et servir chaud.

161. — DINDE EN DAUBE.

1	Vieille dinde.. .	. . . . .	Plumer, vider, flamber. Retirer le cou, les ailerons et les pattes.
2	Barde de lard. .	mince.	Etaler dans le fond d'une casserole, dite braisière ou daubière.
3	. . . .	. . . . .	Placer la dinde par-dessus le lard.
4	Sel, poivre. . .	. . . . .	
5	Clous de girofle.	. . . . .	
6	Ail.	1 pointe.	
7	Jarret de veau.	1 moitié.	Ajouter dans la casserole.
8	Pieds de veau. .	1 ou 2	
9	Carottes. . . .	. . . . .	
10	Oignons. . . .	. . . . .	
11	Bouquet garni. .	. . . . .	
12	Bouillon ou eau.	3 verres.	
13	Vin blanc ou eau-de-vie. . . .	1 verre.	Verser par-dessus le tout.
14	. . . .	. . . . .	Couvrir hermétiquement la casserole avec un papier beurré.
15	. . . .	. . . . .	Mettre le couvercle de la daubière et encore un linge mouillé à entourer les bords (ou bien le four de campagne)

DINDE EN DAUBE (*Suite*).

ORDRE des opérations	NOMS.	PROPORTIONS	PRÉPARATIONS ET CUISSON.
16	. . . .	. . . .	Laisser cuire à petit feu 6 heures, en ayant soin de retourner la daube à moitié de la cuisson.
17	. . . .	. . . .	Quand tout est bien cuit, passer la sauce à travers un tamis de soie ou à travers un linge.
18	. . . .	. . . .	Dresser la dinde sur le plat à servir.
19	. . . .	. . . .	Verser la sauce par-dessus.
20	. . . .	. . . .	Laisser refroidir et prendre en gelée.
21	. . . .	. . . .	*Nota.* Si on sert ce plat chaud, entourer la dinde des carottes et des oignons pour accompagnement.

162. — DINDE FARCIE ET ROTIE.

1	Dinde.	. . . .	Vider par la poche.
2	. . . .	. . . .	Trousser.
3	Restes de viandes diverses : Porc frais, graisses, etc.	. . . . .	
4	Chair à saucisses	. . . . .	Hacher fin, et bien mêler ensemble dans un plat creux pour faire une farce.
5	Marrons rôtis. .	. . . . .	
6	Foie de la dinde.	. . . . .	
7	Persil	. . . . .	
8	Ciboules. . . .	. . . . .	
9	Œufs.	2.	Y mêler avec la cuiller de bois.
10	Sel, poivre. . .	. . . . . .	Saupoudrer en continuant à mêler.

DINDE FARCIE ET ROTIE (*Suite*).

ORDRE des opérations	NOMS.	PROPORTIONS.	PRÉPARATIONS ET CUISSON.
11	Marrons rôtis. .	à laisser entiers.	Ajouter à cette farce et en garnir l'intérieur de la dinde.
12	. . . .	. . . . . .	Recoudre l'ouverture qui a été faite.
13	Barde de lard. .	. . . . . .	Etaler sur la table de cuisine et en envelopper la dinde.
14	. . . .	. . . . . .	Envelopper encore le tout dans un grand papier blanc.
15	. . . .	. . . . . .	Embrocher et mettre devant un bon feu.
16	. . . .	. . . . . .	Laisser rôtir 1 heure 1/2.
17	. . . .	. . . . . .	Vers la fin de la cuisson retirer le papier pour laisser prendre couleur.
18	Sel fin.	. . . . . .	Saupoudrer alors.
19	. . . .	. . . . . .	Arroser avec le jus rendu par la bête.
20	. . . .	. . . . . .	Dresser sur un plat long.
21	Cresson assaisonné de sel et de vinaigre. . . .	. . . . . .	Disposer en garniture autour du plat et servir.

163. — DINDE ROTIE ET TRUFFÉE (*Renseignements*).

	NOMS.	PROPORTIONS.	PRÉPARATIONS ET CUISSON.
1	Dinde (jeune femelle).	. . . . . .	Meilleure à choisir comme nourrissante et de facile digestion.
2	Peau fine et blanche..	. . . . . .	
3	Graisse jaune. .	. . . . . .	Qualités recommandées.
4	Chair ferme. . .	. . . . . .	
5	Pattes noires. .	. . . . . .	

DINDE ROTIE ET TRUFFÉE. *Renseignements (Suite)*.

ORDRE des opérations	NOMS.	PROPORTIONS.	PRÉPARATIONS ET CUISSON.
6	. . . .	. . . .	Attacher la bête vivante à un clou, la tête en bas, pour la tuer.
7	. . . .	. . . .	Introduire des ciseaux par le bec pour faire une incision au-dessus.
8	. . . .	. . . .	Laisser saigner abondamment par la poche.
9	. . . .	. . . .	Vider la bête encore chaude.
10	. . . .	. . . .	Prendre garde de crever l'amer, sinon il faudrait laver le dedans du corps.
11	. . . .	. . . .	Plumer.
12	. . . .	. . . .	Flamber.
13	. . . .	. . . .	Pour rôti : trousser les pattes allongées.
14	. . . .	. . . .	Pour entrée : faire une incision dans les flancs et y introduire les moignons.
15	Truffes.	. . . .	Brosser, laver à plusieurs eaux.
16	. . . .	. . . .	En enlever la pellicule mince de dessus, à mettre à part.
17	. . . .	. . . .	Laisser les plus belles entières et couper les autres en tranches à volonté.
18	Graisse retirée du corps de la bête.	. . . .	
19	Couenne de lard.	. . . .	
20	Pelures des truffes.	. . . .	
21	Chair à saucisses.	. . . .	Hacher, piler en farce.
22	Marrons.	. . . .	
23	Champignons. .	. . . .	
24	Foie de la dinde.	. . . .	
25	Sel, poivre. . . .	. . . .	Semer en pilant.

14

DINDE ROTIE ET TRUFFÉE. *Renseignements (Suite).*

ORDRE des opérations	NOMS.	PROPORTIONS.	PRÉPARATIONS ET CUISSON.
26	. . . .	. . . .	Mettre le tout dans une casserole sur un feu doux.
27	. . . .	. . . .	Laisser mijoter 1/4 d'heure en remuant avec la cuiller de bois.
28	. . . .	. . . .	Puis retirer la casserole du feu.
29	Jaunes d'œufs. .	1 ou 2.	Mêler à la farce et laisser refroidir.
30	. . . .	. . . .	Introduire toute cette farce dans le corps de la dinde.
31	. . . .	. . . .	Recoudre la fente d'ouverture avec du gros fil.
32	. . . .	. . . .	Mettre la bête dans un lieu frais et la laisser se parfumer ainsi 2, 3 ou 4 jours, selon la saison. S'il fait humide et doux, ne la laisser que 1 ou 2 jours.
33	Barde de lard ou papier beurré..	. . . .	Mettre à recouvrir la dinde au moment de la faire rôtir.
34	. . . .	. . . .	Embrocher la dinde ou la coucher sur la broche en l'y mainten. avec des hatelets.
35	. . . .	. . . .	Pour une pièce forte : laisser 1 heure 1/2 à la broche devant un bon feu.
36	. . . .	. . . .	Ou : 1 heure 10 minutes dans la cuisinière devant un feu de cheminée.
37	. . . .	. . . .	Ou : 1 heure dans la cuisinière devant la coquille.
38	. . . .	. . . .	Pour une pièce moyenne, 1 heure suffit, et si la dinde est petite, 3/4 d'heure sont assez,

DINDE ROTIE ET TRUFFÉE. *Renseignements (Suite)*.

ORDRE des opérations	NOMS.	PROPORTIONS.	PRÉPARATIONS ET CUISSON.
39	. . . .	. . . .	Retirer la barde de lard ou le papier beurré 10 minutes avant de servir.
40	. . . .	. . . .	Arroser la bête avec le jus de la cuisson.
41	. . . .	. . . .	Saupoudrer de sel. Laisser prendre couleur.
42	. . . .	. . . .	Débrocher et dresser sur un plat long.
43	Cresson assaisonné de sel et de vinaigre. . . .	. . . .	Disposer en garniture autour du plat.
44	Sauce faite avec des truffes hachées et mijotées dans du jus. . .	. . . .	Servir à part dans la saucière.

164. — RENSEIGNEMENTS POUR DÉCOUPER UNE DINDE RÔTIE.

Première manière.

1	. . . .	Poser la bête sur le dos.
2	Cuisses.	Enlever d'abord et les mettre à part pour être servies froides avec une rémolade.
3	Chaque aile. . .	A couper en trois morceaux.
4	Sot-l'y-laisse. . .	(Morceau au-dessous de l'aile.) Enlever de chaque côté.
5	Les blancs.. . .	A couper horizontalement en aiguillettes.
6	Estomac.. . . .	
7	Carcasse,. . . .	Morceaux les plus délicats à rompre.
8	Croupion. . . .	

RENSEIGNEMENTS POUR DÉCOUPER UNE DINDE RÔTIE.

Deuxième manière (dite en Bonnet d'Évêque).

1	Ailes.	A enlever d'abord, puis séparer chacune en 3 morceaux.
2	Dos.	A rompre au-dessus du croupion en glissant la lame du couteau sous les deux plats qui attachent le dos à l'estomac comme deux clavicules.
3	Cuisses.	A détacher seulement, et enlever la partie de derrière adhérant aux cuisses, ce qui représente un capuchon. (Le mettre en réserve.)
4	. . . .	Découper le devant de la bête à manger de suite.
5	Estomac.	A couper transversalement.
6	Dos, Sot-l'y-laisse, les deux clavicules et le croupion.	A mettre en deux morceaux.

165. — DINDONNEAU EN SALMIS.

1	Desserte de dindonneau rôti. .	Découper en morceaux.
2	. . . .	Supprimer seulement les deux os principaux de la carcasse.
3	Lard.	Couper en tranches minces à étaler au fond d'une casserole.
4	Champignons. .	Couper en petits morceaux à jeter dans la casserole.
5	Truffes (à volonté). . . .	
6	. . . .	Mettre les morceaux du dindonneau par-dessus le tout.
7	Sel, poivre. . . .	Saupoudrer fortement.
8	Cerfeuil. . . .	Quelques branches attachées en bouquet, ajouter.
9	Persil.	
10	Ciboules.	
11	Vin rouge et eau.	Verser à tout recouvrir.
12	. . . .	Mettre la casserole, ainsi remplie, sur un feu modéré.

DINDONNEAU EN SALMIS (*Suite*).

13	. . . .	Laisser bien cuire.
14	. . . .	Puis chauffer le plat à servir.
15	. . . .	Y dresser les gros morceaux au centre, les petits morceaux autour des gros, les truffes et les champignons par-dessus.
16	. . . .	Dégraisser la sauce et la verser sur le salmis, à servir bouillant.

166. — OIE ROTIE. *Renseignements.*

1	Oie sauvage. . .	Bonne au passage du printemps et au passage de l'automne.
2	Oison.	Paraît au mois de juin.
3	Oie grasse. . .	Bonne du commencement de novembre jusqu'à la fin de janvier.
4	Oie de basse-cour.	A engraisser avec de la bonne grenaille, est bonne à un an pour la consommation. — Pour tuer la bête, il suffit de lui faire une incision sur le haut de la tête.— Recueillir le sang qui découle pour en arroser le rôti. — Casser le bec pour juger de l'âge de la bête ; s'il ne résiste que faiblement, l'oie est jeune; s'il est dur, l'oie est vieille. — Plumer, vider, flamber. — En vidant, retrancher et mettre à part une partie de la graisse surabondante dans les intestins.
5	Persil.	Attacher en bouquet, à mettre dans le corps de l'oie, en laissant dépasser le bout du fil et attacher pour le retirer aisément au moment de servir.
6	Ciboules.	
7	Cerfeuil.	
8	. . . .	Recoudre l'ouverture qui a été faite.
9	. . . .	Trousser les pattes en dehors.
10	. . . .	Embrocher et mettre devant le feu.
11	. . . .	Faire rôtir 1 heure 1/4 si la bête est forte, ou 1 heure si la bête est petite.
12	. . . .	Arroser pendant la cuisson avec le jus qui découle.
13	Sel.	Saupoudrer de tous côtés vers la fin de la cuisson.
14	. . . .	Retirer le bouquet.

OIE ROTIE. *Renseignements (Suite).*

15	. . . .	Dresser l'oie sur un plat long.
16	Citron.	Couper en deux et le servir à part au choix des convives.
17	. . . .	*Nota.* La graisse surabondante retirée du corps de l'oie est bonne à faire fondre au bain-marie. — Saler. — Passer à travers un linge. — La garder dans de petits pots en grès, pour la faire servir à d'autres accommodements.

167. — OIE ROTIE A L'ANGLAISE.

ORDRE des opérations	NOMS.	PRÉPARATIONS ET CUISSON.
1	Oie.	A choisir très-jeune. S'en assurer en lui rompant le bec à sa base : s'il n'oppose qu'une faible résistance, la bête est jeune.
2	. . . .	Plumer, vider, flamber.
3	. . . .	Mettre le foie à part en vidant.
4	. . . .	Trousser les pattes en dehors.
5	Oignons moyens.	5 ou 6. Couper en dés, à mettre dans une casserole sur un feu doux.
6	Beurre frais. . .	Ajouter et laisser cuire les oignons sans roussir.
7	Sel, poivre. . .	
8	Foie de l'oie. .	Hacher fin et réunir aux oignons cuits, en mélant bien le tout.
9	Feuille de sauge.	
10	. . . .	Mettre ce ragoût dans le corps de l'oie.
11	. . . .	Embrocher la bête et la mettre devant le feu.
12	. . . .	Faire rôtir à feu modéré pendant 1 heure, en arrosant avec le jus qui découle tout le temps de la cuisson.
13	Sel.	Saupoudrer de tous côtés vers la fin de la cuisson.
14	. . . .	Débrocher et dresser sur un plat long.
15	Citron coupé en deux.	Servir à part au goût des convives.

168. — OIE ROTIE *à manger en trois mois.*

1	. . . .	Enlever les ailes et les cuisses d'une oie rôtie.
2	. . . .	Découper chaque aile et chaque cuisse en deux pour obtenir 8 morceaux.
3	. . . .	Casser les os.
4	. . . .	Placer les 8 morceaux découpés dans un pot de grès.
5	Saindoux. . . .	Faire fondre et bouillir 10 minutes.
6	Thym.	
7	Laurier.	Ajouter au saindoux pour le parfumer et l'assaisonner.
8	Sel, poivre . . .	
9	. . . .	Verser le saindoux liquide et bouillant sur les morceaux de l'oie rôtie, de manière à tout recouvrir.
10	. . . .	Laisser refroidir.
11	. . . .	Couvrir le pot.
12	. . . .	*Nota.* A mesure qu'on prend un morceau d'oie à faire réchauffer, avoir soin de recouvrir le reste avec le saindoux. On conservera ainsi très-longtemps la chair toujours bonne.

169. — PIGEONS. *Renseignements.*

ESPÈCES RENOMMÉES.

1	Pigeons de volière.	Les meilleurs, et en abondance, depuis mars jusqu'aux gelées. Ils sont bons à tuer à un mois.
2	Pigeons dits cravatés.	Espèce recherchée, à reconnaître au bec court qui les distingue et à leurs plumes chiffonnées devant le cou.
3	Pigeons bisets ou pigeons sauvages.	
4	Pigeons capés du Mans.	Ainsi appelés d'une cape de petites plumes placées en demi-cercle derrière la tête.

PIGEONS : *Préparations.*

1	. . . .	Étouffer le pigeon et ne pas le faire saigner. Il suffit, pour l'étouffer, de lui serrer le cou entre le pouce et l'index.
2	. . . .	Plumer.
3	. . . .	Vider, mais remettre dans le corps le foie qui n'a pas d'amer.
4	. . . .	Flamber.

170. — MANIÈRE DE TROUSSER UN PIGEON *pour entrée*

1	. . . .	Couper le nerf de dessous le moignon de chaque cuisse.
2	. . . .	Faire une incision dans le flanc du pigeon de chaque côté, à la même hauteur.
3	. . . .	Replier les pattes, et les faire entrer par le coude dans le corps du pigeon, par les incisions préparées.

171. — MANIÈRE DE TROUSSER UN PIGEON *pour rôti.*

1	. . . .	Passer une ficelle d'une cuisse à l'autre pour les maintenir, et tenir la ficelle longue.
2	. . . .	Couper les nerfs des pattes, un peu au-dessus de l'articulation, pour qu'elles ne raccourcissent pas pendant la cuisson.
3	. . . .	Fixer les ailes contre le corps en les attachant avec la même ficelle qui attache les cuisses.
4	. . . .	Dans le temps des feuilles de vigne, en mettre plusieurs dessus et dessous chaque pigeon.
5	. . . .	Envelopper encore dans une barde de lard et faire faire un troisième tour à la ficelle pour maintenir le tout.

172. — PIGEON ROTI.

1	Pigeons préparés	Embrocher devant un feu doux et ne laisser rôtir qu'une 1/2 heure (sinon la chair perd de sa valeur).
2	. . . .	Arroser tout le temps de la cuisson.
3	. . . .	Dresser sur un plat long ou rond.
4	Sel.	Saupoudrer.
5	Cresson.	Mettre en entourage.
6	Jus de citron. .	Ajouter à volonté.

173. — MANIÈRE DE DÉCOUPER LES PIGEONS.

1	Gros pigeons. .	Couper en quatre morceaux (en ligne perpendiculaire, puis en ligne transversale).
2	Pigeons moyens.	Couper en deux morceaux dans la longueur, par le dos, en faisant tenir le croupion à la cuisse.

174. — PIGEONS EN COMPOTE (Entrée).

ORDRE des opérations	NOMS.	PROPORTIONS.	PRÉPARATIONS ET CUISSON.
1	Pigeons.	. . . .	Trousser les pattes en dedans.
2	Beurre.	. . . .	Fondre dans une casserole sur un feu doux.
3	. . . .	. . . .	Y mettre les pigeons à revenir, les retourner de tous côtés avec la cuiller de bois jusqu'à ce qu'ils aient pris couleur.
4	Sel, poivre. . .	. . . .	Saupoudrer.
5	. . . .	. . . .	Les retirer sur un plat chaud à poser sur le bord du fourneau.
6	Lard dessalé. .	coupé en petits morc.	Jeter dans le beurre resté dans la casserole et laisser prendre une belle couleur blonde.

PIGEONS EN COMPOTE (*Suite*).

ORDRE des opérations	NOMS.	PROPORTIONS.	PRÉPARATIONS ET CUISSON.
7	Farine	1 pincée.	Semer ensuite par-dessus en remuant,
8	. . . .	. . . .	Remettre les pigeons dans la casserole.
9	Champignons. .	. . . .	
10	Petits oignons. .	. . . .	
11	Persil	quelques branches attachées en bouquet.	Ajouter.
12	Ciboule.		
13	Cerfeuil.		
14	Bouillon	1 tasse.	
15	Vin blanc. . . .	1 verre.	
16	Sel, poivre . . .	. . . .	
17	. . . .	. . . .	Laisser sur un feu modéré jusqu'à ce que les pigeons soient très-cuits.
18	. . . .	. . . .	Chauffer le plat à servir,
19	. . . .	. . . .	Y dresser les pigeons bien cuits. Ranger autour lard et champignons.
20	. . . .	. . . .	Tenir le plat sur le bord du fourneau.
21	Beurre	. . . .	Faire fondre à part dans une autre casserole sur un feu doux.
22	Farine.	. . . .	Saupoudrer en mêlant avec la cuiller de bois pour faire un roux.
23	Jus de cuisson..	. . . . . .	Y verser à travers une passoire en remuant toujours.
24	. . . .	. . . .	Laisser épaissir un instant la sauce sur le feu, puis la verser bouillante sur la compote de pigeons et servir.

175. — VOLAILLES : *Renseignements divers.*

De septembre à février	Temps des meilleures volailles à tuer vers 4 ou 5 mois.
Poulets gras.	Les plus forts et les plus vieux quoique tendres.
Poulets à la reine . .	Les plus petits et les plus nouveaux, comme aussi les plus estimés.
Poulets communs. . .	Maigres et mauvais pour la broche, mais excellents à mettre en fricassée.
Poulets anglais, dits Dorking	A 5 doigts égaux aux pattes. — Petits os et chair délicate.
Poulardes	Jeunes poules engraissées avant d'avoir pondu.
Poulardes de Bresse et du Mans.	Les plus estimées. — Elles doivent avoir la peau remarquablement blanche. — Si la peau tourne au rose, c'est que la bête est plus vieille. — Choisir toute volaille d'une peau fine, blanche et unie, avec une chair ferme et grasse. — Les plus grosses volailles et les plus lourdes sont souvent vieilles et dures. — Au moment de tuer la bête, lui faire avaler une cuillerée de vinaigre pour en attendrir la chair. *Nota.* — On peut la faire cuire aussitôt plumée et vidée. — Attacher la bête vivante à un clou, suspendue par les pattes, la tête en bas. — Introduire des ciseaux dans le bec, et faire une incision au-dessus de la langue. — Laisser saigner abondamment. — Puis tremper la bête tout entière dans l'eau bouillante, et aussitôt que les doigts peuvent en supporter la chaleur, la retirer et la plumer. — 3/4 d'heure de cuisson à la broche suffisent pour une volaille de moyenne grosseur. — Si elle est très-forte, laisser cuire une heure.

PROVENANCE DES POULARDES LES PLUS RENOMMÉES.

    La Bresse.
    Le pays de Caux.
    Le Maine.

Les poulardes de La Flèche l'emportent sur toutes les autres par une supériorité incontestable. On les reconnaît à deux appendices de chair qui surmontent leur tête.

---

176. — VOLAILLE : *Renseignements pour la truffer économiquement.*

1	Truffes	2 kilos. Peler.
2	Epluchures des truffes.	Hacher fin, piler, mêler et mettre dans un bol.
3	Chair à saucisses	
4	Graisse de porc.	
5	2 Jaunes d'œufs.	Mêler au hachis en délayant.
6	Sel.	
7	. . . .	Couper en petits morceaux les truffes qui ont été pelées et les mêler à tout le reste.
8	. . . .	Remplir le corps de la bête à rôtir avec toute cette farce, et recoudre l'ouverture faite pour la refermer.

---

177. — VOLAILLE : *Renseignements pour attendrir une vieille poule.*

1	Eau froide. . .	Mêler dans une grande terrine.
2	Cendre	
3	. . . .	Y mettre la poule non plumée et laisser tremper 24 heures.
4	. . . .	Retirer alors la bête et la placer dans une autre terrine.
5	Eau.	Verser dessus et la bien laver.
6	. . . .	La plumer alors.
7	. . . .	Vider.
8	. . . .	La suspendre 24 heures à l'air pour attendrir la chair.

Renseignements pour attendrir une vieille poule (Suite.)

9	. . . .	La mettre ensuite bouillir 1/4 d'heure dans de l'eau et du sel, ou dans le pot-au-feu. La poule est alors excellente à être accommodée en daube, en ragoût et à mettre à la broche.
10	. . . .	Si on la met à la broche, la piquer de lardons, l'arroser avec du beurre fondu quand elle est cuite à moitié.

178. — VOLAILLE A ROTIR : *Renseignements pour plumer, flamber, vider, trousser, brider, etc.*

1	Plumer.	Plumer avec soin, puis avec la pointe d'un couteau enlever tous les petits tuyaux de plume qui ont pu rester dans la peau.
2	Flamber.	Approcher la volaille plumée de la flamme d'un feu de charbon de bois pour ôter le reste du duvet. — (Un feu de papier noircirait la volaille.) — Il ne faut pas non plus trop approcher de la flamme pour ne pas rider la peau.
3	Vider.	Fendre la peau du cou en passant le couteau depuis la tête jusqu'à la naissance des ailes. — Couper le cou à sa naissance. — Introduire son doigt dans le petit boyau qui est près du cou pour aller détacher la poche ou bréchet. (Opération dans laquelle il faut prendre grand soin de ne pas crever le vésicule du fiel.) — Fendre le croupion. — Tourner le doigt autour des reins, en dedans du croupion, pour en détacher les intestins et les retirer avec précaution pour ne pas crever l'amer qui est dans le fiel.
4	Trousser.	C'est-à-dire attacher les membres près du cou. Couper la tête, les pattes et le bout des ailerons. — Si on veut laisser le cou, couper seulement le bout du bec à la hauteur de la crête et faire passer le cou sous l'aile droite. — Couper le bout du crou-

VOLAILLE : *Renseignements, etc. (Suite)*

		pion à faire rentrer en dedans de la bête en le poussant avec le pouce. — Faire une incision autour des os de chaque cuisse, un peu au-dessous de l'articulation. — Repousser les chairs vers le haut pour mettre l'os à nu. — Couper les chairs à 4 centimètres au-dessus de l'articulation. — Saisir les nerfs et les couper pour que le feu ne les fasse pas se retirer. — Refouler vers l'estomac les cuisses repliées, en pesant d'une main, et en maintenant l'estomac avec l'autre main. — Aplatir l'estomac avec la paume de la main.
5	Brider........	C'est-à-dire attacher les membres contre le corps de la bête, après avoir fait un tour de ficelle. — Ou: avec cette ficelle enfilée dans une grosse aiguille, passer à travers les cuisses et les ailes pour les maintenir en bonne forme. — Embrocher alors et faire rôtir à feu clair. — Mêler dans la lèchefrite du beurre fondu, de l'eau et du sel, pour en arroser la volaille pendant la cuisson. — Servir avec un citron, dont le jus est toujours bon à ajouter.

179. — VOLAILLE : *Renseignements pour désosser.*

1	....	Plumer la volaille sans la vider.
2	....	Flamber.
3	....	Couper les pattes aux articulations (un peu au-dessus du jarret et des ailerons).
4	....	Fendre la peau du cou depuis la tête jusqu'à la naissance des ailes.
5	....	Couper le dedans du cou près de la tête et près des ailes (la peau du cou reste ainsi attachée à la tête, et sert à recouvrir le trou de la place où le cou a été coupé).
6	....	Fendre le dos depuis le cou jusqu'au croupion (sans entamer le croupion).

VOLAILLE : *Renseignements pour désosser (Suite)*.

7	Détacher alors la chair des os avec le couteau tenu de la main droite, en tirant à soi de la main gauche avec la fourchette (et prendre soin de ne pas endommager la peau).
8	Répéter la même opération de l'autre côté de la bête.
9	Couper les jointures des ailes, des cuisses et de l'estomac.
10	Couper encore le croquant du dessous pour que le croupion reste attaché à la volaille et non à la carcasse.
11	Retirer les os des cuisses et des ailes en tenant d'un côté, et en tirant à soi de l'autre.
12	Gratter en même temps avec le couteau tout autour des os pour en détacher la chair.
13	Avec la pointe du couteau, enlever les fibres et les nerfs des cuisses et de l'estomac.
14	En garnissant la volaille de farce ou d'autre remplissage, lui redonner sa première forme.

180. — *Renseignements pour découper la volaille crue.*

1	Avec la main droite, passer la lame d'un couteau entre la cuisse et le corps.
2	Avec une fourchette tenue de la main gauche, écarter la cuisse et la renverser.
3	Couper les nerfs qui attachent la jointure.
4	Couper la patte au-dessus du genou.
5	Casser l'os du milieu à la naissance de l'articulation.
6	Couper le bout de la patte.
7	Enlever l'aile du même côté en passant le couteau dans la jointure de l'épaule et en tirant à soi, doucement, de l'autre main.
8	Retirer à part le filet (chair blanche de l'estomac).
9	Retirer id. le morceau appelé le Sot-l'y-laisse (sous la cuisse, près de l'aile).

Renseignements pour découper la volaille crue (Suite).

10	. . . .	Retourner la bête pour recommencer les mêmes opérations de l'autre côté.
11	. . . .	Couper la peau des os et des flancs.
12	. . . .	Fendre la carcasse à la hauteur des reins pour la séparer de l'estomac.
13	. . . .	En former 4 morceaux coupés en travers.
14	. . . .	Couper chaque aile et chaque cuisse en 2 morceaux.
15	. . . .	Garder le gésier et les déchiquetures pour les ajouter au pot-au-feu.
16	. . . .	Le poulet est prêt à être accommodé en fricassée.

181. — *Renseignements pour découper la volaille à table.*

1	Une cuisse.. . . .	A découper du même côté.
2	Une aile..	Id. id.
3	. . . .	Répéter la même opération de l'autre côté.
4	Les sots-l'y-laiss.	Morceaux placés sous les cuisses, près des ailes.
5	Les blancs. . . .	Morceaux placés sur l'estomac.
6	Le croupion. . .	A rompre.
7	La carcasse. . .	A fendre horizontalement, puis en 6 morceaux.
8	Chaque cuisse. .	A séparer en deux morceaux.
9	Chaque aile. . .	Id. Id.
10	. . . .	Servir à volonté, pour les amateurs, un citron coupé en deux.
11	. . . .	*Nota.* — Dans les volailles rôties, offrir les ailes comme le meilleur morceau.—Dans les volailles bouillies, offrir les cuisses.

182. — *Renseignements pour réchauffer la volaille rôtie.*

1	. . . .	Envelopper une moitié de poulet rôti dans un papier beurré.
2	. . . .	Remettre à la broche devant un bon feu.
3	. . . .	Laisser faire seulement quelques tours pour donner couleur.
4	. . . .	Enlever alors le papier.
5	. . . .	Dresser sur un plat long.
6	Avec du cresson.	Masquer les côtés déjà découpés.

183. — *Renseignements pour conserver la volaille crue.*

1	Vider la bête.
2	Remplir un petit sac de mousseline avec du poussier.
3	Mettre ce sachet dans le creux du ventre de la bête.
4	Envelopper la volaille ainsi préparée dans un linge bien serré.
5	Attacher le paquet et l'enterrer dans du poussier de charbon neuf.

184. — CE QU'ON APPELLE LES ABATIS.

Les ailes. — Le cou. — Les pattes. — Le foie. — Le gésier.

185. — POULETS EN FRICASSÉE (*avec des poulets crus*).

ORDRE des opérations	NOMS.	PROPORTIONS	PRÉPARATIONS ET CUISSON.
1	Poulets comm. .	2	Choisir bien en chair.
2			Plumer.
3			Vider.
4			Flamber.
5			Découper tous les membres.
6			Les mettre dans un plat creux.
7			Oter l'amer du foie.
8			Fendre le gésier et le nettoyer.
9			Mettre les pattes sur la braise pour en ôter la peau et couper les ergots.
10	Eau froide.. .		
11	Vin blanc. . . . ou Vinaigre. . . ou Jus de citron.	1 verre.	Ajouter de manière à tout couvrir.
12			Laisser tremper le tout 2 heures pour bien dégorger et blanchir.
13			Egoutter ensuite les morceaux sur une passoire ou un tamis, ou sur une serviette et les essuyer.

15

POULETS EN FRICASSÉE (*Suite*)

ORDRE des opérations	NOMS.	PROPORTIONS	PRÉPARATIONS ET CUISSON.
14	Beurre.	125 gramm.	Mettre au fond d'une grande casserole sur un feu doux, et mettre les morceaux du poulet à revenir.
15	Sel, poivre. . . .		Saupoudrer.
16	Farine.	1 cuillerée.	Ajouter.
17	. . . .	. . . .	Retourner les morceaux de poulet dans le beurre avec la cuiller de bois jusqu'à ce que le beurre soit fondu et la viande raffermie, sans cependant lui laisser prendre couleur.
18	Bouillon ou eau dans laquelle le poulet a trempé	1 cuill. à pot	Verser dans la casserole de manière à couvrir les membres du poulet.
19	Persil.	quelq. branches attach. en bouquet.	
20	Ciboule.		
21	Laurier sauce. .	1 feuille. à volonté.	Ajouter.
22	Clous de girofle.	. . . .	
23	. . . .	. . . .	Laisser cuire d'abord à feu doux pendant 40 minutes.
24	Petits champign.	coupés en 2	Mettre à part dans un plat creux pendant que le poulet cuit.
25	Petits oignons bl.	1 douzaine.	
26	Crête de coq. .	à volonté.	
27	Fonds d'artich. .		
28	Eau bouillante. .	. . . . . .	Verser dessus pour blanchir.
29	. . . .	. . . .	Faire égoutter sur une passoire.
30	. . . .	. . . .	Ajouter tout cela à la fricassée.
31	. . . .	. . . .	Couvrir la casserole avec un rond de papier beurré.

POULETS EN FRICASSÉE (*Suite*).

ORDRE des opérations	NOMS.	PROPORTIONS	PRÉPARATIONS ET CUISSON.
32	. . . .	. . . .	Achever de faire cuire encore 20 minutes (ce qui doit représenter une heure en tout).
33	. . . .	. . . .	Piquer alors les morceaux de poulet avec une fourchette pour juger si la cuisson est au point.
34	. . . .	. . . .	Faire chauffer le plat creux à servir et y dresser les morceaux de fricassée, en les prenant avec l'écumoire dans l'ordre suivant :
35	Cou et gésier..	. . . .	A mettre au fond du plat.
36	Cuisses et ailes.	. . . .	Sur les côtés du plat.
37	Estomac et ailerons.	. . . .	Au milieu.
38	Oignons..	. . . .	Disposer en garniture élégante dessus et autour du plat.
39	Crête de coq.. .	. . . .	
40	Fonds d'artich..	. . . .	
41	Bouquet et clous de girofle. . . .	. . . .	A retirer de la sauce.
42	. . . .	. . . .	Laisser réduire un instant la sauce sur le feu si elle est trop claire, ou si elle est trop réduite, ajouter du bouillon ou de l'eau.
43	Jaunes d'œufs. .	2	
44	Jus de citron ou filet de vinaigre.	. . . .	Délayer dans un bol.
45	. . . .	. . . .	Retirer la sauce du feu et attendre qu'elle ne bouille plus
46	. . . .	. . . .	Y mêler doucement la liaison d'œufs en tournant avec la cuiller de bois.
47	. . . .	. . . .	Verser sur le plat, dresser.
48	. . . .	. . . .	Entourer de croûtons frits, à volonté et servir.

186. — POULET EN FRICASSÉE (*pour desserte de poulet rôti.*)

ORDRE des opérations	NOMS.	PROPORTIONS	PRÉPARATIONS ET CUISSON.
1	Desserte de poulet rôti..	. . . .	Découper en morceaux.
2	Beurre	. . . .	Mettre au fond d'une casserole sur le feu.
3	. . . .	. . . .	Placer les morceaux de poulet sur le beurre.
4	Farine	1 pincée.	
5	Bouillon	1 verre.	
6	Petits champign..	. . . .	
7	Sel.	. . . .	Ajouter de suite.
8	Echalote	hacher.	
9	Persil..	1 bouquet.	
10	Vin blanc. . . .	1/2 verre.	
11	. . . .	. . . .	Laisser réduire à découvert sur un bon feu.
12	. . . .	. . . .	Au moment de servir, dresser les membres de poulet sur un plat creux en les prenant avec l'écumoire.
13	. . . .	. . . .	Retirer le bouquet de la casserole.
14	. . . .	. . . .	Mettre la casserole sur le bord du fourneau pour que la sauce ne bouille plus.
15	Jaune d'œuf. . .	. . . .	
16	Sel.	. . . .	Délayer à part dans un bol pour faire une liaison.
17	Jus de citron ou vinaigre. . . .	1 filet.	
18	. . . .	. . . .	Mêler doucement cette liaison à la sauce restée dans la casserole en tournant avec la cuiller de bois.
19	. . . .	. . . .	Verser le tout sur le plat et servir chaud.

187. — POULET EN BLANQUETTE (*Entrée*).

ORDRE des opérations	NOMS.	PROPORTIONS	PRÉPARATIONS ET CUISSON.
1	Restes de poulet rôti	. . . .	Couper en petits morceaux.
2	. . . .	. . . .	Supprimer les graisses et les peaux.
3	Beurre.	. . . .	Faire fondre dans une casserole sur un feu doux.
4	Farine..	1 pincée.	Mêler au beurre en remuant avec la cuiller de bois.
5	Sel, poivre. . . .	. . . .	Semer id.
6	. . . .	. . . .	Y placer les morceaux de poulet.
7	Persil.	1 bouquet.	Ajouter.
8	Eau chaude. . . .	. . . .	Verser par-dessus le tout.
9	. . . .	. . . .	Laisser réchauffer sans bouillir
10	. . . .	. . . .	Vers la fin de la cuisson, retirer le bouquet.
11	Jaune d'œuf. . . .		Délayer à part dans un bol pour faire une liaison à la sauce.
12	Sel.		
13	Jus de citron. .		
14	ou Vinaigre. . .	1 filet.	
15	. . . .	. . . .	Dresser les morceaux de poulet sur le plat à servir.
16	. . . .	. . . .	Mêler doucement à la sauce la liaison préparée en tournant avec la cuiller de bois.
17	. . . .	. . . .	Verser sur le plat et servir.

188. — CROQUETTES DE VOLAILLE.

	Beurre.	. . . . . .	Faire fondre dans une casserole sur un feu doux.
1			
2	Persil.	. . . . . .	Hacher fin et jeter dans le beurre.
3	Champignons. .	. . . . . .	
4	Farine	. . . . . .	Semer dessus en tournant avec la cuiller de bois.
5	Sel, poivre. .	. . . . . .	Saupoudrer.

CROQUETTES DE VOLAILLE (*Suite*).

ORDRE des opérations	NOMS.	PROPORTIONS	PRÉPARATIONS ET CUISSON.
6	. . . .	. . . .	Laisser revenir un moment.
7	Bouillon.	. . . .	Verser sur le tout.
8	Crème..	. . . .	
9	. . . .	. . . .	Laisser épaissir en bouillant dans la casserole à découvert.
10	Volaille (desserte de la veille) . .	. . . .	Couper en morceaux, puis en petits dés à jeter dans la sauce.
11	. . . .	. . . .	Retirer ensuite la casserole du feu et laisser refroidir.
12	Chapelure ou mie de pain émiettée fin. . . .	. . . .	Mettre dans un bol.
13	Œufs.	. . . .	Battre dans un autre bol.
14	Sel.	. . . .	
15	. . . .	. . . .	Prendre ensuite une forte cuillerée du ragoût préparé à rouler en boulette.
16	. . . .	. . . .	Tremper la boulette dans la chapelure, puis dans l'œuf.
17	. . . .	. . . .	Recommencer à paner de même une deuxième fois.
18	Beurre ou friture	. . . .	Faire fondre sur un feu vif.
19	. . . .	. . . .	Y jeter à mesure les boulettes panées.
20	. . . .	. . . .	Quand elles sont frites d'un côté, les retourner de l'autre.
21	. . . .	. . . .	Laisser prendre une belle couleur.
22	. . . .	. . . .	Dresser en couronne sur le plat à servir.
23	Persil frit. . . .	. . . .	Disposer en garniture au bord et au milieu du plat.
24	. . . .	. . . .	Servir chaud.

189. — POULET A LA BOURGEOISE.

ORDRE des opérations	NOMS.	PROPORTIONS	PRÉPARATIONS ET CUISSON.
1	Poulet	. . . .	Plumer.
2	. . . .	. . . . . .	Flamber.
3	. . . .	. . . . . .	Vider.
4	. . . .	. . . . . .	Trousser.
5	Beurre frais. . .	. . . . . .	Faire fondre dans une grande casserole sur un feu doux.
6	. . . .	. . . . . .	Y mettre à revenir le poulet préparé. . . .
7	. . . .	. . . . . .	Laisser prendre couleur.
8	. . . .	. . . . . .	Retourner la pièce dans le beurre.
9	Sel, poivre . . .	. . . . . .	Saupoudrer.
10	. . . .	. . . . . .	Retirer ensuite le poulet sur un plat à laisser au bord du fourneau.
11	Carottes	2.	Couper en tranches minces.
12	. . . .	. . . . . .	Les jeter dans le beurre resté sur le feu.
13	Oignons.	3.	Ajouter id. mais entiers.
14	. . . .	. . . . . .	Laisser roussir un moment.
15	. . . .	. . . . . .	Remettre le poulet dans la casserole.
16	Sel, poivre . . .	. . . . . .	Répandre de nouveau par-dessus le tout.
17	. . . .	. . . . . .	Laisser cuire une heure ainsi d'abord sur un feu doux.
18	Vin blanc. . . .	1 verre.	Ajouter alors.
19	. . . .	. . . . . .	Retourner le poulet dans la casserole.
20	. . . .	. . . . . .	Laisser mijoter encore 1 heure.
21	. . . .	. . . . . .	Dresser le poulet bien cuit sur le plat à servir.
22	. . . .	. . . . . .	Ranger les légumes autour.
23	. . . .	. . . . . .	Verser le jus bouillant par-dessus au travers d'une passoire et servir.

190. — POULE EN DAUBE (*Entrée*).

ORDRE des opérations	NOMS.	PROPORTIONS	PRÉPARATIONS ET CUISSON.
1	Vieille poule.. . .	. . . .	Flamber.
2	. . . .	. . . .	Vider.
3	. . . .	. . . .	Couper le bout des pattes et des ailes.
4	Lard.	2 tranches minces.	Etaler au fond d'une marmite ou d'une casserole dite daubière.
5	. . . .	. . . .	Poser la poule par-dessus le lard.
6	Pied de veau . .	coupé en 4.	
7	Persil.	)	
8	Cerfeuil. . . .	attachés en bouquet.	
9	Ciboule. . . .	)	
10	Clous de girofle.	à volonté.	
11	Cannelle.. . . .	. . . . . .	Disposer autour de la poule.
12	Oignons.. . . .	2.	
13	Laurier.	1 feuille.	
14	Sel, poivre. . .	. . . . . .	
15	Carottes. . . .	quelq. tranches, à vol.	
16	Grande barde de lard.	. . . . . .	Mettre à recouvrir le tou.
17	Eau-de-vie.. . .	1/2 verre.	
18	Vin blanc. . . .	1/2 verre.	Verser par-dessus pour faire baigner le tout.
19	Bouillon ou eau.	1 verre.	
20	. . . .	. . . . . .	Fermer hermétiquement la daubière avec son couvercle.
21	. . . .	. . . . . .	Laisser cuire 5 heures à petit feu.
22	. . . .	. . . . . .	Piquer alors avec la fourchette pour juger si la cuisson est au point.
23	. . . .	. . . . . .	Retirer la poule avec précaution et la dresser sur un plat creux.

POULE EN DAUBE (*Suite*).

ORDRE des opérations	NOMS.	PROPORTIONS	PRÉPARATIONS ET CUISSON.
24	. . . .	. . . .	Ranger les morceaux de pied de veau et les légumes tout autour.
25	. . . .	. . . .	Passer le jus resté dans la casserole.
26	. . . .	. . . .	Remettre le jus à réduire un instant sur le feu.
27	. . . .	. . . .	Verser sur le plat et laisser refroidir en gelée.

191. — POULETS A LA DIABLE.

	NOMS.	PROPORTIONS	PRÉPARATIONS ET CUISSON.
1	Pet. poulets gras.	2	Flamber.
2	. . . .	. . . .	Vider.
3	. . . .	. . . .	Les fendre par le dos.
4	. . . .	. . . .	Les aplatir à coups de batte.
5	Sel, poivre. . .		Répandre dessus.
6	Huile d'olives. .	quelq. goutt.	
7	. . . .	. . . .	Mettre sur le gril.
8	. . . .	. . . .	Laisser prendre une belle couleur et servir sur un plat chaud.

192. — SAUCE POIVRADE *à servir dans la saucière*.

	NOMS.	PROPORTIONS	PRÉPARATIONS ET CUISSON.
1	Vin blanc. . . .	1 verre.	Faire réduire à découvert dans une casserole à part.
2	Bouillon. . . .	1 verre.	
3	Echalote. . . .	haché fin.	
4	Sel, poivre . .		
5	Persil.	un bouquet.	
6	. . . .	. . . .	Retirer le bouquet.
7	. . . .	. . . .	Verser la sauce dans la saucière.

193. — POULE AU POT.

ORDRE des opérations	NOMS.	PROPORTIONS	PRÉPARATIONS ET CUISSON.
1	Poule moyenne.	. . . .	Vider.
2	. . . .	. . . . . .	Flamber.
3	. . . .	. . . . .	Trousser.
4	. . . .	. . . . .	La placer au fond d'une marmite.
5	Bœuf.	même poids que celui de la poule.	Ajouter.
6	Petit salé. . . .	250 gramm.	
7	Eau.	. . . . . .	Verser à tout couvrir.
8	. . . .	. . . . . .	Mettre au feu la marmite ainsi remplie.
9	. . . .	. . . . .	Laisser bouillir doucement comme un pot-au-feu.
10	. . . .	. . . . .	Écumer.
11	Carottes. . . .	. . . . .	
12	Navets . . .	. . . . .	Ajouter ensuite.
13	Oignons. . . .	. . . . .	
14	Sel, poivre . . .	. . . . .	
15	. . . .	. . . . .	Quand la poule est cuite aux 3/4, la retirer de la marmite.
16	. . . .	. . . . .	La remettre à achever de cuire une heure avant la fin de la cuisson du bœuf.
17	. . . .	. . . . .	Servir au naturel sur un plat long.
18	Sel.	. . . . .	Semer dessus.
19	Persil.	en branches.	Mettre en garniture tout autour.
20	Citron.	. . . . .	Servir à part pour les amateurs

SAUCE POIVRADE A SERVIR DANS LA SAUCIÈRE

1	Ciboule.	hachée fin.	
2	Sel, poivre. . .	. . . . .	Mêler dans la saucière.
3	Huile.	. . . . .	
4	Vinaigre. . . .	. . . . .	

194. — POULE AU RIZ.

ORDRE des opérations	NOMS.	PROPORTIONS	PRÉPARATIONS ET CUISSON.
1	Poule.	. . . .	Plumer.
2	. . . .	. . . .	Vider.
3	. . . .	. . . .	Flamber.
4	. . . .	. . . .	Trousser.
5	. . . .	. . . .	La faire cuire dans le pot-au-feu
6	. . . .	. . . .	La retirer à moitié cuite et la faire égoutter.
7	Beurre ou sain- doux.	. . . .	Faire fondre dans une casse- role sur un feu doux.
8	Lard.	coupé en morceaux.	Mettre à revenir dans le beurre.
9	. . . .	. . . .	Puis ôter le lard et mettre à sa place la poule préparée.
10	. . . .	. . . .	Ne laisser qu'un feu modéré.
11	. . . .	. . . .	Retourner la bête plusieurs fois, jusqu'à ce qu'elle ait pris couleur de tous côtés. Prendre soin qu'elle ne noir- cisse pas.
12	Sel, poivre. . . .	. . . .	Semer dessus.
13	Riz.	1/2 livre.	Mettre à crever dans une autre casserole sur le feu.
14	Bouillon . . .	. . . .	Verser dessus juste à baigner.
15	Bouillon chaud.	. . . .	Ajouter peu à peu à mesure que le riz crève, en ayant soin de remuer avec la cuil- ler de bois pour bien mêler le fond de la cuisson.
16	. . . .	. . . .	Remettre ensuite la poule et les morceaux de lard par- dessus le riz.
17	Bouillon. . . .	. . . .	
18	Ciboule. . . .	(qq. branches attachées en bouquet.	Ajouter et laisser à découvert jusqu'à parfaite cuisson.
19	Persil.		

POULE AU RIZ (*Suite*).

ORDRE des opérat's	NOMS.	PROPORTIONS	PRÉPARATIONS ET CUISSON.
20	. . . .	. . . .	Un quart d'heure avant de servir recouvrir la casserole avec le four de campagne.
21	. . . .	. . . .	Retirer le bouquet au moment de servir.
22	. . . .	. . . .	Dresser d'abord le riz dans un plat creux.
23	. . . .	. . . .	Poser la poule par-dessus et servir chaud.

195. — POULET ROTI.

ORDRE des opérat's	NOMS.	PROPORTIONS	PRÉPARATIONS ET CUISSON.
1	Poulet	. . . . . .	Plumer,
2	. . . .	. . . . . .	Flamber.
3	. . . .	. . . . . .	Vider par la poche dite bréchet.
4	Beurre		Introduire à volonté par l'ouverture faite,
5	Oignons.	. . . . . .	
6	. . . .	. . . . . .	Recoudre l'ouverture avec du gros fil.
7	. . . .	. . . . . .	Brider.
8	. . . .	. . . . . .	Trousser.
9	. . . .	. . . . . .	Faire bomber l'estomac pour lui donner une belle forme.
10	. . . .	. . . . . .	Attacher les ailes et les pattes près du corps en roulant un gros fil autour.
11	. . . .	. . . . . .	Embrocher et mettre devant le feu.
12	Beurre	un petit morceau.	Mettre dans la lèche-frite, en dessous du poulet.
13	. . . .	. . . . . .	Arroser de temps en temps la bête avec le jus qui en découle.

POULET ROTI (*Suite*).

ORDRE des opérations	NOMS.	PROPORTIONS	PRÉPARATIONS ET CUISSON.
14	. . . .	. . . .	Laisser rôtir 1 heure à la broche
15	. . . .	. . . .	Ou 45 minutes devant un feu de cheminée, dans la cuisinière.
16	. . . .	. . . .	Ou 40 minutes devant la coquille.
17	. . . .	. . . .	*Nota.* — Pour un poulet très-jeune, 1/2 heure de cuisson peut suffire.
18	Sel.	. . . .	Saupoudrer de tous côtés vers la fin de la cuisson.
19	. . . .	. . . .	Tâter à la pointe de la fourchette pour juger du degré de la cuisson et si elle est au point.
20	. . . .	. . . .	Débrocher.
21	. . . .	. . . .	Déficeler.
22	. . . .	. . . .	Dresser la bête sur le dos, sur un plat long.
23	Cresson assaisonné de sel, poivre et vinaigre. . .	. . . .	Mettre tout autour en garniture.
24	Citron.	coupé en 2	Servir à part pour les amateurs.

CHAPITRE HUITIEME

GIBIER

TABLE DES RECETTES

196. — ALOUETTES A LA MINUTE.

ORDRE des opérations	NOMS.	PROPORTIONS.	PRÉPARATIONS ET CUISSON.
1	Alouettes. . . .	12	Plumer.
2	. . . .	. . . .	Vider.
3	Beurre.	. . . .	Faire fondre dans une casse-role sur le feu.
4	. . . .	. . . .	Y mettre les alouettes à sauter.
5	Sel, poivre . . .		Semer dessus.
6	. . . .	. . . .	Les retirer quand elles ont pris couleur de tous côtés.
7	Echalotes. . . .	3 ou 4	Hacher fin, puis jeter le tout
8	Persil.	1 pincée.	dans le beurre resté au fond
9	Champignons. .	20	de la casserole.
10	Farine	1 cuillerée.	Semer sur les champignons quand ils sont bien cuits.
11	Vin blanc. . . .	1 verre.	Ajouter peu à peu en mêlant
12	Bouillon	1/2 tasse.	avec la cuiller de bois.
13	. . . .	. . . .	Remettre les alouettes dans cette sauce.
14	. . . .	. . . .	Laisser cuire quelques mi-nutes.
15	Beurre	. . . .	Faire fondre dans une casse-role à part.
16	Croûtons de pain	nombre égal à celui des alouettes	Faire frire dans le beurre fondu.
17	Sel, poivre . . .	. . . .	Semer dessus.
18	. . . .	. . . .	Dresser les croûtons frits sur le plat à servir.
19	. . . .	. . . .	Poser une alouette sur cha-que croûton.
20	. . . .	. . . .	Verser la sauce et les cham-pignons par-dessus.
21	. . . .	. . . .	Et servir chaud.

197. — ALOUETTES ROTIES : *Renseignements.*

1	Alouettes ou mauviettes . .	Appelées aussi couillardes en Provence. —Gibier meilleur un mois après l'ouverture de la chasse qu'au début. — Abondent au mois de septembre jusqu'en mars. — Moins bonnes à la fin de l'hiver. — Beaucoup d'amateurs recommandent de ne point vider l'alouette.

MANIÈRE DE LES TROUSSER.

1	Cuisse gauche. .	A passer dans la partie inférieure du bec en forme d'anneau.
2	Pattes	A entre-croiser en les ramenant près du commencement des cuisses.
3	Ventre	A recouvrir d'une barde de lard attachée avec du gros fil.

MANIÈRE DE LES ROTIR.

1	. . . .	Enfiler par les flancs 6 alouettes dans une brochette de bois ou d'argent.
2	. . . .	Attacher à la broche une ou deux de ces brochettes garnies.
3	. . . .	Les mettre devant un grand feu : —20 min. à la broche. — Ou 15 minutes dans la cuisinière devant un feu de cheminée. — Ou 12 minutes dans la cuisinière devant la coquille.
4	Pain coupé en 12 tranches minces (de la largeur d'une alouette).	Rôtir sur le gril, puis mettre dans la lèche-frite dessous les alouettes pour en recevoir le jus qui découle.
5	. . . .	Ranger ces rôties de pain sur un plat long.
6	Sel, poivre . . .	Saupoudrer.
7	. . . .	Dresser une alouette sur chaque rôtie, et verser le jus qui reste, par-dessus.

198. — BÉCASSES ET BÉCASSINES : *Renseignements.*

1	Bécasse.	Surnommée la reine des marais et le premier des oiseaux noirs.
2	Bécasses de Cahors et de Montauban.	Les plus renommées. — Elles habitent dans les montagnes pendant l'été et, vers la fin d'octobre, descendent dans les lieux marécageux. — L'hiver, par les temps brumeux, elles sont particulièrement excellentes. — On peut les laisser mortifier très-longtemps sans se gâter. — Cependant, après un temps trop long, elles deviennent indigestes et malsaines.
3	Bécassines . . .	Sont moins grosses que les bécasses et ont le bec moins long.

MANIÈRE DE LES DÉCOUPER.

1	Tête	Couper en premier.
2	Bout de pattes.	
3	Cuisses.	Détacher ensuite. (Morceau le plus estimé à offrir comme ayant le plus de fumet.)
4	Ailes	Partager en 5 morceaux.
5	Filets.	

199. — BÉCASSES ET BÉCASSINES ROTIES : *Préparations.*

1	Bécassines . . .	Plumer, flamber.
2	. . . .	Arracher la peau de la tête en plumant.
3	. . . .	Vider ou ne pas vider (à volonté).
4	. . . .	Si on les vide, vider en les ouvrant par le dos.
5	Intestins retirés.	Hacher et mêler en farce à remettre dans l'intérieur des bécasses.
6	Truffes (1 ou 2).	
7	Beurre	
8	. . . .	Refermer le trou qui a dû être fait en passant un peu de lard fin avec la lardoire des deux côtés de l'ouverture.

BÉCASSES ET BÉCASSINES ROTIES : *Préparations* (*Suite*)

9	. . . .	Couper le bout des ailes.
10	. . . .	Croiser les pattes en arrière des cuisses.
11	. . . .	Ramener la tête vers les cuisses en passant le bec au travers du corps.
12	. . . .	Barder de lard, à volonté, ou piquer l'estomac avec du lard fin.
13	. . . .	Traverser les bécasses avec un hatelet de bois ou d'argent à fixer sur la broche avec un gros fil roulé autour.
14	. . . .	Mettre la broche devant un feu très-doux.
15	Pain rassis. . .	Couper en larges tartines à faire griller à part.
16	Beurre	Etaler sur le pain grillé.
17	Sel.	Saupoudrer.
18	. . . .	Retourner le pain pour le faire griller des deux côtés.
19	. . . .	Mettre ensuite ces tartines dans la lèchefrite sous la broche pour recevoir le jus qui en découle.
20	. . . .	Si les bécasses ne sont pas piquées, les arroser sans cesse.
21	. . . .	Laisser rôtir 1/2 heure si elles sont grasses.
22	. . . .	Ou 1/4 d'heure si elles sont maigres, ou selon d'autres avis :
23	. . . .	1/2 heure devant un feu de cheminée.
24	. . . .	Ou 25 minutes dans la cuisinière devant la cheminée.
25	. . . .	Ou 20 minutes dans la cuisinière devant la coquille.
26	. . . .	*Nota.* — Quand l'intérieur des bécasses commence à tomber sur les rôties de pain, la cuisson est près d'être au point.
27	. . . .	Si on veut les bécasses saignantes, les piquer avec une fourchette pour faire tomber plus vite le jus sur les rôties de pain.
28	. . . .	Au moment de servir, dresser les rôties sur le plat et les bécasses par-dessus les rôties.
29	Jus de citron.	Mêler dans la saucière, à servir en accompagnement.
30	Huile verte. . .	
31	Mignonnette . .	Hacher fin.

200. — BÉCASSES EN SALMIS.

ORDRE des opérations	NOMS.	PROPORTIONS	PRÉPARATIONS ET CUISSON.
1	Bécasses (déjà rôties ou desserte de la veille). .	. . . .	Découper.
2	. . . .	. . . .	Retirer la peau.
3	. . . .	. . . .	Ranger les morceaux dans une casserole (excepté la carcasse à garder à part.)
4	Bouillon . . .	quelques cuillerées.	Verser sur les morceaux de bécasse.
5	. . . .	. . . .	Faire réchauffer sur un feu très-doux sans laisser bouillir.
6	Carcasses des bécasses.	. . . .	Écraser, hacher, piler, râper, et mêler dans un bol.
7	Foie, intestins (excepté le gésier)	. . . .	
8	Echalote	. . . .	
9	Zeste de citron.	. . . .	
10	Gros sel	. . . .	Semer en assaisonnement.
11	Poivre	. . . .	
12	. . . .	. . . .	Mettre ce hachis dans une casserole à part.
13	Bouillon ou jus dégraissé. . .	. . . .	Y mêler (à volonté) peu à peu en tournant avec la cuiller de bois.
14	Vin blanc ou madère, au choix.	. . . .	
15	. . . .	. . . .	Faire bouillir à découvert 1/4 d'heure environ, jusqu'à ce que la sauce ait réduit de moitié.
16	. . . .	. . . .	Passer cette sauce ou purée à tenir sur le bord du fourneau.

BÉCASSES EN SALMIS (*Suite*).

ORDRE des opérations	NOMS.	PROPORTIONS	PRÉPARATIONS ET CUISSON.
17	Pain coupé en tranches minces.	. . . . . .	Faire griller ou passer dans le beurre.
18	Sel.	. . . . . .	Saupoudrer le pain.
19	. . . . . .	. . . . . .	Chauffer le plat à servir en le trempant dans l'eau chaude et l'essuyer vivement.
20	. . . . . .	. . . . . .	Ranger le pain grillé sur ce plat.
21	. . . . . .	. . . . . .	Poser les bécasses sur le pain grillé.
22	. . . . . .	. . . . . .	Verser la sauce bouillante sur le tout.
23	Citron	. . . . . .	Servir à part, à volonté.

201. — CAILLES AU CHASSEUR.

	NOMS.	PROPORTIONS	PRÉPARATIONS ET CUISSON.
1	Cailles	. . . . .	Plumer.
2	. . . . . .	. . . . .	Vider par la poche ou jabot.
3	. . . . . .	. . . . .	Flamber.
4	. . . . . .	. . . . .	Trousser.
5	Beurre	. . . . .	Faire fondre dans une casserole sur un feu doux.
6	Fines herbes . .	. . . . .	Hacher fin et jeter de suite dans le beurre.
7	. . . . . .	. . . . .	Placer les cailles par-dessus.
8	Sel, poivre. . .	. . . . .	Saupoudrer.
9	. . . . . .	. . . . .	Faire sauter le tout sur le feu en retournant sans cesse les cailles dans le beurre.
10	. . . . . .	. . . . .	Chauffer le plat à servir et y dresser les cailles.

CAILLES AU CHASSEUR (*Suite*).

ORDRE des opérations	NOMS.	PROPORTIONS.	PRÉPARATIONS ET CUISSON.
11	Farine		Jeter dans le beurre resté au fond de la casserole.
12	Vin blanc	égales quantités.	Verser peu à peu d'une main en tournant de l'autre avec la cuiller de bois.
13	Bouillon		
14			Laisser épaissir la sauce sans laisser bouillir.
15			La verser sur les cailles.
16	Jus de citron		Ajouter à volonté et servir chaud.

202. — CAILLES GRILLÉES.

ORDRE des opérations	NOMS.	PROPORTIONS.	PRÉPARATIONS ET CUISSON.
1	Cailles		Plumer.
2			Vider par la poche ou jabot.
3			Flamber.
4			Retirer le gésier.
5			Fendre par le dos.
6	Huile d'olives		
7	Laurier	1 feuille.	Mettre au fond d'une casserole.
8	Sel, poivre		
9			Étaler les cailles par-dessus.
10	Barde de lard mince		Mettre à recouvrir le tout.
11			Faire cuire à très-petit feu sur des cendres chaudes.
12	Mie de pain		Émietter dans un bol.
13			Y tremper les cailles quand elles sont cuites aux trois-quarts.
14			Mettre ensuite les cailles ainsi panées sur le gril, à bon feu.
15	Bouillon		Verser dans la casserole où les cailles ont été cuites.

CAILLES GRILLÉES (*Suite*).

ORDRE des opérations	NOMS.	PROPORTIONS	PRÉPARATIONS ET CUISSON.
16	. . . .	. . . .	Remuer avec la cuiller de bois.
17	. . . .	. . . .	Dégraisser la sauce, passer au tamis.
18	. . . .	. . . .	Quand les cailles sont grillées à point, les dresser sur le plat à servir.
19	Jus de citron. .	. . . .	Ajouter à volonté.

203. — CAILLES ROTIES.

1	Cailles	12	Plumer.
2	. . . .	. . . .	Vider par la poche ou jabot.
3	. . . .	. . . .	Flamber.
4	. . . .	. . . .	Trousser.
5	. . . .	. . . .	Supprimer le gésier.
6	Barde de lard. .	. . . .	Employer à envelopper chaque caille.
7	Feuilles de vigne	. . . .	Mettre par-dessus la barde de lard.
8	. . . .	. . . .	Ne laisser à découvert que la moitié des pattes.
9	. . . .	. . . .	Embrocher les cailles, ainsi préparées, avec des hatelets de bois blanc ou d'argent. Les percer d'outre en outre par les flancs, en les pressant les unes contre les autres.
10	. . . .	. . . .	Attacher les hatelets à la broche par les deux bouts.
11	Sel, poivre . . .	. . . .	Saupoudrer.
12	Beurre.		Mettre dans la lèchefrite.
13	Bouillon.	1 cuillerée.	

CAILLES ROTIES (*Suite*).

ORDRE des opérations	NOMS.	PROPORTIONS.	PRÉPARATIONS ET CUISSON.
14	. . . .	. . . . . .	Faire rôtir à feu vif jusqu'à voir prendre une belle couleur (environ 20 minutes).
15	Pain coupé en tranches minces	. . . .	Faire griller à part.
16	. . . .	. . . .	Ranger le pain sur le plat à servir.
17	. . . .	. . . .	Dégraisser le jus de cuisson et en arroser les rôties de pain.
18	. . . .	. . . .	Dresser alors les cailles sur le pain.
19	Citron coupé en tranches. . . .	. . . . . .	Ajouter autour du plat, à volonté.
20	. . . .	. . . . . .	Et servir chaud.

204. — CAILLES : *Renseignements.*

1	Cailles	Oiseaux de passage. — Arrivent en mars. — Restent jusqu'à la fin d'août. — Sont plus délicates que les perdrix. — Celles prises vivantes au filet et engraissées en cage deviennent de petites pelotes de graisses et sont très-bonnes à rôtir.
2	Cailles vertes. .	Espèce des champs et des vignes (espèce la plus recherchée). — Sont bonnes seulement en automne. — Elles s'emploient toutes fraîches tuées.

205. — CANARD SAUVAGE : *Renseignements.*

1	Canard sauvage.	Oiseau de passage, qui arrive en automne sur les étangs, et disparaît en mars. — Chair brune, plus ferme et moins grasse que celle du canard domestique. — L'hiver, par les fortes gelées, est le temps de toute sa perfection.
2	Albran	Canard sauvage qui n'a pas encore pris son vol. — Cette espèce se trouve sur les mares et sur les étangs, loin des lieux habités.
3	Canard sauvage mâle.	Plumage aux couleurs plus vives. — Il a sur le croupion de petites plumes retroussées comme celles du canard domestique. — Pour savoir s'il est frais tué, regarder aux pattes : elles doivent avoir la peau lisse et d'une belle couleur. — Si la peau des pattes est ridée et terne, la bête est tuée depuis longtemps.

206. — CANARD SAUVAGE ROTI.

1	Canard sauvage.	Plumer.
2	. . . .	Flamber.
3	. . . .	Supprimer le cou.
4	. . . .	Couper les ailes tout près du corps.
5	. . . .	Vider la bête.
6	. . . .	Mettre le foie à part et en frotter toute la surface du canard.
7	. . . .	Reployer les pattes au-dessous du croupion.
8	. . . .	Brider (c'est-à-dire ficeler).
9	. . . .	Mettre à la broche sans piquer ni barder.
10	Beurre	Placer dans la lèchefrite.
11	Sel.	Semer.
12	. . . .	Arroser tout le temps de la cuisson avec le jus qui découle du canard sur le beurre.
13	. . . .	Débrocher le canard quand il est bien cuit.
14	. . . .	Déficeler.
15	. . . .	Dresser sur le plat à servir.
16	Citron coupé en deux.	Offrir au goût des convives.

207. — FAISAN : *Renseignements*.

1	Faisan de Bohême	Espèce a plus recherchée. — La chair du mâle est plus estimée que la chair de la femelle.
2	Faisandeau (ou jeune faisan). .	Chair encore plus délicate.
3	Vieux faisan . .	Chair dure et sèche.
4	. . . .	Suspendre la bête par la queue.
5	. . . .	Laisser faisander (attendrir).
6	. . . .	Le changement de couleur du ventre annonce le point où la bête est bonne à être consommée.
7	. . . .	Plumer seulement le jour où on doit servir, excepté si on veut truffer le dedans.
8	Tête	Couper sans les plumer pour les disposer
9	Ailes.	sur le faisan au moment de servir.— Décoration à volonté.
10	Queue	

208. — FAISAN ROTI.

ORDRE des opérations	NOMS.	PROPORTIONS.	PRÉPARATIONS ET CUISSON.
1	Faisan (voir renseignements). .	. . . .	Vider par la poche ou jabot.
2	. . . .	. . . .	Flamber.
3	. . . .	. . . .	Trousser.
4	Beurre	. . . .	Etaler sur un fort papier blanc, et y envelopper le faisan.
5	. . . .	. . . .	Embrocher devant un bon feu.
6	. . . .	. . . .	Laisser rôtir 45 minutes à la broche devant un feu de cheminée.
7	. . . .	. . . .	Ou 30 minutes devant la coquille.
8	Beurre	. . . .	Mêler dans la lèchefrite en
9	Vin de Madère.	1 cuillerée.	dessous du faisan.
10	. . . .	. . . .	Arroser la bête tout le temps de la cuisson.

FAISAN ROTI (*Suite*).

ORDRE des opérations	NOMS.	PROPORTIONS	PRÉPARATIONS ET CUISSON.
11	Mie de pain. . .	taillée en tranche ronde, mince	Griller à part.
12	Beurre	. . . .	Étaler sur le pain grillé.
13	. . . .	. . . .	Et mettre cette tranche de pain dans la lèchefrite pour recevoir le jus qui tombe.
14	. . . .	. . . .	Dresser le pain grillé et arroser sur le plat à servir.
15	. . . .	. . . .	Poser le faisan par-dessus.
16	Citron.	coupé en tranches.	Entremêler autour du plat.
17	. . . .	. . . .	Rattacher au faisan ses ailes, sa tête et sa queue, mises à part, ayant leurs plumes.
18	. . . .	. . . . .	Servir chaud.

209. — LAPEREAUX A LA BOURGUIGNONNE.

1	Lapereaux. . . .	3 ou 4 très-jeunes.	Bons à choisir à 2 ou 3 mois.
2	. . . .	. . . .	Dépouiller.
3	. . . .	. . . .	Découper en morceaux.
4	Beurre	125 grammes	Mettre dans une casserole sur un feu vif.
5	. . . .	. . . .	Y placer les morceaux de lapereaux à faire revenir et prendre couleur.
6	. . . .	. . . .	Recouvrir la casserole avec un four de campagne chargé de charbons ardents.
7	. . . .	. . . .	Laisser cuire, 1/4 d'heure suffit.

LAPEREAUX A LA BOURGUIGNONNE (*Suite*).

ORDRE des opérations	NOMS.	PROPORTIONS	PRÉPARATIONS ET CUISSON.
8	. . . .	. . . .	Retirer alors de la casserole les morceaux de lapereaux.
9	Farine	1 ou 2 cuiller.	Mêler ensuite au beurre.
10	Bouillon	1 verre.	Mêler id. peu à peu, en versant d'une main et en tournant de l'autre main avec la cuiller de bois.
11	Vin blanc. . . .	id.	
12	Champignons. .	20	Couper en morceaux et les ajouter dans la sauce.
13	Sel fin	. . . .	Mêler et en saupoudrer chaque morceau de lapereau, à remettre aussitôt dans la sauce.
14	Poivre	. . . .	
15	Muscade râpée .	. . . .	
16	. . . .	. . . .	Laisser bouillir un instant.
17	. . . .	. . . .	Puis retirer la casserole du feu.
18	. . . .	. . . .	Dresser les morceaux de lapereau sur le plat à servir.
19	Jaunes d'œufs. .	3	Mêler ensemble dans un bol pour faire une liaison.
20	Jus de citron. .	. . . .	
21	Sel, poivre. . .	. . . .	
22	. . . .	. . . .	Verser peu à peu cette liaison dans la sauce restée dans la casserole, en tournant sans arrêt avec la cuiller de bois, pour ne pas laisser bouillir.
23	. . . .	. . . .	Verser la sauce bien liée sur le plat de lapereaux et servir chaud.

210. — LAPINS AU CHASSEUR.

ORDRE des opérations	NOMS.	PROPORTIONS	PRÉPARATIONS ET CUISSON.
1	Lapins	2 petits.	Dépouiller, vider.
2	. . . .	. . . .	Supprimer la tête et les poumons.
3	. . . .	. . . .	Mettre les lapins dans un plat creux.
4	Sel, poivre. . .	. . . .	Saupoudrer.
5	Huile d'olive. .	. . . .	Verser dessus.
6	. . . .	. . . .	Laisser mariner à volonté.
7	. . . .	. . . .	Mettre ensuite sur le gril.
8	. . . .	. . . .	Arroser pendant la cuisson avec l'huile de la marinade.
9	. . . .	. . . .	Retourner les lapins sur le gril.
10	Sel, poivre. . .	. . . .	Saupoudrer de nouveau.
11	Persil.	. . . .	Hacher fin, mêler et semer
12	Echalote . . .	. . . .	dans un plat pouvant aller
13	Estragon . . .	. . . .	au feu.
14	Eau ou bouillon.	1/2 verre.	Verser par-dessus les herbes.
15	Vinaigre . . .	1/2 cuillerée.	
16	Sel, poivre . .	. . . .	Ajouter.
17	. . . .	. . . .	Laisser mijoter cette sauce.
18	. . . .	. . . .	Dresser les morceaux de lapins grillés sur la sauce et servir.

211. — LAPIN EN CIVET.

	NOMS.	PROPORTIONS	PRÉPARATIONS ET CUISSON.
1	Lapin.	. . . .	Dépouiller, vider.
2	Beurre	. . . .	Faire fondre dans une casserole sur un feu doux.
3	Lard	125 grammes	Couper en petits morceaux à faire revenir dans le beurre.
4	. . . .	. . . .	Ajouter les morceaux de lapin dans la casserole.

LAPIN EN CIVET (*Suite*).

ORDRE des opérations	NOMS.	PROPORTIONS	PRÉPARATIONS ET CUISSON.
5	. . . .	. . . .	Laisser prendre couleur.
6	. . . .	. . . .	Retourner les morceaux dans le beurre.
7	. . . .	. . . .	Retirer ensuite le lard et le lapin sur un plat à tenir au bord du fourneau.
8	Farine	1 cuillerée.	Mêler peu à peu au beurre resté dans la casserole en tournant doucement avec la cuiller de bois.
9	Bouillon	1 verre.	Verser peu à peu en continuant à tourner pour bien lier la sauce.
10	Vin rouge. . . .	id.	
11	. . . .	. . . .	Remettre le lapin dans la sauce. Faire cuire à grand feu et à découvert, en tout : 1 heure.
12	Petits oignons .	. . . . . .	
13	Bouquet garni (persil, cerfeuil, ciboule)	. . . . . .	Ajouter vers la fin de la cuisson.
14	Laurier.	1 feuille.	
15	Poivre (pas de sel à cause du lard).	. . . . . .	
16	. . . .	. . . . . .	Dresser les morceaux de lapin dans un plat creux et verser la sauce par-dessus.

212. — LAPIN EN GIBELOTTE.

1	Lapin.	. . . . . .	Dépouillé aussitôt tué.
2	. . . .	. . . . . .	Vider de suite id.
3	Tête	en 2.	
4	Cou	. . . . . .	Découper en morceaux égaux à mettre à mesure dans un plat creux.
5	Foie	. . . . . .	
6	Pattes	en 4.	
7	Râble.	id.	

17

LAPIN EN GIBELOTTE (*Suite*).

ORDRE des opérations	NOMS.	PROPORTIONS	PRÉPARATIONS ET CUISSON.
8	Eau		Verser dessus à tout couvrir.
9	Vinaigre	quelq. goutt.	
10	. . . .	. . . . . .	Laisser tremper une heure.
11	. . . .	. . . . . .	Egoutter sur une passoire.
12	Beurre	125 grammes	Faire fondre dans une casserole sur un feu vif.
13	Lard (à couper en petits dés). . .	125 grammes	Ajouter aussitôt que le beurre est fondu.
14	. . . .	. . . . .	Laisser roussir le lard, puis le retirer de la casserole.
15	. . . .	. . . . .	Essuyer alors avec un linge les morceaux de lapin déjà égouttés, et les mettre dans le beurre resté au fond de la casserole.
16	. . . .	. . . . .	Laisser sur le feu jusqu'à ce que les chairs soient bien raffermies, puis retirer du feu les morceaux.
17	Farine	1 ou 2 cuiller.	Semer sur le beurre pour faire un roux (toujours dans la même casserole).
18	Bouillon	1 verre.	Mêler peu à peu à la farine et au beurre en tournant doucement avec la cuiller de bois.
19	Vin blanc . . .	id.	
20	Ou citron ou vinaigre.	1 cuillerée.	
21	. . . .	. . . . .	Remettre dans cette sauce les morceaux de lapin et de lard roussi.
22	Champignons. .	20	
23	Sel, poivre. . .	. . . . .	
24	Petits oignons .	12	Ajouter par-dessus le tout.
25	Bouquet garni (persil, ciboule, laurier)	. . . . .	

LAPIN EN GIBELOTTE (*Suite*).

ORDRE des opérations	NOMS.	PROPORTIONS	PRÉPARATIONS ET CUISSON.
26	. . . .	. . . .	Laisser cuire à découvert sur un feu vif environ 3/4 d'heure.
27	. . . .	. . . .	Quand tout est bien cuit, dresser les morceaux de lapin dans un plat creux.
28	. . . .	. . . .	Disposer, dessus et autour, le lard, les oignons et les champignons.
29	. . . .	. . . .	Passer la sauce et la verser sur le plat.
30	Croûtons frits. . .	. . . .	Ajouter à volonté.
31	. . . .	. . . .	Servir le plus chaud possible.

213. — LAPIN : *Renseignements et préparations.*

1	Lapin de garenne	Lapin en liberté, et le plus estimé. — Pelage gris mêlé de fauve. — Chair meilleure en hiver qu'en été (quoique le lapin soit bon toute l'année).
2	Lapereau ou jeune lapin. . . .	Age facile à reconnaître à l'articulation des pattes de devant : y tâter, au-dessus de la 1re jointure, un petit os mobile gros comme une lentille. S'il ne se sent plus au toucher, la bête a plus d'un an.
3	Vieux lapin. . .	Chair sèche et dure.
4	Lapin domestique	A rendre plus délicat en le nourrissant 15 jours, au moment de le tuer, avec des plantes aromatiques, telles que thym, romarin, serpolet, petite sauge, etc.

214. — Renseignements pour *tuer le lapin.*

1	. . . .	Lui mettre la tête en bas, et lui donner plusieurs coups sur les oreilles.
2	. . . .	Quand il est mort, lui arracher un œil et laisser la bête saigner par là dans une assiette. — La chair en sera plus blanche. — Vider aussitôt tué et mettre le foie à part.

215. — *Renseignements pour dépouiller le lapin.*

1	. . . .	Enlever les quatre pattes à la première articulation.
2	. . . .	Pour trousser : fendre la peau des 4 pattes, par derrière, à l'intérieur, en travers, et, par l'ouverture faite, passer les cuisses.
3	. . . .	Couper la queue.
4	. . . .	Renverser la peau tout le long du dos et du ventre.
5	. . . .	Retirer les épaules l'une après l'autre.
6	. . . .	Couper les oreilles à la naissance de leur cartilage (contre la tête).
7	. . . .	Séparer les mâchoires d'un coup de couteau.
8	. . . .	Accommoder le lapin encore chaud pour être sûr qu'il soit tendre.

216. — LAPIN ROTI : *Renseignements.*

1	Lapin.	Dépouiller, vider, mettre à part le foie (et en ôter l'amer).
2	Beurre	Faire fondre dans une casserole sur un feu doux.
3	. . . .	Y mettre à revenir l'arrière-train du lapin.
4	Sel, poivre. . .	Semer dessus.
5	. . . .	Retourner la bête dans le beurre, puis retirer.
6	. . . .	Laisser refroidir complétement.
7	Lardons très-fins	Employer alors à en piquer toutes les parties charnues.

LAPIN ROTI : *Renseignements (Suite).*

8	. . . .	Embrocher.
9	. . . .	Laisser rôtir : si le lapin est petit. / si le lapin est gros.
		A la broche : 30 minutes. / 45 minutes.
10	. . . .	Ou dans la cuisinière devant la cheminée : 25 minutes. / 35 minutes.
11	. . . .	Ou dans la cuisinière devant la coquille : 20 minutes. / 30 minutes.
12	. . . .	Arroser tout le temps de la cuisson avec le jus qui tombe dans la lèchefrite, où l'on peut mettre un peu de beurre et de bouillon ou la sauce suivante.

217. — *Sauce à servir avec le lapin rôti.*

1	Foie du lapin (mis à part). .	Ecraser avec le dos d'une cuiller.
2	Beurre.	Faire fondre dans une casserole sur un feu vif.
3	. . . .	Y jeter le foie écrasé.
4	Sel, poivre. . . .	Semer en tournant avec la cuiller de bois.
5	Bouillon ou eau.	Mêler peu à peu en continuant à remuer.
6	Ciboule (hachée fin).	
7	Vinaigre (un filet	Ajouter en bien mêlant le tout.
8	Jus du lapin rôti.	
9	. . . .	Mettre cette sauce dans la lèchefrite vers la fin de la cuisson et en arroser le lapin pendant un dernier quart d'heure devant le feu.
10	. . . .	Servir à part dans la saucière.

218. — *Renseignements pour découper le lapin.*

1	. . . .	Glisser la lame du couteau entre les côtes et la chair, et fendre depuis l'épaule jusqu'aux cuisses.
2	. . . .	Détacher la chair de l'épine du dos.
3	. . . .	Couper les côtes de deux en deux en travers.
4	. . . .	Détacher la queue avec un petit morceau de chair qui y est attaché.
5	. . . .	Découper en forme d'entonnoir la partie intérieure et charnue des cuisses.
6	. . . .	Diviser les filets, morceaux les plus estimés du dedans.

219. — LIÈVRE A L'ANGLAISE.

ORDRE des opérations	NOMS.	PROPORTIONS	PRÉPARATIONS ET CUISSON.
1	Lièvre ou levraut	. . . .	Dépouiller entièrement.
2	. . . .	. . . .	Peler les oreilles.
3	. . . .	. . . .	Faire tremper les pattes dans l'eau bouillante.
4	. . . .	. . . .	Vider par le ventre en y faisant une petite incision.
5	. . . .	. . . .	Oter et jeter l'amer du foie.
6	Mie de pain trempée dans du lait.	. . . .	
7	Beurre.		
8	Jaunes d'œufs crus.	2 ou 3	Mêler ensemble dans un bol pour faire une farce.
9	Sel, poivre. . .		
10	Petite sauge. . .	hacher très-fin,	
11	Beurre.	. . . . . .	Fondre à part dans la poêle sur un feu doux.

LIÈVRE A L'ANGLAISE (Suite).

ORDRE des opérations	NOMS.	PROPORTIONS	PRÉPARATIONS ET CUISSON.
12	Oignons.	3 ou 4 à couper en deux.	Jeter dans le beurre et laisser prendre couleur.
13	. . . .	. . . . . .	Retirer les oignons du feu et laisser refroidir.
14	. . . .	. . . . . .	Quand les oignons sont froids, les ajouter à la farce préparée en mêlant bien avec la cuiller de bois.
15	. . . .	. . . . . .	Remplir avec cette farce le corps du lièvre.
16	. . . .	. . . . . .	Recoudre avec du gros fil l'ouverture qui a été faite.
17	. . . .	. . . . . .	Rompre l'os des cuisses.
18	. . . .	. . . . . .	Ramener sous le ventre les pattes de derrière à attacher avec une ficelle passée dans une aiguille à brider et donner à la bête l'attitude du lièvre au gite.
19	. . . .	. . . . . .	Coucher alors le lièvre sur la broche et l'y fixer avec un grand hatelet.
20	. . . .	. . . . . .	Recouvrir avec une barde de lard ou un papier beurré.
21	. . . .	. . . . . .	Laisser rôtir d'abord 1 heure 1/4.
22	. . . .	. . . . . .	Enlever alors le papier ou le lard pour faire cuire à découvert un dernier quart d'heure.
23	Sel.	. . . . . .	Semer légèrement sur le lièvre.
24	. . . .	. . . . . .	Piquer la chair avec une fourchette pour juger si la cuisson est au point.

LIÈVRE A L'ANGLAISE (*Suite*).

ORDRE DES OPÉRATIONS	NOMS.	PROPORTIONS	PRÉPARATIONS ET CUISSON.
25	. . . .	. . . . . .	Débrocher.
26	. . . .	. . . . . .	Débrider le lièvre et le dresser sur le plat à servir.
27	Gelée de groseilles.	. . . . . .	Délayer ensemble pour servir à part aux amateurs de cette
28	Madère.	. . . . . .	sauce (accompagnement à l'anglaise).

220. — LEVRAUT AU CHASSEUR.

1	Lièvre frais tué.	. . . .	Dépouiller.
2	. . . .	. . . . . .	Couper en morceaux et jeter dans un chaudron.
3	. . . .	. . . . . .	Recueillir à part le sang qui découle.
4	Lard (à couper en petits morceaux)	. . . . . .	
5	Sang du lièvre. .	. . . . . .	
6	Vin rouge . . .	1 bouteille.	
7	Poivre	. . . . . .	Ajouter dans le chaudron.
8	Oignons.	. . . . . .	
9	Bouquet garni (persil, cerfeuil), ciboule, thym et laurier.).	. . . . . .	
10	. . . .	. . . . . .	Accrocher le chaudron à la crémaillère, sur un feu clair de bois sec, qui doit entourer le chaudron.
11	. . . .	. . . . . .	Dès que le vin commence à bouillir, y mettre le feu.
12	. . . .	. . . . . .	Laisser cuire jusqu'à ce que le feu cesse de brûler (environ 1/2 heure ou 3/4 d'h.).

LEVRAUT AU CHASSEUR (*Suite*).

ORDRE DES OPÉRATIONS	NOMS.	PROPORTIONS	PRÉPARATIONS ET CUISSON.
13	Beurre	. . . . . .	Manier ensemble en boulette,
14	Farine	. . . . . .	à jeter dans la sauce un peu avant la fin de la cuisson.
15	. . . .	. . . . . .	Dresser les morceaux de levraut dans un plat creux.
16	. . . .	. . . . . .	Laisser réduire un instant la sauce et la verser sur le tout.
17	. . . .	. . . . . .	Servir chaud.

221. — LIÈVRE EN CIVET.

ORDRE DES OPÉRATIONS	NOMS.	PROPORTIONS	PRÉPARATIONS ET CUISSON.
1	Lièvre dit lièvre trois-quart. . . .	. . . . . .	Dépouiller.
2	. . . .	. . . . . .	Vider, retirer la vésicule du fiel où est l'amer.
3	. . . .	. . . . . .	Mettre à part le sang et le foie.
4	. . . .	. . . . . .	Couper les épaules en deux morceaux.
5	. . . .	. . . . . .	Oter les peaux et les muscles du ventre.
6	. . . .	. . . . . .	Couper le râble au-dessus des cuisses (des épaules à la queue) de chaque côté de l'épine dorsale.
7	. . . .	. . . . . .	Couper la poitrine en plusieurs morceaux.
8	. . . .	. . . . . .	Couper les côtes, de deux en deux, transversalement.
9	. . . .	. . . . . .	Séparer les cuisses à l'articulation.
10	. . . .	. . . . . .	Couper chaque cuisse en deux parties.

LIÈVRE EN CIVET (*Suite*).

ORDRE des opérations	NOMS.	PROPORTIONS	PRÉPARATIONS ET CUISSON.
11	. . . .	. . . .	Laisser la tête entière ou la couper en deux, à volonté.
12	. . . .	. . . .	Laisser entier l'intervalle qui réunit les cuisses.
13	Beurre..	. . . .	Faire fondre dans une casserole sur un feu doux.
14	Lard.	coupé en petits dés.	Jeter dans le beurre et le laisser roussir un instant, puis le retirer.
15	Farine..	. . . .	Faire pleuvoir d'une main sur le beurre resté dans la casserole, en tournant doucement de l'autre main avec la cuiller de bois pour faire un roux.
16	. . . .	. . . .	Mettre les morceaux du lièvre dans ce roux.
17	. . . .	. . . .	Laisser revenir et raffermir la chair, puis retourner chaque morceau dans le beurre.
18	Sang de l'animal qui a été mis à part.	. . . . .	Ajouter alors.
19	Bouillon chaud ou eau	. . . . .	Id. Id.
20	. . . .	. . . .	Remettre le lard qui a été retiré.
21	Petits oignons blancs.		
22	Carottes	à volonté.	
23	Sel, poivre . . .	. . . .	Ajouter id.
24	Ail.	. . . .	
25	Thym..	attachés en bouquet.	
26	Laurier.		
27	Basilic		

LIÈVRE EN CIVET (Suite).

ORDRE des opérations	NOMS.	PROPORTIONS	PRÉPARATIONS ET CUISSON.
28	. . . .	. . . .	Laisser bouillir doucement 1/2 heure.
29	Vin rouge . . .	2 verres.	Ajouter alors.
30	. . . .	. . . .	Laisser bouillir encore 1/2 h.
31	Fonds d'arti-chauts déjà cuits	. . . . . .	Ajouter vers la fin de la cuis-son.
32	Champignons. .	coupés en 4.	
33	Beurre	. . . . . .	Manier ensemble en boulette, à ajouter à la sauce si elle est trop claire, pour la lier.
34	Farine	. . . . . .	
35	. . . .	. . . .	Dégraisser hors du feu.
36	. . . .	. . . .	Goûter pour juger s'il faut ajouter du sel.
37	. . . .	. . . .	Dresser les morceaux du liè-vre dans un plat creux.
38	. . . .	. . . .	Garnir le tout et les interval-les avec les oignons et les champignons.
39	. . . .	. . . .	Verser la sauce par-dessus le tout.
40	Croûtons frits. .	. . . . . .	Ajouter à volonté pour déco-rer les bords du plat.
41	Ecrevisses. . . .	. . . . . .	
42	. . . .	. . . .	Servir bouillant.

222. — LIÈVRE OU LEVRAUT ROTI.

1	Lièvre	. . . . . .	Dépouiller.
2	. . . .	. . . . . .	Vider, recueillir le sang, à garder à part.
3	. . . .	. . . . . .	Prendre seulement le train de derrière.
4	. . . .	. . . . . .	L'aplatir légèrement à coups de batte.

LIÈVRE OU LEVRAUT ROTI (*Suite*).

ORDRE DES OPÉRATIONS	NOMS.	PROPORTIONS	PRÉPARATIONS ET CUISSON.
5	. . . .	. . . .	Passer un hatelet à travers les cuisses pour les maintenir écartées.
6	. . . .	. . . .	Les frotter avec le sang du lièvre pour leur donner un beau vernis.
7	Sel, Poivre.	. . . .	Semer dessus.
8	Lard fin.	. . . .	Employer à piquer les filets, puis les cuisses, en y dessinant des rosaces avec le lard.
9	. . . .	. . . .	Mettre à la broche devant un bon feu.
10	. . . .	. . . .	Faire rôtir de belle couleur.
11	. . . .	. . . .	Retirer quand il est au point.
12	. . . .	. . . .	Couper alors le moignon des cuisses.
13	. . . .	. . . .	Orner le bout avec une papillotte de papier.
14	. . . .	. . . .	Dresser sur le plat à servir.
15	Sauce au sang de lièvre.	. . . .	Servir à part dans la saucière.

223. — ORTOLANS : *Renseignements.*

1	Ortolans	Oiseaux à bec fin. — Gras surtout en automne, tant qu'ils trouvent du raisin.
2	. . . .	Ils passent dans les départements du Midi de mai à septembre.
3	. . . .	On les prend au filet. — On les engraisse en cage avec du millet, puis on les expédie à Paris.
4	. . . .	Les ortolans quittent la France juste au moment de l'ouverture de la chasse.

ORTOLANS : *Renseignements (Suite)*.

5	Le bruant. . . .	Sont de petits oiseaux dont la saveur ressemble à celle des ortolans. — On les
6	Le verdier	prend dans les environs de Paris, au centre et au nord de la France.

224. — *Manière de rôtir les ortolans.*

1	Ortolans, ou bruants, ou verdier (6, 8, ou 12)	Plumer sans les vider.
2	. . . .	Les embrocher les uns au bout des autres.
3	Sel, poivre. . .	Saupoudrer.
4	. . . .	Faire rôtir 10 minutes devant un bon feu.
5	. . . .	Les dresser sur le plat, sans sauce.
6	Orange bigarade	Couper en deux et servir à part pour les amateurs qui en arrosent les ortolans dans leur assiette.

225. — PERDREAUX AU CHASSEUR.

ORDRE des opérations	NOMS.	PROPORTIONS	PRÉPARATIONS ET CUISSON.
1	Perdreaux. . . .	4 petits.	Vider.
2	. . . .	. . . .	Flamber.
3	. . . .	. . . .	Trousser les pattes en dedans.
4	. . . .	. . . .	Couper chaque perdreau en 2 dans la longueur.
5	. . . .	. . . .	Aplatir doucement les morceaux avec le plat du couperet.
6	Beurre	. . . .	Faire fondre dans une casserole sur un feu doux.
7	. . . .	. . . .	Passer les perdreaux dans le beurre sur le feu.

PERDREAUX AU CHASSEUR (*Suite*).

ORDRE des opérations	NOMS.	PROPORTIONS.	PRÉPARATIONS ET CUISSON.
8	Sel, poivre..		Saupoudrer.
9			Les retourner dans la casserole.
10	Sel, poivre.		Ajouter de même.
11	Mie de pain..		Emietter fin dans un plat creux.
12			Y tremper les moitiés de perdreaux pour les paner, puis les mettre de suite sur le gril, sur un bon feu.
13			Retourner les perdreaux quand ils sont cuits d'un côté.
14	Beurre.		Faire fondre à part dans une casserole, sur un feu doux, pour faire une sauce maitre-d'hôtel.
15	Echalotes ..		hacher fin. Semer sur le beurre.
16	Persil.		
17	Sel, poivre.		
18	Jus de citron.		Ajouter.
19			Sur un plat chauffé d'avance, dresser, en couronne, les morceaux de perdreaux grillés.
20			Verser au milieu la sauce maitre-d'hôtel préparée avec le beurre.
21			Servir chaud.

226. — PERDRIX AUX CHOUX.

ORDRE des opérations.	NOMS.	PROPORTIONS	PRÉPARATIONS ET CUISSON.
1	Vieilles perdrix.	2	Plumer.
2	. . . .	. . . .	Vider.
3	. . . .	. . . .	Flamber en les passant sur un feu clair pour enlever le duvet.
4	. . . .	. . . .	Trousser les pattes en dedans, les brider avec un gros fil.
5	Beurre.	. . . .	Fondre dans une grande casserole sur un feu vif.
6	Farine.	1 cuillerée.	Semer d'une main dans le beurre, en tournant de l'autre main avec la cuiller de bois.
7	. . . .	. . . . . .	Quand le beurre est bien roux, y mettre les perdrix à revenir un instant.
8	Bouillon	1 verre.	Ajouter ensuite.
9	Petit salé. . . .	à couper en carrés.	
10	Cervelas	à couper en tranches rondes.	
11	Saucisses. . . .	id.	
12	Oignons piqués d'un clou de girofle.	2.	Ajouter id.
13	Sel, poivre. . .	1 pincée.	
14	Laurier-sauce. .	1 feuille.	
15	Bouquet garni (cerfeuil, ciboule, persil) . . .	.	
16	Carottes	. . . .	
17	. . . .	. . . .	Laisser cuire 1 heure 1/2 ou 2 heures, et pendant la cuisson préparer le chou ainsi :

PERDRIX AUX CHOUX (*Suite*).

ORDRE des opérations	NOMS.	PROPORTIONS	PRÉPARATIONS ET CUISSON.
18	Chou pancarlier (espèce à choisir, cuit plus vite que les autres).	. . . .	Placer dans une marmite.
19	Eau bouillante.	. . . .	Verser dessus pour le bien nettoyer et blanchir.
20	. . . .	. . . .	Laisser tremper le chou, puis le retirer en le pressant fortement.
21	. . . .	. . . .	Jeter l'eau qui a servi.
22	. . . .	. . . .	Remettre le chou dans la marmite.
23	Eau.	. . . . .	Verser dessus à le recouvrir.
24	Sel.	. . . .	Saupoudrer fortement.
25	. . . .	. . . . .	Laisser cuire aux 3/4, puis retirer, égoutter.
26	. . . .	. . . . .	Le couper en 2 morceaux à faire achever de cuire par-dessus les perdrix.
27	Bouillon ou eau.	. . . . . .	Ajouter dans la casserole si la sauce est trop courte.
28	. . . .	. . . . . .	Laisser cuire à petit feu pendant 2 heures pour de vieilles perdrix.
29	. . . .	. . . . . .	Piquer alors les perdrix au bout de la fourchette pour juger du bon point de cuisson.
30	. . . .	. . . . . .	Retirer les choux à mettre sur le plat à servir.
31	. . . .	. . . . . .	Débrider les perdrix.
32	. . . .	. . . . . .	Poser une perdrix sur chaque moitié de chou.
33	. . . .	. . . . . .	Ranger dessus et autour les morceaux de lard, le cervelas, les saucisses et les carottes.

PERDRIX AUX CHOUX (*Suite*).

ORDRE des opérations	NOMS.	PROPORTIONS.	PRÉPARATIONS ET CUISSON.
34	. . . .	. . . .	Passer la sauce restée au fond de la casserole, et la verser sur le plat.
35	. . . .	. . . .	Servir chaud.

227. — PERDREAUX A LA CRAPAUDINE.

1	Perdreaux . . .	2.	Plumer.
2	. . . .	. . . . . .	Vider.
3	. . . .	. . . . . .	Flamber en les passant sur un feu clair pour brûler le duvet.
4	. . . .	. . . . . .	Les fendre par le dos dans la longueur.
5	. . . .	. . . . . .	Les aplatir doucement avec le plat du couperet, en prenant soin de ne pas briser les os.
6	Huile.	quelq. goutt.	Verser sur les moitiés de perdreaux.
7	Sel, poivre. . .	. . . . . .	Saupoudrer.
8	Persil.	hacher fin.	Et semer dans l'intérieur des perdreaux.
9	Ciboule.		
10	Mie de pain. . .	. . . . . .	Émietter dans un plat creux.
11	. . . .	. . . . . .	Y tremper les moitiés de perdreaux à poser de suite sur le gril.
12	. . . .	. . . . . .	Mettre le gril sur un feu doux.
13	. . . .	. . . . . .	Et le recouvrir avec un four de campagne.
14	. . . .	. . . . . .	Laisser cuire, 1/4 d'h. suffit.
15	Beurre.		
16	Sel, poivre . . .		Faire chauffer dans une casserole à part pour faire une sauce ravigote.
17	Estragon		
18	Ciboule.	hacher fin.	
19	Échalote		

18

PERDREAUX A LA CRAPAUDINE (*Suite*).

ORDRE des opérations	NOMS.	PROPORTIONS	PRÉPARATIONS ET CUISSON.
20	Vinaigre ou bouillon	. . . . . .	Mêler à la sauce.
21	. . . . . .	. . . . . .	Chauffer le plat à servir en le passant dans l'eau bouillant
22	. . . . . .	. . . . . .	L'essuyer vivement.
23	. . . . . .	. . . . . .	Y dresser les morceaux de perdreaux.
24	. . . . . .	. . . . . .	Verser la sauce par-dessus.
25	. . . . . .	. . . . . .	Servir chaud.

228. — PERDREAUX ET PERDRIX : *Renseignements*.

1	Perdrix rouges, dites Bartavelles		Bec et pattes rouges, gorge blanche. Perdrix les plus rares et les plus estimées.
2	Perdrix grises. .		Un peu plus petites que les perdrix rouges. — Elles sont à leur parfaite grosseur et ont le plus d'arôme en septembre. — Bec et pattes tirant sur le noir.
3	Perdrix de Damas		Variété à plumage blanchâtre, qui traverse quelquefois la France pour se rendre en Égypte.
4	Gambra ou perdrix de roche .		Vient de Corse et d'Espagne. — Pour tuer une perdrix, il suffit de lui serrer le cou entre le pouce et l'index.

229. — *Renseignements pour reconnaître les jeunes perdreaux*.

1	. . . . . .	. . .	Le bec à pincer doit plier sous le doigt.
2	. . . . . .	. . .	Le bout de la 1re grande plume de l'aile est terminé en pointe avec un peu de blanc. (Les perdrix ont cette 1re grande plume de l'aile terminée en rond).
3	. . . . . .	. . .	Les vieilles perdrix n'ont plus de taches blanches et ont les pattes grises.
4	. . . . . .	. . .	Les mâles sont éperonnés.

230. — PERDREAUX ROTIS.

ORDRE des opérations	NOMS.	PROPORTIONS	PRÉPARATIONS ET CUISSON.
1	Perdreaux . . .	2.	Vider.
2	. . . .	. . . .	Plumer.
3	. . . .	. . . .	Flamber.
4	. . . .	. . . .	Trousser en relevant les pattes.
5	Lard fin	. . . .	Employer à piquer l'un des deux perdreaux.
6	Barde de lard. .	2.	Poser dessus et dessous le second perdreau pour l'y envelopper, et rouler un gros fil autour.
7	Feuilles de vigne	2.	Rouler autour de la barde de lard, à volonté, et attacher avec un autre fil.
8	. . . .	. . . .	Allonger les pattes des perdreaux sur la broche et les y assujettir pour les empêcher de se redresser.
9	Beurre.	. . . .	Mettre dans la lèchefrite.
10	. . . .	. . . .	Faire rôtir 20 minutes à la broche devant la cheminée, ou 15 minutes dans la cuisinière devant la cheminée, ou 13 minutes dans la cuisinière devant la coquille.
11	. . . .	. . . .	S'il n'y a pas de feuille de vigne, arroser pendant la cuisson avec le jus qui découle dans la lèchefrite.
12	Sel.	. . . .	Saupoudrer vers la fin de la cuisson.
13	. . . .	. . . .	Dresser les perdreaux à sec sur un plat long.
14	Citron	coupé en 2.	Servir à part pour les amateurs.
15	Sauce piquante.	. . . .	Verser dans la saucière.

CHAPITRE NEUVIÈME

POISSONS

TABLE DES RECETTES

231. — POISSON : ABLETTE. *Renseignements.*

Ablette.	Petit poisson d'eau douce, nommé aussi Able ou Albus, Ovelle ou Borde. — Sa forme ressemble à celle du goujon, mais plus plate, et sa chair est moins bonne. — Ses écailles argentées, d'un vif brillant, fournissent la nacre dont on fait les fausses perles.
Ablettes frites. . . .	Les tremper dans la pâte à frire, puis dans la friture bouillante. — Saupoudrer de sel. — Les servir bien chaudes, entourées de persil frit.

232. — POISSON : ALOSE. *Renseignements.*

Aloses	Poisson de mer et de rivière. — La chair de ce poisson est blanche et ressemble à la carpe. — Tête large et sans dents. — Dos rond et épais. — Ventre tranchant. — La grosseur des aloses va jusqu'à celle du saumon. — Elles remontent les fleuves par grandes bandes comme le hareng.
Aloses de la Seine. .	Estimées : leurs écailles sont très-brillantes, très-argentées.
Aloses d'Orléans . .	Renommées.
Aloses d'Honfleur. .	
	Elles sont bonnes pour la consommation de la fin de mai à la fin de septembre. — Elles grossissent très-vite dans l'eau douce et ne sont bonnes qu'au sortir de l'eau. — Ce poisson n'est jamais trop frais. — On l'écaille, seulement pour le servir en entrée.

233. — POISSON : ALOSE ROTIE.

ORDRE des opérations	NOMS.	PROPORTIONS.	PRÉPARATIONS ET CUISSON.
1	Alose.	À choisir de belle gross.	Laisser les écailles, vider par les ouïes.
2	. . . .	. . . .	Laver, essuyer.
3	. . . .	. . . .	Conserver la queue, mais ébarber les nageoires.
4	. . . .	. . . .	Faire sur le dos quelques incisions en biais, peu profondes et régulières.
5	. . . .	. . . .	La mettre dans un plat creux.
6	Sel, poivre.	. . . . . .	Répandre dessus.
7	Huile d'olives. . . .	. . . . . .	
8	Persil.	quelques	
9	Thym.	branches	Ajouter id.
10	Ciboule.	attachées en	
11	Laurier.	bouquet.	
12	. . . .	. . . .	Laisser mariner 1 heure ou davantage. Retourner le poisson avec précaution dans la marinade.
13	. . . .	. . . .	L'envelopper ensuite dans un fort papier beurré ou huilé.
14	. . . .	. . . .	L'embrocher ou la coucher sur la broche, en l'y maintenant avec des hatelets.
15	. . . .	. . . .	Laisser cuire 1 heure à bon feu.
16	. . . .	. . . .	Vers la fin de la cuisson retirer le papier et arroser avec la marinade.
17	. . . .	. . . .	Quand l'alose a pris une belle couleur, la débrocher.
18	. . . .	. . . .	Poser sur le plat à servir une serviette blanche ployée en deux ou en quatre.

POISSON : ALOSE ROTIE (Suite).

ORDRE des opérations.	NOMS.	PROPORTIONS.	PRÉPARATIONS ET CUISSON.
19	Persil frais en branches. . . .	un lit.	Semer sur la serviette.
20	. . . .	. . . .	Dresser l'alose sur le persil de manière à lui faire présenter la tête à gauche et le dos du côté de celui qu découpe.
21	Sauce piquante..	. . . .	Servir à part dans la saucière.

Manière de découper l'alose rôtie.

1 Avec la truelle d'argent, tracer une ligne profonde de la tête à la queue.
2 Couper les portions par lignes obliques.
3 Laisser la queue entière.
Nota. — Les restes de l'alose sont un plat excellent à servi sur une purée d'oseille. (On écaille alors les morceaux.

234. — POISSON : ANGUILLE. Renseignements.

Anguille..	Poisson de mer, de rivière et d'étang. — Poisson sans écailles et qui imite le serpent. — Dos brun à reflets bleuâtres. — Peau visqueuse et gluante.
A Dieppe.	Sont les meilleures anguilles de mer dites congres. — Elles sont grosses et de bon goût, mais de digestion plus difficile que les anguilles de rivière.
A Melun . . . . . : : A Paris. . . . . . : A Amiens.	Sont les meilleures anguilles de rivière.
Anguilles long bec. . = plat bec. . = pineperneau	Noms des espèces les plus renommées parmi les anguilles de rivière.

POISSON : ANGUILLE. *Renseignements (Suite).*

Anguilles d'étang.	Couleur terne. — Sentent la vase. — On doit les laisser dégorger deux ou trois jours dans l'eau de rivière, à renouveler deux ou trois fois chaque jour.

235. — *Renseignements pour dépouiller une anguille.*

PREMIÈRE MANIÈRE.

1	. . . .	Attacher une ficelle autour du cou de l'anguille.
2	. . . .	Suspendre l'anguille à un clou par cette ficelle.
3	. . . .	Couper la peau en rond tout autour du cou, au-dessous des ouïes.
4	. . . .	Rabattre cette peau dure et épaisse en la prenant avec un linge sec.
5	. . . .	La tirer ainsi de la tête jusqu'à la queue.
6	. . . .	Vider par les ouïes quand on laisse la tête (ou couper la tête qui ne se mange pas).

DEUXIÈME MANIÈRE.

1	. . . .	Couper la tête et la queue de l'anguille.
2	. . . .	Mettre le corps sur le gril au-dessus d'un feu vif.
3	. . . .	Laisser 1 minute seulement, en retournant la bête deux ou trois fois. La peau se boursoufle alors, se détache et se laisse tirer comme un doigt de gant. La graisse huileuse, qui adhérait à l'intérieur, s'enlève, et la chair en devient plus agréable.

236. — *Manière de conserver l'anguille et la peau de l'anguille*

1	. . . .	Bien nettoyer la peau de l'anguille en dedans et en dehors.
2	. . . .	Prendre un bâton de la grosseur de l'anguille.
3	. . . .	Passer ce bâton dans la peau de l'anguille, et laisser sécher.
4	. . . .	Couper l'anguille dépouillée en morceaux de deux pouces.

Manière de conserver l'anguille et la peau de l'anguille (Suite).

5	. . . .	Tremper les morceaux ou tronçons dans le sel.
6	. . . .	Puis les ranger dans un pot de grès à recouvrir de sel et d'un parchemin.
7	. . . .	Ficeler et conserver ainsi le pot, bien fermé, 8 ou 15 jours.
8	. . . .	Employer ensuite les morceaux d'anguille en les faisant cuire sur le gril.
9	. . . .	Servir avec une sauce piquante à volonté.

237. — POISSON : ANGUILLE EN MATELOTE (*Entrée*).

ORDRE des opérations	NOMS.	PROPORTIONS.	PRÉPARATIONS ET CUISSON.
1	Anguille de rivière.	. . . . . .	Dépouiller et couper en morceaux.
2	Beurre.	. . . . . .	Fondre dans une casserole sur un feu doux, en le remuant avec la cuiller de bois jusqu'à ce qu'il devienne d'un beau roux.
3	Farine.	. . . . . .	Semer d'une main dans le beurre en continuant à tourner de l'autre main avec la cuiller de bois. Bien mêler.
4	Petits oignons bl.	. . . . . .	Ajouter ensuite.
5	Eau ou bouillon.	. . . . . .	Verser peu à peu en remuant sans arrêt.
6	Sel, poivre . . .	. . . . . .	Semer en assaisonnement.
7	. . . .	. . . . . .	Mettre alors les morceaux d'anguille dans cette sauce.
8	Farine	. . . . . .	Ajouter si la sauce est trop claire.
9	Persil.	quelques	
10	Thym.	branches	Ajouter dans la casserole.
11	Ciboule.	attachées en	
12	Laurier.	bouquet.	

POISSON : ANGUILLE EN MATELOTE (*Suite*).

ORDRE des opérations	NOMS.	PROPORTIONS.	PRÉPARATIONS ET CUISSON.
13	. . . .	. . . .	Laisser cuire 20 ou 30 min.
14	Pain	coupé en tranches minces.	Faire griller à part.
15	Vin rouge ou vin blanc.	1/2 verre.	Ajouter par-dessus l'anguille vers la fin de la cuisson.
16	. . . .	. . . .	Mettre le pain dans la casserole et lui laisser absorber la sauce.
17	. . . .	. . . .	Chauffer le plat à servir, puis dresser dessus : d'abord les tranches de pain, puis les morceaux d'anguille sur le pain, puis les oignons dessus et autour du plat.
18	. . . .	. . . .	Oter le bouquet de la casserole.
19	. . . .	. . . .	Verser la sauce sur le plat dressé et servir bouillant.

238. — POISSON : ANGUILLE A LA TARTARE
servie entière (Entrée).

ORDRE des opérations	NOMS.	PROPORTIONS.	PRÉPARATIONS ET CUISSON.
1	Anguille de rivière au ventre argenté.		Choisir.
2	. . . .	. . . .	La mettre un instant sur le gril au-dessus d'un feu de braise pour griller la peau.
3	. . . .	. . . .	La retourner.
4	. . . .	. . . .	La peau doit bientôt se boursoufler et se détacher comme un doigt de gant.

POISSON : ANGUILLE A LA TARTARE *servie entière (Suite)*.

ORDRE des opérations	NOMS.	PROPORTIONS.	PRÉPARATIONS ET CUISSON.
5	. . . .	. . . . . .	Dépouiller alors l'anguille en tirant la peau de la tête à la queue.
6	. . . .	. . . . . .	Vider par les ouïes.
7	. . . .	. . . . . .	Ebarber avec des ciseaux.
8	. . . .	. . . . . .	Couper la tête et la queue.
9	. . . .	. . . . . .	Rouler en spirale en enfonçant la queue dans le ventre, ou traverser le tout avec un hatelet pour maintenir en bonne forme.
10	. . . .	. . . . . .	Placer l'anguille, ainsi préparée, au fond d'une casserole ou d'une marmite basse.
11	Vin blanc. . . .	1 verre.	Verser par-dessus.
12	Eau ou bouillon.		
13	Oignons.	coupés en	
14	Carottes.	rondelles.	
15	Thym.	quelq. bran-	
16	Laurier.	ches attach.	Ajouter id.
17	Persil.	en bouquet.	
18	Clous de girofle.	à volonté,	
19	Ail.		
20	Sel, poivre. . .	. . . . . .	
21	. . . .	. . . . . .	Faire cuire l'anguille dans ce court bouillon pendant environ 3/4 d'heure, avec le four de campagne posé par-dessus.
22	. . . .	. . . . . .	Retirer du feu et laisser refroidir dans le court bouillon.
23	Œufs entiers.. .	2	Battre dans un plat creux.
24	Sel, poivre. . .	. . . . . .	
25	Mie de pain rassis	. . . . . .	Emietter dans un autre plat creux.

POISSON : ANGUILLE A LA TARTARE *servie entière (Suite)*.

ORDRE des opérations	NOMS.	PROPORTIONS.	PRÉPARATIONS ET CUISSON.
26	. . . .	. . . . . .	Faire égoutter l'anguille sur un tamis de soie.
27	. . . .	. . . . . .	La tremper ensuite dans la mie de pain, puis dans les œufs battus, puis encore dans la mie de pain pour la repaner (façon dite à l'angl.)
28	. . . .	. . . . . .	La mettre de suite sur le gril posé sur un feu doux.
29	. . . .	. . . . . .	Recouvrir avec le four de campagne.
30	Beurre fondu. .	. . . .	Verser dessus, puis la retourner pour lui faire prendre couleur des deux côtés.
31	. . . .	. . . . . .	La dresser en rond sur le plat à servir.
32	Sauce tartare ou Sauce rémolade ou Beurre d'anchois.	. . . . . .	Verser au milieu.

239. — POISSON : ANGUILLE A LA TARTARE
servie en tronçons (Entrée).

1	Anguille de rivière au ventre argenté . . .	. . . . . .	Choisir.
2	. . . .	. . . . . .	La mettre un instant sur le gril au dessus d'un feu de braise.
3	. . . .	. . . . . .	Laisser une minute seulement puis la retourner.
4	. . . .	. . . . . .	La peau doit bientôt se boursoufler et se détacher comme un doigt de gant.

POISSON   ANGUILLE A LA TARTARE
servie en tronçons (Suite).

ORDRE des opérations	NOMS.	PROPORTIONS.	PRÉPARATIONS ET CUISSON.
5	. . . .	. . . .	Dépouiller alors l'anguille en tirant la peau de la tête à la queue.
6	. . . .	. . . .	Couper l'anguille en tronçons de 12 à 15 centimètres.
7	. . . .	. . . .	Placer les morceaux d'anguille au fond d'une casserole ou une marmite basse.
8	Vin blanc. . . .	1 verre.	Verser par-dessus.
9	Eau ou bouillon.	id.	
10	Sel, poivre . . .	. . . .	
11	Oignons.	à couper	
12	Carottes.	en rondelles,	
13	Thym.	quelques branches	Ajouter.
14	Laurier.	attachées	
15	Persil.	en bouquet.	
16	Clous de girofle.	à volonté.	
17	Ail.		
18	. . . .	. . . .	Mettre le four de campagne par-dessus le tout, et laisser cuire une 1/2 heure.
19	. . . .	. . . .	Retirer du feu et laisser refroidir les morceaux d'anguille dans le court-bouillon.
20	. . . .	. . . .	Faire ensuite égoutter sur un tamis.
21	Beurre	. . . . . . ,	Faire fondre sur un feu doux.
22	Œufs.	1 ou 2.	Battre dans un plat creux.
23	Sel, poivre , . .	. . . .	
24	Mie de pain rassis	. . . .	Emietter dans un autre plat creux.

POISSON : ANGUILLE A LA TARTARE *servie en tronçons* (*Suite*).

ORDRE des opérations	NOMS.	PROPORTIONS.	PRÉPARATIONS ET CUISSON.
25	. . . .	. . . .	Tremper chaque morceau d'anguille dans le beurre fondu d'abord, puis dans la mie de pain, puis dans l'œuf, puis une seconde fois dans la mie de pain et mettre de suite sur le gril.
26	. . . .	. . . .	Poser le gril sur un feu doux et le recouvrir avec le four de campagne, chargé de braise allumée.
27	. . . .	. . . .	Retourner les morceaux une fois pour leur faire prendre couleur des deux côtés.
28	. . . .	. . . .	Chauffer le plat à servir.
29	. . . .	. . . .	Y dresser les morceaux d'anguille.
30	Sauce rémolade.	. . . . . .	
31	ou Sauce tartare.	. . . . . .	Verser par-dessus et servir.
32	ou Sauce au beurre d'anchois. .	. . . . . .	

240. — POISSON : BROCHET. *Renseignements.*

Brochet.	Poisson d'eau douce qui se nourrit d'autres poissons.
Brochet de rivière. .	Le meilleur et le plus recherché. — Ecailles blanches, argentées.
Brochet d'étang . . .	Moins fin. — Ecailles brunes, foncées.—Le brochet a la chair ferme, blanche, facile à digérer. — Le foie en est très-estimé.— Les œufs sont malsains, purgatifs et se suppriment. — Sous les ouïes on trouve souvent du vert-de-gris: alors, on coupe la tête et on la jette.

241. — POISSON : BROCHET ROTI.

ORDRE des opérations	NOMS.	PROPORTIONS.	PRÉPARATIONS ET CUISSON.
1	Beau brochet. . .	. . . .	Nettoyer, vider, écailler.
2	. . . .	. . . .	En retirer les œufs (qui sont purgatifs).
3	Lard fin	taillé en lardons.	Préparer dans un plat.
4	Sel, poivre, muscade.	. . . .	
5	. . . .	. . . .	En piquer le brochet sur trois rangs de chaque côté du dos.
6	. . . .	. . . .	L'embrocher dans sa longueur.
7	. . . .	. . . .	Fixer solidement à la broche les deux bouts du brochet avec une ficelle.
8	. . . .	. . . .	Mettre devant un feu clair, modéré.
9	Vin blanc. . . .	1 verre.	Mêler dans la lèchefrite, agiter le mélange et en arroser le brochet pendant sa cuisson.
10	Huile d'olive . .	3 cuillerées.	
11	Vinaigre	1 filet.	
12	Beurre	. . . .	Fondre à part dans une casserole sur un feu doux.
13	Farine	. . . .	Semer d'une main en tournant de l'autre avec la cuiller de bois.
14	. . . .	. . . .	Y verser id. peu à peu (et en remuant toujours) la sauce du poisson prise dans la lèchefrite.
15	Persil en branches.	. . . .	Étaler sur un plat long.
16	. . . .	. . . .	Débrocher le poisson avec précaution.
17	. . . .	. . . .	Le dresser sur le lit de persil.
18	Sel.	. . . .	Semer sur le dessus.
19	. . . .	. . . .	Servir la sauce à part dans la saucière.

242. — POISSON : CARPE AU BLEU.

ORDRE des opérations	NOMS.	PROPORTIONS.	PRÉPARATIONS ET CUISSON.
1	Carpe.		Nettoyer sans l'écailler.
2	. . . .		Vider par la plus petite ouverture possible, en prenant soin de ne pas crever l'amer.
3	. . . .		S'il y a des œufs, les laisser.
4	. . . .		Supprimer la queue et les nageoires. Enlever les ouïes (sans arracher la langue).
5	. . . .		Ficeler la tête.
6	. . . .		La carpe étant ainsi préparée, la placer dans une poissonnière proportionnée à sa grandeur,
7	Vin rouge ou vinaigre rouge. .	1 verre.	Faire bouillir à part, puis verser sur la carpe.
8	Vin rouge ou eau bouillante . . .	. . . . . .	Ajouter jusqu'à ce que la carpe y baigne complétement.
9	Oignons.	3 coupés en tranches.	
10	Carottes	id.	
11	Persil.		Mettre en garniture et assaisonnement dans la poissonnière.
12	Sauge	1 fort bouquet.	
13	Ciboule.		
14	Laurier.	1 feuille.	
15	Thym.	1 branche.	
16	Clous de girofle.	3	
17	Sel, poivre . . .	. . . . . .	
18	. . . .	. . . . . .	Mettre la poissonnière, ainsi remplie, sur un feu doux.
19	. . . .	. . . . . .	Laisser mijoter une heure ou davantage, selon la grosseur de la carpe

POISSON : CARPE AU BLEU (*Suite*).

ORDRE des opérations	NOMS.	PROPORTIONS.	PRÉPARATIONS ET CUISSON.
20	. . . .	. . . .	Écumer.
21	. . . .	. . . .	Quand le poisson est bien cuit, retirer la poissonnière du feu.
22	. . . .	. . . .	Laisser refroidir dans la poissonnière.
23	. . . .	. . . .	Puis faire égoutter la carpe sur un linge.
24	. . . .	. . . .	Étendre un autre linge blanc sur un grand plat long ou sur une planche.
25	Persil.	en branches.	Étaler sur le linge blanc.
26	. . . .	. . . .	Poser la carpe sur le lit de persil.
27	. . . .	. . . .	Déficeler la bête avec précaution.
28	. . . .	. . . .	Garder le court-bouillon pour faire réchauffer.
29	Persil.	hacher fin.	Mêler dans la saucière et servir en assaisonnement.
30	Ciboule.		
31	Huile d'olives. .	2 cuillerées.	
32	Vinaigre.	1 cuillerée.	

243. — *Manière de servir la carpe à table.*

1 | Avec la truelle d'argent, tracer une ligne droite de la tête à la queue.

2 | Offrir la tête comme le morceau d'honneur à cause de la langue.

3 | Le côté du dos vient après la tête comme le morceau le plus délicat.

4 | Lever la peau et les écailles à mettre à part.

5 | Couper la chair en portions droites ou obliques.

6 | Les œufs sont excellents.

244. — CARPE EN MATELOTE A LA MARINIÈRE.

ORDRE des opérations	NOMS.	PROPORTIONS.	PRÉPARATIONS ET CUISSON.
1	Carpes œuvées .	2.	Choisir de préférence aux carpes laitées.
2	. . . .	. . . . .	Vider, nettoyer.
3	. . . .	. . . . .	Couper en tronçons égaux.
4	. . . .	. . . . .	Recueillir dans une tasse le sang qui découle, à garder pour la sauce.
5	Beurre.:	. . . . .	Faire fondre dans une casserole sur un feu doux.
6	Farine.	. . . . .	Faire pleuvoir d'une main sur le beurre, en tournant de l'autre main avec la cuiller de bois, pour faire un roux.
7	Petits oignons. .	12	Passer dans le beurre.
8	Champignons. .	12	
9	Sel, poivre.. . .	. . . . .	Saupoudrer.
10	. . . .	. . . . .	Retirer sur un plat à part les oignons et les champignons à mesure qu'ils prennent couleur.
11	Vin rouge. . . .	1/2 litre.	Verser peu à peu sur le beurre resté dans la casserole, et mêler avec la cuiller de bois.
12	Persil.	quelques branches attachées en bouquet.	
13	Cerfeuil. . . .		Mettre dans la sauce.
14	Ciboule.		
15	Eau chaude. . .	. . . . .	Ajouter à volonté pour allonger la sauce.
16	. . . .	. . . . .	Faire bouillir sur un feu clair.
17	. . . .	. . . . .	Quand la sauce bout, y mettre les morceaux de carpes.
18	. . . .	. . . . .	Remettre par-dessus les oignons et les champignons qui ont été retirés.

POISSON : CARPE EN MATELOTE A LA MARINIÈRE (*Suite*).

ORDRE des opérations	NOMS.	PROPORTIONS.	PRÉPARATIONS ET CUISSON.
19	Sucre.	un petit morceau.	Ajouter à volonté.
20	. . . .	. . . . . .	Laisser bouillir 1 heure à découvert sur un feu clair de cheminée pour que la flamme s'élève et mette le feu à la vapeur du vin.
21	Pain rassis . . .	. . . . . .	Couper en tranches minces à faire griller à part vers la fin de la cuisson des carpes.
22	. . . .	. . . . . .	Chauffer le plat à servir en le passant dans de l'eau bouillante, puis l'essuyer vivement.
23	. . . .	. . . . . .	Y ranger les tartines de pain grillé.
24	. . . .	. . . . . .	Dresser les morceaux de poissons sur le pain ; les têtes au milieu et les œufs dessus. Les oignons et les champignons parsemés autour du plat.
25	. . . .	. . . . . .	Retirer le bouquet de la sauce à laisser réduire encore un instant dans la casserole.
26	Le sang qui a été mis à part. . .	. . . . . .	Mêler peu à peu à la sauce.
27	. . . .	. . . . . .	Ne plus laisser bouillir en mettant la casserole sur le bord du fourneau.
28	. . . .	. . . . . .	Verser sur le plat et servir.
29	Ecrevisses. . . .	. . . . . .	Ajouter, à volonté, en cordon autour du plat pour garniture.

245. — POISSON : CARPES. *Renseignements.*

Carpe.	Poisson de forme oblongue. — Ecailles argentées et brillantes. — Chair légère et fort estimée.
Carpes de rivière . .	Les meilleures; abondent en avril, mai et juin. Celles de la Seine sont en réputation. Celles du Rhin sont énormes.
Carpes d'étangs. . .	Les moins bonnes : elles ont les écailles brunes; leur chair a souvent un goût de bourbe et de vase. *Nota.* — La carpe se corrompt vite, et doit se prendre encore vivante pour l'accommoder.

246. — *Manière d'enlever le goût de vase aux carpes d'étangs.*

Vinaigre (1 verre). .	Faire avaler à la carpe au sortir de l'eau. Il se forme alors une transpiration épaisse (d'où s'échappe tout le goût de vase) et qu'on râtisse au couteau. La chair se raffermit aussitôt que la bête est morte, et la carpe devient aussi bonne que si elle était pêchée dans l'eau vive.

247. — POISSON : CREVETTES. *Renseignements.*

Crevettes de Rouen.	Très-renommées. — Les crevettes les meilleures deviennent d'un rose clair en cuisant.
Chevrettes (ou crevettes pâles). . . .	Sont d'un gris terne; plus petites et moins estimées que les crevettes. Elles deviennent d'un rouge brun foncé en cuisant.
Salicoques	3e espèce de crevettes : deux fois plus grosses que les autres; elles sont renommées en Bretagne. *Nota.* — Les crevettes se corrompent très-vite, on les expédie toutes cuites.—Si elles sont gluantes au toucher, et si la queue est mollasse, il faut les jeter. — On sert les crevettes en pyramide ou buisson sur un lit de persil frit.

248. — POISSON : HARENGS. *Renseignements.*

Harengs frais. . . .	Poisson de passage, très-abondant de septembre à janvier sur les côtes de la Manche, de l'Océan et de la Méditerranée. Excellents et faciles à digérer.
Harengs laités. . . .	A choisir comme les meilleurs.
Harengs saurs. . . .	Salés et fumés, surnommés le jambon de carème.
Harengs saurs d'Irlande.	Les meilleurs, parce qu'ils sont fumés au genièvre.

249. — HARENGS FRAIS SUR LE GRIL, A LA MAITRE-D'HOTEL.

ORDRE des opérations	NOMS.	PROPORTIONS.	PRÉPARATIONS ET CUISSON.
1	Harengs frais laités.	. . . . . .	Les meilleurs à choisir.
2	. . . .	. . . . .	Vider par les ouïes (sans ouvrir le ventre).
3	. . . .	. . . . .	Écailler en ratissant.
4	. . . .	. . . . .	Les mettre dans un plat creux.
5	Eau.	. . . . .	Verser dessus et les nettoyer.
6	. . . .	. . . . .	Les essuyer avec soin dans un linge blanc.
7	. . . .	. . . . .	Jeter l'eau qui a servi.
8	. . . .	. . . . .	Ranger de nouveau les harengs dans le plat creux.
9	Sel fin.		
10	Poivre..		Saupoudrer légèrement.
11	Persil.	hachés fin.	
12	Ciboule.		
13	Huile d'olives. .	1 filet.	Arroser id. le dessus des harengs.
14	. . . .	. . . . .	Laisser 1 heure dans cette marinade, en les retournant deux ou trois fois.

POISSON : HARENGS FRAIS SUR LE GRIL, A LA MAITRE-D'HOTEL (Suite).

ORDRE des opérations	NOMS.	PROPORTIONS.	PRÉPARATIONS ET CUISSON.
15			Chauffer un gril.
16			Retirer les harengs de la marinade sans les essuyer.
17			Leur faire une légère incision le long du dos.
18			Les placer à mesure sur le gril.
19			Mettre le gril chargé sur un feu ardent.
20			Retourner les harengs deux ou trois fois durant leur cuisson.
21			Chauffer le plat à servir en le trempant dans de l'eau presque bouillante, puis l'essuyer vivement.
22			Y dresser les harengs grillés.
23	Beurre.		Manier en boulette à introduire au dedans du corps des harengs par la fente faite au dos.
24	Persil.	haché fin.	
25	Sel, poivre..		
26	Vinaigre ou jus de citron....	1 filet.	Arroser et servir.
27	Persil.	quelq. branc.	Mettre en garniture, à volonté, autour du plat.
28	Sauce tomate ou aux câpres.		Servir à part dans la saucière à volonté.
			Nota. — Ces harengs sont très-bons aussi à servir sur une purée de pois secs ou autre purée.

250. — HARENGS PECS EN VINAIGRETTE
(salés nouvellement).

1	Harengs pecs. .	Supprimer la tête, la queue, la peau et les nageoires.
2	. . . .	Couper le reste en filets.
3	. . . .	Mettre les filets dans un plat creux.
4	Eau et lait . . .	Verser dessus à tout baigner.
5	. . . .	Laisser dessaler pendant 24 heures.
6	. . . .	Faire égoutter sur une passoire ou sur un tamis.
7	. . . .	Les ranger ensuite dans un saladier.
8	Cresson et autres fournitures de salades à volonté	Mettre autour des filets.
9	Sel.	Saupoudrer.
10	Vinaigre	Répandre dessus et mêler le tout en salade
11	Huile.	avec un couvert de buis ou d'ivoire.

251. — POISSON : HARENGS FRAIS EN MATELOTE.

ORDRE des opérations	NOMS.	PROPORTIONS.	PRÉPARATIONS ET CUISSON.
1	Harengs frais. .	3 œuvés et 3 laités.	Vider par les ouïes, supprimer la tête et la queue.
2	. . . .	. . . .	Couper chaque hareng en deux parties égales, dans le sens transversal.
3	Sel, poivre.. . .	mêlés.	Saupoudrer de tous côtés chaque morceau de hareng.
4	Beurre frais. . .	125 gramm.	
5	Farine..	1/2 cuillerée.	
6	Persil.	à attacher en	Ajouter.
7	Ciboule.	bouquet.	
8	Petits oignons. .	12	
9	Champignons . .	12	

POISSON : HARENGS FRAIS EN MATELOTE (*Suite*).

ORDRE des opérations	NOMS.	PROPORTIONS.	PRÉPARATIONS ET CUISSON.
10	. . . .	. . . .	Poser sur cette garniture les morceaux de harengs préparés.
11	Vin rouge. . . .	2 ou 3 verres.	Verser par-dessus.
12	. . . .	. . . .	Faire cuire à découvert sur un feu vif.
13	. . . .	. . . .	Quand la sauce est réduite, les harengs se trouvent cuits à point.
14	Beurre.	. . . .	Faire fondre dans une casserole à part.
15	Pain rassis . . .	coupé en tranches minces.	Mettre à frire dans le beurre.
16	Sel	. . . . . .	Saupoudrer.
17	. . . .	. . . .	Retourner le pain dans le beurre.
18	. . . .	. . . .	Chauffer le plat à servir en le trempant dans de l'eau presque bouillante, puis l'essuyer vivement.
19	. . . .	. . . .	Ranger les tranches de pain sur le plat et les morceaux de harengs par-dessus.
20	. . . .	. . . .	Disposer autour les oignons et les champignons.
21	. . . .	. . . .	Retirer le bouquet de la casserole et verser la sauce sur le tout.
22	. . . .	. . . .	Servir chaud.

252. — HOMARD ET LANGOUSTE (*Entrée*).

1	Homard (dit écrevisse de mer)..	Le plus estimé des crustacés. — Abonde sur les côtes de la Manche et de l'Océan. Il a les pattes plus grosses que celles de la langouste.— Les plus lourds, bien pleins, sont les meilleurs à choisir.— Le homard de moyenne grosseur a la chair plus délicate que le homard plus gros, qui souvent est plus vieux. — La bonne odeur du dos témoigne de sa fraîcheur. — Autre signe de fraîcheur : la queue, tirée par le petit bout, doit se replier sur elle-même, sans se laisser étendre. — Le homard, quoique acheté tout cuit, doit se recuire encore 1/2 heure. — Le mettre dans une grande casserole sur un bon feu.
2	Sel, poivre....	Saupoudrer.
3	Vinaigre et eau.	Verser par-dessus à le baigner.
4	Persil......	
5	Ciboule.....	Quelques branches attachées en bouquet :
6	Thym......	ajouter.
7	Laurier.....	
8	....	Laisser bouillir à découvert 1/2 heure.
9	....	Retirer alors la casserole du feu et laisser le homard refroidir dans sa cuisson.
10	....	Mettre ensuite le homard sur un linge blanc et le bien essuyer.
11	Huile d'olives..	Prendre au bout d'un linge et en frotter légèrement la coquille sur toute sa surface, pour lui donner un beau luisant de vernis.
12	....	Casser les pattes.
13	....	Fendre le milieu du dos en long.
14	....	Poser, sur le plat à servir, une serviette blanche pliée en quatre.
15	Persil en branches......	Étaler par-dessus.
16	....	Placer le homard au milieu.
17	....	Remettre les grosses pattes autour.

253. — *Sauce rémolade à servir avec le homard.*

1	Tourteau	Substance à détacher de la grande coquille du homard.
2	Œufs du homard.	A prendre sous la queue et à mettre dans un saladier.
3	Persil.	Hacher fin et mêler avec le tourteau et les œufs.
4	Ciboule.	
5	Moutarde. . . .	
6	Sel, poivre. . .	1 grande cuillerée : ajouter peu à peu en tournant avec la cuiller de bois.
7	Huile d'olives. .	
8	Vinaigre ou citron.	
9	. . . .	Bien battre le mélange et le verser dans la saucière.

254. — HUITRES. *Renseignements.*

De septembre à avril	Temps de la consommation des huitres de l'Océan et de la Manche. — Les huitres sont meilleures quelque temps après leur sortie de la mer.
Huitres blanches.. .	Espèce la plus commune.
Huitres vertes d'Ostende, de Cancale. .	Espèces renommées qui, étant plus long-temps en parc, se nourrissent de substances végétales vertes, dont elles retiennent la couleur.
Huitres dites pieds de cheval.	(Huitres non parquées.) Elles ont une saveur très-forte et sont préférables cuites.
Vin blanc de Chablis ou de Champagne..	Excellents à prendre par-dessus les huitres.

255. — *Méthode pour ouvrir les huitres.*

1	. . . .	Tenir dans sa main droite un couteau à lame courte et ronde.
2	. . . .	Couvrir sa main gauche d'un linge et y prendre la coquille du côté convexe pour que l'eau ne s'en échappe pas.

Méthode pour ouvrir les huîtres (Suite).

3	. . . .	Introduire la lame du couteau dans la charnière de la coquille : abaisser, relever, en donnant des secousses réitérées.
4	. . . .	Quand la coquille supérieure se sépare un peu de l'autre, glisser la lame du couteau entre les deux pour les séparer entièrement.
5	. . . .	Si l'huître est bien fraîche, une eau claire doit recouvrir toute la surface de sa chair.
6	. . . .	La coquille inférieure doit être lisse et luisante sans aucune tache.
7	. . . .	L'huître meurt seulement quand on la détache de sa coquille inférieure.
8	. . . .	*Nota.* — Il faut donc rejeter comme mauvaises les huîtres déjà entr'ouvertes, ou celles dont les bords de la coquille sont mous à pouvoir s'écraser sous les doigts, ou celles dont l'eau est âcre et picotante (preuve que l'eau de la mer a pénétré dans l'intérieur).

256. — *Manière de servir les huîtres au déjeuner.*

1	. . . .	Ranger, dans un grand plat, les huîtres à découvert dans leur coquille de dessous.
2	Citron.	Couper en deux, retirer les pépins, le servir à part dans un bateau à hors-d'œuvre.
3	Poivre dit mignonnette.. . .	Mettre dans une petite poivrière.
4	. . . .	Ajouter au couvert de chaque convive une petite fourchette en argent, à trois dents, dite fourchette à huîtres.

257. — *Tartines flamandes à offrir avec les huîtres.*

1	Pain de ménage ou pain de seigle	Tailler en grandes tartines minces.
2	Beurre	Étaler sur les tartines, les couper ensuite par la moitié en longueur, et recouvrir ces deux moitiés l'une par l'autre, beurre sur beurre.

Tartines flamandes à offrir avec les huitres (Suite).

3	Couper alors le pain en longues mouillettes à égaliser.
4	Les ranger sur une assiette en pyramide, deux par deux, comme des biscuits.
5	Faire passer aux convives.

258. — POISSON : LIMANDES AU GRATIN (*Entrée*).

Limandes.	Poisson de mer plat, ressemblant à la sole, mais à tête plus pointue. — Chair blanche, légère à digérer. — Les choisir très-fraiches.— Grater, ratisser des deux côtés. — Vider en faisant une petite incision sous les ouïes. — Couper les barbes des nageoires tout autour. — Laver, nettoyer soigneusement le corps.— Fendre du côté noir, le long de l'arête du dos.
1 Beurre . . . . . 2 Farine	Manier ensemble en boulette.
3 Persil. . . . . . 4 Ciboule. . . . . 5 Echalote	Hacher fin et mêler au beurre.
6 Champignons (déjà cuits). . .	Ajouter id. et bien mêler le tout.
7 Sel, poivre . . . 8	Etaler la moitié de cette farce au fond d'un plat métallique allant au feu.
9 Chapelure. . . . 10 Sel, poivre. . .	Semer par-dessus.
11	Placer les limandes sur le lit de farce.
12 Sel, poivre . . . 13 Chapelure. . . .	Saupoudrer légèrement.
14	Recouvrir avec la moitié de la farce gardée à part.
15 Vin blanc (1/2 verre) . . . . 16 Ou eau-de-vie (1 cuillerée) . . . 17 Bouillon (1 tasse)	Ajouter pour arroser le tout.

POISSON : LIMANDES AU GRATIN (*Entrée*) (*Suite*).

18	. . . .	Poser le plat ainsi chargé sur le fourneau.
19	. . . .	Recouvrir avec le four de campagne garni de charbons allumés.
20	. . . .	Laisser gratiner et prendre une belle couleur.
21	. . . .	Servir très-chaud dans le plat où les limandes ont cuit.
22	Citron (coupé en deux)	Offrir à part aux amateurs.

259. — POISSON : LOTTE. *Renseignements*.

Lotte.	Poisson très-délicat, qui remplace avantageusement l'anguille. — Très-estimé dans l'est de la France. — Corps long, blanc sous le ventre et jaune dessus. — Longueur d'un pied environ. — Ecailles peu visibles. — On jette les œufs qui sont purgatifs. — Le foie, très-recherché des gastronomes, est le morceau d'honneur. — Tremper la lotte dans l'eau bouillante ; limoner, ratisser, gratter de la tête à la queue, vider. — Plus tendre que l'anguille, elle peut recevoir les mêmes accommodements et exige moins de cuisson.

260. — MOULES : *Renseignements*.

1	Moules.	Bonnes pour la consommation du mois de septembre au mois d'avril.
2	Moules de mer.	Les meilleures.
3	Moules d'eau douce ou anodontes.	Se pêchent dans les rivières et dans les étangs.
4	. . . .	Choisir les moules grasses, lourdes et ayant les deux coquilles bien fermées. — Celles de moyenne grosseur sont souvent plus délicates et les plus pleines au dedans.
5	. . . .	Les mettre dans un plat creux.

MOULES. *Renseignements (Suite)*.

6	Eau (à tout baigner)	Verser dessus et les laisser tremper 5 ou 6 heures pour leur ôter le goût d'herbes marines.
7	Vinaigre (quelques gouttes) .	
8	. . . .	Changer l'eau plusieurs fois.
9	. . . .	Les égoutter en les secouant dans un panier à salade.
10	. . . .	Les nettoyer avec une brosse dure ou les ratisser avec un vieux couteau.

261. — MOULES A LA POULETTE.

1	Moules bien nettoyées	Mettre à sec dans une poêle sur un bon feu et les remuer en les secouant.
2	. . . .	A mesure qu'elles s'ouvrent à la chaleur, les retirer de la poêle et supprimer la coquille de dessus.
3	. . . .	Les ranger sur un plat.
4	. . . .	Examiner si elles renferment de petites crabes, pour les ôter avec soin.
5	. . . .	Verser dans un bol à part l'eau rendue par les moules, et passer cette eau au tamis.
6	Beurre frais (un gros morceau).	Faire fondre dans la même poêle sur un feu doux.
7	Farine (1 pincée)	Saupoudrer d'une main en tournant de l'autre main avec la cuiller de bois.
8	Persil, ciboule, cerfeuil (hachés fin à l'avance).	Semer sur le beurre en continuant à remuer et mêler.
9	. . . .	Bien mêler le tout sans laisser roussir.
10	Eau des moules (passée au tamis et gardée à part)	Verser peu à peu d'une main en tournant de l'autre avec la cuiller de bois.
11	Sel, poivre . . .	Saupoudrer.
12	. . . .	Mettre les moules à cuire dans cette sauce.

MOULES A LA POULETTE (*Suite*).

13	. . . .	Laisser bouillir à découvert quelques instants.
14	. . . .	Chauffer le plat à servir en le trempant dans l'eau bouillante, puis l'essuyer vivement.
15	. . . .	Le tenir sur le bord du fourneau et y ranger les moules.
16	. . . .	Retirer du feu la casserole où est restée la sauce et attendre qu'elle ne bouille plus.
17	Jaunes d'œufs (2 ou 3)	Délayer à part dans un bol, puis mêler peu à
18	Sel.	peu à la sauce en tournant avec la cuiller
19	Jus de citron ou filet de vinaigre	de bois.
20	. . . .	Verser cette sauce, bien liée, sur les moules, et servir chaud.

262. — POISSON : MAQUEREAU. *Renseignements.*

Maquereau.	Poisson de mer qui vient de l'océan Polaire, ressemble au thon de la Méditerranée. — Abonde au printemps et en été. — Sa peau est sans écailles, d'un blanc brillant, argenté, mêlé de marbrures vertes. — Sa chair est ferme, nourrissante et de bon goût. — Les ouïes ou branchies sont très-rouges quand le poisson est bien frais.

263. — MAQUEREAUX A LA MAITRE-D'HOTEL.

1	Maquereaux (2 ou 3)	Choisir laités et très-frais.
2	. . . .	Vider, bien nettoyer.
3	. . . .	Parer en coupant le bout de la tête et le bout de la queue.
4	. . . .	Fendre le dos de la tête à la queue.
5	. . . .	Retirer un petit boyan noir avec la pointe du couteau à passer par la fente du dos.
6	. . . .	Mettre les maquereaux dans un plat creux.

MAQUEREAUX A LA MAITRE-D'HOTEL (*Suite*).

7	Huile fine . . .	
8	Sel, poivre. .	Répandre dessus.
9	Persil en bran-ches.	
10	. . . .	Laisser 1/2 heure dans cette marinade.
11	. . . .	Retirer ensuite les maquereaux et les essuyer dans un linge blanc.
12	. . . .	Chauffer le gril un moment pour que le poisson ne s'y attache pas, puis y poser les maquereaux et les faire cuire sur un feu doux.
13	. . . .	Quand ils sont cuits d'un côté, les retourner de l'autre.
14	. . . .	Chauffer un plat long en le trempant dans l'eau bouillante, puis l'essuyer vivement et y coucher les maquereaux.
15	Persil.	
16	Cerfeuil. . . .	Hacher fin.
17	Ciboule. . . .	
18	Beurre	Mêler aux herbes hachées et manier le tout en boulette.
19	Sel, poivre . .	Ajouter id.
20	. . . .	Avec une cuiller de bois glisser la boulette de beurre aux fines herbes dans le corps des maquereaux par la fente qui leur a été faite au milieu du dos. (La chaleur des maquereaux cuits doit suffire à faire fondre là-dedans la maître-d'hôtel.)
21	Jus de citron ou filet de vinaigre	Répandre dessus à volonté et servir de suite.

264. — POISSON ; MERLAN. *Renseignements.*

Merlan.	Poisson de mer. — Le plus facile à digérer de tous les poissons, mais le moins nourrissant. —Celui d'Océan est le plus petit, mais le plus délicat. — Quand il est bien frais il doit avoir : les écailles argentées, l'œil vif, le ventre et les flancs d'une blancheur éblouissante et quelques nuances verdâtres sur le dos.

265. — POISSON : MERLANS FRITS.

1	Merlans bien frais	Ecailler ou ratisser le dessus avec un vieux couteau.
2	. . . .	Les mettre dans une terrine.
3	Eau fraîche. . .	Verser dessus et les laver.
4	. . . .	Vider (excepté le foie à remettre dans l'intérieur du corps).
5	. . . .	Essuyer, parer en coupant le bout de la queue et des nageoires.
6	. . . .	Faire de chaque côté 5 ou 6 incisions profondes, en sens oblique, pour que la peau ne se crevasse pas en cuisant.
7	Farine	Mettre dans un saladier ou autre plat creux pour préparer la pâte à frire.
8	Eau tiède. . . .	Verser peu à peu dans la farine et mêler doucement en délayant avec la cuiller de bois.
9	Beurre frais . .	Fondre dans une casserole à part sur un feu doux.
10	Sel.	Saupoudrer.
11	. . . .	Quand il est fondu, en arroser la pâte peu à peu en continuant à tourner.
12	. . . .	Délayer, travailler la pâte avec la cuiller jusqu'à ce qu'elle devienne bien lisse, sans être trop épaisse.
13	Blancs d'œufs. .	Battre en mousse dans un bol, puis l'incorporer à la pâte en mêlant vivement.
14	Huile d'olive . .	Faire bouillir dans la poêle pour friture.
15	Sel.	Ajouter.
16	. . . .	Quand la friture est bouillante, plonger chaque merlan d'abord dans la pâte préparée, puis dans la friture.
17	. . . .	Y ranger les merlans tête-bêche, c'est-à-dire à têtes contrariées.
18	. . . .	Laisser prendre une belle couleur.
19	. . . .	Les retourner dans la friture avec grand soin.
20	. . . .	Puis faire égoutter.
21	. . . .	Placer une serviette chaude sur un plat long à servir.
22	. . . .	Y coucher les merlans tête-bêche.

POISSON : MERLANS FRITS (*Suite*).

23	Sel fin	Saupoudrer.
24	Persil en branches.	Disposer autour en garniture.
25	. . . .	Offrir du citron aux amateurs.

266. — POISSON : MERLANS AU GRATIN.

1	Merlans.	3 ou 4 : nettoyer, vider.
2	. . . .	Ecailler ou gratter avec un vieux couteau.
3	. . . .	Couper les nageoires.
4	Farine	Etaler sur une table de cuisine ou sur une planche à pâte.
5	. . . .	Y rouler les merlans.
6	Persil.	
7	Ciboule.	
8	Cerfeuil.	Hacher fin
9	Echalote	
10	Champignons. .	
11	Beurre.	Faire fondre dans une tourtière sur un feu doux.
12	. . . .	Y semer un lit de fines herbes hachées, et retirer du feu.
13	. . . .	Poser les merlans dessus les fines herbes en les plaçant à têtes contrariées (ou tête-bêche).
14	Beurre	Faire fondre dans une casserole à part sur un feu doux, et, quand il est fondu, en arroser les merlans.
15	Sel, poivre. . .	Saupoudrer.
16	Chapelure . . .	Répandre id. en couche épaisse.
17	Vin blanc (un verre).	Verser par-dessus le tout.
18	Bouillon (un verre).	
19	. . . .	Mettre la tourtière ainsi garnie sur un feu doux.
20	. . . .	Recouvrir avec le four de campagne chargé de braise allumée.
21	. . . .	Laisser bien cuire.
22	. . . .	Servir dans le plat de cuisson.

267. — POISSON : MERLANS AUX FINES HERBES.

1	Merlans.	3 : écailler ou ratisser avec un vieux couteau.
2	. . . .	Bien laver.
3	. . . .	Vider (excepté le foie à remettre dans l'intérieur du corps).
4	Beurre.	Etaler dans une tourtière.
5	Ciboule.	
6	Persil.	Hacher fin, mêler et semer sur le beurre.
7	Cerfeuil.	
8	Sel, poivre. . .	Saupoudrer.
9	. . . .	Coucher sur ce lit de fines herbes les merlans en les plaçant tête-bêche (c'est-à-dire contrariées).
10	Beurre.	Fondre dans une casserole à part sur un feu doux, puis, quand il est tiède, en arroser les merlans.
11	Vin blanc (un verre).	
12	Bouillon ou eau (un verre). . .	Verser par-dessus le tout et laisser cuire.
13	. . . .	A moitié cuisson, retourner les merlans avec soin pour ne pas les briser.
14	. . . .	Quand tout est bien cuit, faire découler la sauce en inclinant doucement la tourtière au-dessus d'une casserole, sans déranger les poissons.
15	Beurre	Manier ensemble en boulette à ajouter à la sauce sur le bord du fourneau, et délayer peu à peu avec la cuiller de bois.
16	Sel.	
17	Farine	
18	Œufs.	Mêler en délayant le tout dans un bol, puis verser cette liaison dans la sauce au moment de servir.
19	Sel, poivre. . .	
20	Jus de citron . .	
21	. . . .	Verser la sauce liée sur les poissons et servir dans la tourtière où ils ont cuit.

268. — GOUJONS. *Renseignements.*

Goujon.	Petit poisson très-estimé. (Ne pas confondre avec l'ablette qui lui ressemble, mais qui a le corps plus plat.)
Goujon de mer . . .	Blanc et vert.
Goujon de rivière. .	Bleuâtre. (Les meilleurs sont longs et minces ; les gros sont moins délicats.)

269. — GOUJONS FRITS.

1	Goujons.	Vider, essuyer.
2	Farine	Répandre dans un plat creux.
3	. . . .	Y rouler les goujons.
4	Beurre ou friture	Faire bouillir dans la poêle.
5	. . . .	Y jeter les goujons, un à un.
6	Sel, poivre . .	Saupoudrer.
7	. . . .	Dès qu'ils sont raides et croustillants, les retirer de la friture.
8	. . . .	Les dresser en buisson sur le plat à servir.
9	Persil frit. . . .	Mettre en garniture autour du plat.
10	. . . .	Et servir chaud.

270. — POISSON : MORUE. *Renseignements.*

Morue..	Poisson de mer, bon en toutes saisons.
Cabillaud.	Nom donné à la morue fraîche.
Stockfish.	Morue desséchée et fumée, mais non salée.
Morue verte	Morue salée sans être séchée.
Morue sèche ou merluche.	Morue séchée et salée. — Choisir la chair blanche à grands feuillets épais et la peau noire.

1	Morue salée . .	Faire tremper 24 heures dans de l'eau de puits ou de rivière pour la dessaler (changer l'eau plusieurs fois).
2	. . . .	La faire bouillir dans la dernière eau 15 ou 20 minutes.
3	. . . .	Écumer à mesure que l'écume monte.
4	. . . .	Puis retirer du feu la marmite ou la casserole.

MORUE. *Renseignements (Suite)*.

5	. . . .	Mettre un couvercle.
6	. . . .	Laisser baigner dans l'eau de cuisson un quart d'heure au moins.
7	. . . .	Faire égoutter et accommoder.
		Nota. — Sans ces préparations la morue durcirait en cuisant.

271. — POISSON : MORUE A LA CRÈME.

1	Morue préparée, dessalée . . .	Parer en retirant la peau et les arêtes.
2	Beurre.	Faire fondre dans une casserole sur un feu doux sans laisser roussir.
3	Sel.	Saupoudrer.
4	Lait ou crème .	i tasse. — Mêler peu à peu en tournant avec la cuiller de bois.
5	. . . .	Y mettre les morceaux de morue.
6	. . . .	Laisser mijoter à découvert jusqu'à ce que la sauce ait réduit.
7	. . . .	Transvaser alors le tout dans un plat creux allant au feu.
8	. . . .	Bien égaliser la surface de la morue.
9	Mie de pain. . .	Emietter fin et semer en couche épaisse sur la morue.
10	Beurre.	Faire fondre à part dans la casserole, puis le verser par-dessus le pain.
11	Mie de pain. . .	Emietter fin et en semer de nouveau une 2e couche.
12	. . . .	Recouvrir le plat avec le four de campagne chargé de braise allumée.
13	. . . .	Laisser cuire.
14	. . . .	Servir chaud dans le plat de cuisson.
15	Croûtons frits à part.	Mettre en garniture autour du plat.

272. — POISSON : MULET. *Renseignements*.

Mulet.	Poisson excellent en automne et en hiver. — Chair blanche, ferme et délicate. — Ce poisson reçoit les mêmes accommodements que le maquereau et le merlan.

273. — POISSON : PERCHE. *Renseignements.*

Perche.	Un des meilleurs poissons d'eau douce, surnommée « la Perdrix des rivières. » — Forme presque carrée. — A les yeux placés du côté droit de la tête. — Petites écailles à peine visibles. — Sur le dos : crête épineuse très-piquante. — Chair blanche, ferme et fine. — La perche est bonne en toutes saisons. — On la sert : frite, — à la sauce blanche, — au beurre, — à la crème, — au gratin, etc.
Plie-Limande. . . .	Autres poissons de même espèce que la perche, et qui s'accommodent de même.

274. — *Renseignements pour conserver vivant le gros poisson à faire voyager.*

Tremper de la mie de pain dans de l'eau-de-vie et en remplir l'intérieur des ouïes ou branchies du poisson. — Arroser d'eau-de-vie tout le poisson. — Envelopper dans de la paille et expédier. — Le poisson, mis dans cet état, tombe dans un engourdissement qui peut durer *plus de quinze jours.* — On le réveille en le replongeant dans de l'eau fraîche.

275. — POISSON : RAIE. *Renseignements.*

Raie	Poisson de mer très-nourrissant, mais peu délicat. — Se conserve en bon état de fraîcheur plusieurs jours, même par les temps chauds. — La raie n'est pas mangeable au moment où elle vient d'être pêchée. — On la laisse attendrir un jour au moins en été et deux jours en hiver.
Raie bouclée	Espèce la plus recherchée. — Plus petite que les autres. — Hérissée d'aspérités. — Mais chair tendre et délicate.
Raie turbot.	Appelée la rose bouclée.
Raie blanche	Commune, dure et coriace. — Morceau le plus estimé : les ailes. — Temps des meilleures raies : l'été et l'automne.

276. — POISSON : RAIE AU BEURRE NOIR.

1	Raie bouclée . .	La meilleure à choisir.
2	. . . .	La mettre dans une grande terrine.
3	Eau, sel	Verser dessus, la bien laver, nettoyer.
4	. . . .	Changer l'eau plusieurs fois.
5	. . . .	Gratter la raie, la vider.
6	. . . .	Mettre le foie à part et le laver.
7	. . . .	Placer la raie dans un chaudron.
8	Eau fraîche. . .	Verser dessus à tout baigner.
9	Vinaigre (1 verre)	
10	Carottes.	
11	Petits oignons .	Ajouter.
12	Persil, thym, laurier (en bouquet)	
13	Sel, poivre . . .	
14	. . . .	Faire bouillir 1/2 heure à petit feu.
15	. . . .	Écumer.
16	. . . .	Remettre alors le foie qui a été lavé.
17	. . . .	Quand la raie est cuite, retirer le chaudron du feu.
18	. . . .	La recouvrir avec un linge blanc, et laisser reposer jusqu'à ce que la main puisse en supporter la chaleur.
19	. . . .	Retirer alors la raie de sa cuisson et la faire égoutter.
20	. . . .	Enlever la peau noire des deux côtés en la grattant avec un vieux couteau.
21	. . . .	Couper les bords et les nageoires avec des ciseaux.
22	. . . .	Dresser la raie sur un plat (à tenir chaud auprès du fourneau). Poser le foie au milieu.
23	Beurre	1/2 livre : faire fondre dans la poêle sur un feu vif, sans laisser brûler ; l'agiter en le laissant roussir jusqu'à ce qu'il devienne d'un brun foncé.
24	Persil épluché. .	Une poignée : jeter alors dans le beurre et le laisser frire jusqu'à ce qu'il ne petille plus avec bruit.
25	. . . .	L'enlever avec l'écumoire et en garnir la raie.

POISSON : RAIE AU BEURRE NOIR (*Suite*).

26	Vinaigre (1 ou 2 cuillerées) . . .	Mêler peu à peu au beurre resté dans la poêle en tournant avec la cuiller de bois.
27	Sel, poivre. . .	
28	. . . .	En arroser la raie et servir chaud.
29	Persil frit à part.	Mettre en garniture autour du plat.

277. — POISSON : ROUGET SUR LE GRIL. *Renseignements.*

1	Rouget de la Méditerranée . . .	Le plus estimé.
2	. . . .	Il ne se vide pas, d'où on lui a donné le nom de « bécasse de mer. »
3	. . . .	Si on préfère cependant le vider, il faut réserver le foie, morceau recherché.
4	. . . .	Bien nettoyer le rouget.
5	. . . .	Chauffer le gril à l'avance pour que le poisson ne s'y attache pas.
6	. . . .	Faire griller sur un feu modéré.
7	Sel.	Saupoudrer.

SAUCE A PRÉPARER.

8	Beurre	Faire fondre dans une casserole sur un feu doux.
9	Sel, poivre. . .	Saupoudrer.
10	Foie du rouget .	Écraser à part, puis le mêler au beurre avec la cuiller de bois.
11	Eau.	1 cuillerée : verser peu à peu d'une main en tournant de l'autre avec la cuiller.
12	Câpres	1 cuillerée : ajouter (à volonté).
13	. . . .	Verser d'abord la sauce dans le plat à servir, et ranger les rougets par-dessus.
14	. . . .	Servir chaud.

278. — POISSON : SARDINES FRITES. *Renseignements.*

Sardines		Petit poisson plat à manger aussitôt pêché. — Elles sont excellentes sur les côtes de Bretagne, particulièrement en septembre et octobre. (A l'embouchure de la Garonne on les appelle *royans*.)
1	. . . .	Ecailler, vider, essuyer dans un linge blanc.
2	. . . .	Puis les rouler dans la farine.
3	Beurre	Faire fondre dans la poêle.
4	. . . .	Quand il est bouillant (sans le laisser roussir) y plonger les sardines préparées.
5	Sel	Saupoudrer.
6	. . . .	Retourner les sardines dans le beurre.
7	Sel	Saupoudrer de nouveau.
8	. . . .	Trois minutes de cuisson suffisent.
9	. . . .	Les ranger aussitôt sur le plat.
10	Persil en branches.	Mettre en garniture autour du plat et servir promptement.

279. — SAUMON. *Renseignements.*

Saumon	Gros poisson de mer et de rivière, pesant jusqu'à 40 kilos. — Bon à prendre en automne. — Chair d'un rose orange très-délicate.
Saumon pâle, dit bécard.	Saumon femelle, moins estimé que l'autre.
Tacon	Nom vulgaire donné au saumon.

280. — POISSON : SAUMON AU BLEU (*ou au court-bouillon*)

1	Saumon	Vider par les ouïes (sans fendre le ventre).
2	. . . .	Le laver à plusieurs eaux.
3	. . . .	Faire égoutter, essuyer dans un linge blanc.
4	. . . .	Ficeler la tête ; (dite hure).

POISSON : SAUMON AU BLEU (*ou au court-bouillon.—Suite*).

5	Vin blanc (1 bouteille)	
6	Eau (1 bouteille).	
7	Beurre frais (250 grammes) . . .	
8	Persil (1 bouquet)	Mettre dans une grande poissonnière sur le feu.
9	Oignon piqué d'un clou de girofle.	
10	Carottes coupées en tranches . .	
11	Laurier (2 ou 3 feuilles)	
12	Sel, poivre. . . .	
13	. . . .	Laisser bouillir le tout 1/2 heure.
14	. . . .	Mettre le saumon préparé dans une serviette à tenir par les quatre coins.
15	. . . .	Poser la serviette, ainsi chargée, dans la poissonnière (et laisser dépasser les coins de la serviette pour retirer facilement le poisson à la fin de sa cuisson).
16	. . . .	Le saumon doit ainsi baigner dans le court-bouillon.
17	. . . .	Laisser mijoter 2 heures sur un feu doux, bien entretenu.
18	. . . .	Couvrir un grand plat ou une planche avec une grande serviette pliée en deux ou en quatre.
19	. . . .	Enlever le saumon de la poissonnière en prenant les 4 coins de la serviette sur laquelle il est placé : le laisser égoutter un instant.
20	Persil en branches.	Disposer autour du plat ou de la planche préparée.
21	. . . .	Faire glisser au milieu le saumon bien égoutté, en ayant soin qu'il se trouve sur le flanc gauche ou sur le ventre, le dos du côté de celui qui sert.
22	. . . .	Ajouter du persil en garniture s'il est besoin, et servir.

281. — SAUCE POUR LE SAUMON.

1	Beurre	Faire fondre dans une casserole sur un feu doux.
2	Farine	Y semer d'une main en tournant de l'autre avec la cuiller de bois.
3	Court-bouillon où le saumon a cuit	Passer et en prendre une cuiller à pot à verser peu à peu en mêlant de même.
4	. . . .	Laisser réduire cette sauce à découvert.
5	Gros poivre. . .	
6	Cornichons ou câpres coupés en petits dés (à volonté)	Ajouter à la fin de la cuisson.
7	. . . .	Verser cette sauce dans la saucière à servir pour accompagner le saumon.

282. — *Manière de servir et de découper le saumon.*

1	. . . .	Dresser le saumon sur le flanc gauche ou sur le ventre, le dos du côté de celui qui sert.
2	. . . .	Avec la truelle d'argent tracer une incision du milieu de la tête jusqu'à la queue.
3	. . . .	Couper ensuite des tranches obliques à partir de la tête, sans toucher à la queue.

283. — SOLES : *Renseignements et préparations.*

1	Sole	Poisson de mer.
2	Soles de Dieppe.	Les plus renommées.
3	. . . .	Elles sont bonnes du mois d'août jusqu'à la fin de septembre.
4	. . . .	Les choisir moyennes et épaisses (elles sont ainsi meilleures que de plus grandes).
5	. . . .	Les ratisser des deux côtés pour les nettoyer.
6	. . . .	Supprimer le bout de la tête et le bout de la queue.
7	. . . .	Parer en coupant les barbes du tour.

SOLES : *Renseignements et préparations (Suite).*

8	. . . .	Faire une petite incision du côté brun, le long de la raie du dos.
9	. . . .	Vider par les ouïes.
10	. . . .	Bien laver et essuyer.

284. — SOLES FRITES.

1	. . . .	Mettre les soles préparées dans un plat creux.
2	Lait.	Verser par-dessus, et les laisser tremper 1/2 heure.
3	. . . .	Faire égoutter en les essuyant dans un linge blanc.
4	Farine	Étaler dans un autre plat creux (ou sur la table de cuisine).
5	. . . .	Y rouler les soles.
6	Beurre	Faire fondre dans la poêle sur un feu clair.
7	Sel.	Saupoudrer en remuant avec la cuiller de bois, et ne pas laisser noircir le beurre.
8	. . . .	Dès qu'il est bouillant, y plonger les soles par la tête.
9	. . . .	Laisser frire quelques minutes.
10	. . . .	Retourner les soles avec précaution.
11	Sel.	Saupoudrer de nouveau.
12	. . . .	Lorsqu'elles ont pris une belle couleur des deux côtés, faire égoutter.
13	. . . .	Les dresser sur le plat à servir.
14	Persil en branches.	Mettre autour en garniture.
15	Tranches de citron.	Servir à part au goût des convives.

285. — SOLES AU GRATIN.

| 1 | Beurre . . . . . | Faire fondre sur un feu doux dans un plat long (allant au feu). |
| 2 | Farine . . . . . | Semer sur le beurre en mêlant avec la cuiller de bois. |

SOLES AU GRATIN (*Suite*).

3	Persil, ciboule, échalote, champignons (hachés fin)	Etaler en lit de farce par-dessus le beurre.
4	Sel, poivre. . .	
5	. . . .	Poser sur le lit de farce les soles préparées.
6	Vin blanc. . . .	1 verre : arroser.
7	Chapelure fine .	Semer abondamment sur le tout.
8	Beurre	Faire fondre dans une casserole à part sur un feu doux, et, quand il est fondu, en arroser la chapelure.
9	Sel, poivre . . .	Semer de nouveau.
10	. . . .	Mettre alors sur le feu le plat ainsi garni.
11	. . . .	Recouvrir avec un four de campagne (forme allongée) chargé de braise allumée.
12	. . . .	Laisser cuire et prendre une belle couleur.
13	Jus de citron . .	Ajouter à la fin de la cuisson.
14	. . . .	Et servir dans le même plat.

286. — TURBOT. *Renseignements.*

Turbot.	Poisson très-estimé, surnommé « le roi des mers, le faisan des eaux, le roi du carême, » etc. — Pèse jusqu'à 15 kilos.— Se pêche en été dans la Baltique, dans l'Océan, dans la Méditerranée. — Les turbots des côtes de Hollande sont supérieurs à ceux du reste de l'Europe. — Ce poisson n'a pas d'écailles, mais des losanges, parfois très-grands. — Les turbots les plus recherchés sont larges, épais, à chair blanche feuilletée.

287. — TURBOT AU COURT-BOUILLON.

1	Turbot	A choisir large, épais, à chair blanche et feuilletée.
2	. . . .	Vider par les ouïes ou branchies (près de la tête).
3	. . . .	Enlever les boyaux.

TURBOT AU COURT-BOUILLON (*Suite*).

4	. . . .	Laver le poisson à plusieurs eaux.
5	. . . .	Fendre le milieu du dos, en long, du côté noir.
6	. . . .	Relever les chairs des deux côtés et enlever deux ou trois vertèbres (morceaux de la grande arête) près de la tête. (Cette précaution donne plus de souplesse au poisson et l'empêche de se fendre en cuisant.)
7	. . . .	Avec une ficelle passée dans une aiguille à brider, attacher la mâchoire à l'os de la poche (première nageoire au-dessous de l'estomac).
8	. . . .	Couper le bout de la queue et des barbes : parer.
9	Citron coupé en 2.	Employé à frotter toute la surface du poisson des deux côtés.
10	. . . .	Placer le turbot dans une turbotière à double fond, afin de pouvoir retirer le poisson sans le briser.
11	Vin blanc et eau, ou vinaigre et eau (1 litre). .	
12	Oignon piqué d'un clou de girofle.	
13	Carotte coupée en tranches . .	Faire bouillir dans une casserole à part pendant 1/2 heure.
14	Persil, ciboule, cerfeuil, laurier, thym (quelques branches attachées en bouquet)	
15	Gros sel, poivre (une poignée) .	
16	. . . .	Passer ce court-bouillon et laisser refroidir.
17	. . . .	Puis le verser sur le turbot dans la turbotière.
18	. . . .	Placer la turbotière sur un feu vif et laisser bouillir à découvert.

TURBOT AU COURT-BOUILLON (*Suite*).

19	. . . .	Couvrir ensuite avec un papier beurré pour que le poisson reste blanc.
20	. . . .	Ralentir le feu et faire mijoter une heure ou deux sans laisser bouillir (afin que la peau du poisson ne se déchire pas).
21	. . . .	Quand le poisson fléchit sous le doigt, il est cuit au point. Le retirer alors de la turbotière avec précaution, en enlevant le double fond et le laisser égoutter.
22	. . . .	Recouvrir un plat long ou une planche avec une serviette blanche pliée en plusieurs doubles.
23	Persil en branches.	Y étendre en lit. Dresser le turbot sur le dos pour offrir aux yeux le côté du ventre, à peau blanche et à chair plus délicate.
24	. . . .	S'il s'est fait, en cuisant, quelque déchirure à la peau, les masquer avec du persil jeté dessus.
25	Sauce blanche aux câpres ou sauce piquante, ou sauce au beurre.	Au choix : servir dans la saucière.

288. — *Manière de découper le turbot.*

1	Turbot (dressé sur le dos). . .	Découper avec la truelle d'argent en formant trois bandes de la tête à la queue ; le fendre ensuite en lignes transversales qui fassent losanges.
2	. . . .	Le meilleur morceau à offrir se prend entre la tête et les nageoires.
3	. . . .	Les barbes sont excellentes.
4	. . . .	Retirer l'arête du milieu.
5	. . . .	Retourner le turbot avec précaution et découper l'autre côté de la même façon.

289. — TURBOT A LA HOLLANDAISE.

ORDRE des opérations	NOMS.	PROPORTIONS.	PRÉPARATIONS ET CUISSON.
1	Turbot	. . . .	Vider soigneusement.
2	. . . .	. . . .	Le laver à plusieurs eaux.
3	. . . .	. . . .	L'essuyer dans un linge blanc.
4	Citron	coupé en 2.	Employer à frotter le turbot sur ses 2 surfaces pour le rendre bien blanc.
5	. . . .	. . . .	Placer le poisson dans une grande turbotière à double fond.
6	Eau salée. . . .	1 litre.	Verser par-dessus à tout recou-
7	Lait	id.	vrir.
8	. . . .	. . . .	Mettre alors la turbotière sur un feu vif.
9	. . . .	. . . .	Quand l'ébullition commence ralentir le feu.
10	. . . .	. . . .	Achever la cuisson sans lais- ser bouillir.
11	. . . .	. . . .	Quand le poisson est bien cuit, le retirer de la turbotière avec précaution et le faire égoutter.
12	Persil frit. . . .	en branches.	Disposer sur le plat à servir,
13	. . . .	. . . .	Poser le turbot par-dessus ce lit de persil.
14	Pommes de terre (cuites à part, à l'eau et au sel).	. . . .	Ranger autour, en garniture.
15	Beurre	. . . .	Faire fondre dans une casse- role sur un feu très-doux en le remuant avec la cuiller de bois, sans le laisser roussir.
16	Sel, jus de citron.	. . . .	Y mêler au beurre sur le feu.
17	Eau de la cuisson du turbot . . .	. . . .	Id. en continuant à tourner.
18	. . . .	. . . .	Verser cette sauce dans la saucière.
19	. . . .	. . . .	Servir chaud.

CHAPITRE DIXIÈME

LÉGUMES

TABLE DES RECETTES

290. — LÉGUMES : ASPERGES A LA SAUCE BLANCHE.

ORDRE des opérations	NOMS.	PROPORTIONS.	PRÉPARATIONS ET CUISSON.
1	Asperges (fraîches cueillies)..	. . . .	Ratisser légèrement avec un couteau pour les nettoyer.
2	. . . .	. . . .	Les réunir par petites bottes de 10 à 12, à lier avec une ficelle.
3	. . . .	. . . .	Les rendre d'égale grandeur en coupant une partie du blanc du haut.
4	Eau..	. . . . . .	Faire bouillir dans une casserole ou dans une marmite.
5	Sel.	1 poignée.	Y jeter.
6	. . . .	. . . .	Quand l'eau est bouillante, y mettre les bottes d'asperges.
7	. . . .	. . . .	Laisser cuire 1/4 d'heure.
8	. . . .	. . . .	Retirer de l'eau et faire égoutter.
9	. . . .	. . . .	Oter les ficelles.
10	. . . .	. . . .	Dresser sur un plat chauffé à l'eau.
11	Beurre fondu.. ou Sauce blanche ou Sauce à l'huile et au vinaigre..	. . . .	Servir au choix dans la saucière.

291. — LÉGUMES : ASPERGES EN PETITS POIS.

1	Asperges longues, minces..	. . . .	Choisir parmi celles qui ont plus de vert que de blanc.
2	. . . .	. . . .	Les mettre dans un plat creux.
3	Sel.	. . . .	Saupoudrer largement.
4	Eau bouillante..	. . . .	Verser à tout couvrir.
5	. . . .	. . . .	Laisser tremper quelques minutes.

LÉGUMES : ASPERGES EN PETITS POIS (*Suite*).

ORDRE des opérations	NOMS.	PROPORTIONS.	PRÉPARATIONS ET CUISSON.
6	. . . .	. . . . . .	Faige égoutter et refroidir.
7	. . . .	. . . . . .	Couper ensuite toute la partie verte en petits morceaux égaux qui représentent à peu près des pois.
8	. . . .	. . . . . .	Les mettre dans une casserole sur un feu doux.
9	Beurre.		
10	Sel, poivre . . .		
11	Petits oignons blancs.	quelques branches attachées en bouquet.	Ajouter.
12	Persil.		
13	Cerfeuil.		
14	Ciboule.		
15	. . . .	. . . . . .	Bien remuer avec la cuiller de bois pour faire fondre le beurre.
16	Bouillon ou eau.	1 verre.	Verser peu à peu en remuant.
17	Sucre en poudre.	1 cuillerée.	Ajouter à volonté vers la fin de la cuisson.
18	. . . .	. . . . . .	Quand la sauce est bien réduite, retirer la casserole du feu.
19	. . . .	. . . . . .	Oter le bouquet.
20	Jaunes d'œufs. .	1 ou 2	Délayer dans un bol, puis verser peu à peu dans la casserole, en mêlant doucement avec la cuiller de bois.
21	. . . .	. . . . . .	Verser dans le plat à servir.
22	. . . .	. . . . . .	Et servir chaud.

292. — LÉGUMES : ARTICHAUDS. *Renseignements.*

1	Artichauds dits gros verts de Laon (feuilles très-pointues).	
2	Gros camus de Bretagne ou de Touraine(feuilles échancrées au sommet, relevées les unes contre les autres)	Variétés les plus répandues.
3	Artichauds parisiens.	Sous-variété des gros verts de Laon.
4	Artichauds violets, Artichauds blancs (de Provence), ...	Espèces excellentes, cultivées seulement dans le Midi.
5	Artichauds sucrés (de Gênes)	

Les artichauds sont bons du printemps à l'automne. — Casser la queue près du corps de l'artichaud. Si la queue se casse facilement, sans laisser de filament, l'artichaud est frais cueilli.

Nota. — Les artichauds cueillis depuis longtemps deviennent filandreux et coriaces, sans remède.

293. — LÉGUMES : ARTICHAUDS AU NATUREL.

1	Artichauds . . .	Enlever les feuilles dures du bas.
2	. . . .	Couper la pointe des feuilles avec des ciseaux pour parer.
3	. . . .	Couper la queue au ras de l'artichaud.
4	. . . .	Ranger les artichauds au fond d'un chaudron, en les plaçant la tête en bas et bien serrés les uns contre les autres.
5	. . . .	Poser un tamis dessus.
6	. . . .	Mettre sur le tamis un sachet de cendres de bois.

LÉGUMES : ARTICHAUDS AU NATUREL (*Suite*).

7	Eau bouillante . .	Verser par-dessus le sachet à tout couvrir (l'eau passe sur la cendre avant de tomber sur les artichauds, et la cendre en conserve la verdure).
8	Sel, poivre. . . .	
9	Persil, cerfeuil, ciboule (liés en bouquet). . . .	Ajouter.
10	Beurre	
11	. . . .	Couvrir le chaudron et le mettre sur un feu vif.
12	. . . .	Pour juger de la cuisson des artichauds, en tirer une feuille, si elle se détache facilement, la cuisson est au bon point.
13	. . . .	Les retirer alors de l'eau, et les faire égoutter la tête en bas.
14	. . . .	Enlever les feuilles du milieu, dites le chapeau ou le clocher, pour retirer avec une une cuiller le foin du dedans des artichauds, puis remettre le chapeau en place.
15	. . . .	Ranger les artichauds sur un plat rond.
16	Sauce blanche (faite à part) ou sauce à l'huile.	Servir dans la saucière.

294. — LÉGUMES : ARTICHAUDS A LA BARIGOULE.

1	Artichauds . . .	Tendres, de moyenne grosseur, à préparer en quantité égale à celle des convives.
2 à 15	. . . .	Les faire cuire au naturel.
16	Champignons. .	
17	Fines herbes . .	
18	Chair à saucisses	
19	Blancs de volaille (déjà rôtie) . .	Hacher très-fin pour faire une farce.
20	Débris de gibier, truffes, ail (à volonté)	
21	. . . .	Retirer des artichauds le foin du milieu à remplacer par la farce préparée.

LÉGUMES : ARTICHAUTS A LA BARIGOULE *(Suite)*.

22	. . . .	Remettre le chapeau à sa place.
23	. . . .	Attacher avec une ficelle chaque artichaud pour qu'il ne se déforme pas en cuisant.
24	Beurre.	Mettre au fond d'une grande casserole sur un feu vif.
25	. . . .	Ajouter les artichauds à faire rissoler dans le beurre.
26	. . . .	Faire achever la cuisson sur un feu modéré.
27	. . . .	Égoutter et servir chaud.

295. — CAROTTES A LA MAITRE-D'HOTEL.

ORDRE des opérations	NOMS.	PROPORTIONS.	PRÉPARATIONS ET CUISSON.
1	Carottes.	. . . . . .	Gratter avec un couteau, nettoyer.
2	. . . .	. . . . . .	Les couper en tranches rondes
3	Beurre frais, . .	. . . . . .	Faire fondre dans une casserole sur un feu doux.
4	. . . .	. . . . . .	Y mettre les carottes à revenir.
5	Sel, poivre. . .	. . . . . .	
6	Farine.	. . . . . .	Semer dessus.
7	Fines herbes . .	hachées fin.	
8	Bouillon ou eau.	quelq. cuill.	Verser de suite (pour que les carottes ne prennent pas couleur.)
9	. . . .	. . . . . .	Remuer doucement avec la cuiller de bois.
10	. . . .	. . . . . .	Dès que les carottes sont cuites, retirer la casserole du feu.
11	. . . .	. . . . . .	Dresser les carottes sur le plat à servir, en les disposant à son gré avec la cuiller.

LÉGUMES : CAROTTES A LA MAITRE-D'HOTEL (*Suite*).

ORDRE des opérations	NOMS.	PROPORTIONS.	PRÉPARATIONS ET CUISSON.
12	Jaunes d'œuf.		Délayer pour faire une liaison, puis mêler peu à peu à la sauce restée dans la casserole.
13	Eau.	quelq. goutt.	
14	Sel.		Saupoudrer en continuant à tourner doucement avec la cuiller.
15	. . . .		Verser sur les carottes et servir.

296. — LÉGUMES : CARDONS. *Renseignements.*

1	Cardons de Tours	. . . .	Les plus estimés.
2	. . . .	. . . .	Ils sont bons en automne et en hiver.
3	. . . .	. . . .	Choisir ceux à côtes les plus blanches et qui ne soient pas creux à l'intérieur.
4	. . . .	. . . .	Couper le trognon, parer les bouts.
5	. . . .	. . . .	Couper les morceaux égaux d'environ 15 centimètres de long, et les jeter à mesure dans un plat creux.
6	Eau bouillante..	. . . .	Verser dessus pour les blanchir.
7	Sel		
8	. . . .	. . . .	Laisser tremper jusqu'à ce que la pellicule de dessus s'en sépare aisément.
9	. . . .	. . . .	Jeter ensuite l'eau qui a servi, en inclinant doucement le plat.
10	Eau froide. . . .	. . . .	Verser dessus à la place de l'eau chaude.

LÉGUMES : CARDONS. *Renseignements (Suite)*.

ORDRE des opérations	NOMS.	PROPORTIONS.	PRÉPARATIONS ET CUISSON.
11	. . . .	. . . .	Brosser ou gratter chaque morceau, au sortir de l'eau, pour en retirer toutes les pellicules.
12	. . . .	. . . .	Jeter à mesure dans une casserole les cardons nettoyés.
13	Eau bouillante .	. . . .	Verser dessus à les couvrir.
14	Farine.	1 cuillerée.	Semer dessus.
15	Sel.	1 pincée.	
16	. . . .	. . . .	Faire mijoter 1/2 heure sur le feu en remuant de temps en temps pour empêcher de noircir.
17	. . . .	. . . .	Faire égoutter sur une passoire.

297. — LÉGUMES : CARDONS A LA POULETTE.

1	Beurre	. . . .	Faire fondre dans une casserole sur un feu doux, sans laisser roussir.
2	Farine..	. . . .	Semer dessus.
3	Bouillon ou eau, ou lait.	. . . .	Verser peu à peu, d'une main, en tournant de l'autre avec la cuiller de bois.
4	Sel.	. . . .	Saupoudrer.
5	Cardons (préparés selon les renseignements) .	. . . .	Mettre dans cette sauce et laisser mijoter à petit feu.
6	. . . .	. . . .	Chauffer le plat à servir en le trempant un instant dans l'eau bouillante, puis l'essuyer vivement et le tenir sur le bord du fourneau.

LÉGUMES : CARDONS A LA POULETTE (*Suite*).

ORDRE des opérations	NOMS.	PROPORTIONS.	PRÉPARATIONS ET CUISSON.
7	. . . .	. . . .	Y ranger les cardons bien cuits.
8	Jaunes d'œuf. .	. . . . . .	Délayer dans un bol à part pour liaison.
9	Eau.	quelq. goutt.	
10	. . . .	. . . .	Verser peu à peu cette liaison dans la sauce restée dans la casserole et bien mêler le tout avec la cuiller de bois.
11	. . . .	. . . .	Quand la sauce est bien liée, la verser sur les cardons dans le plat et servir.

298. — LÉGUMES : CARDONS AU FROMAGE.

ORDRE des opérations	NOMS.	PROPORTIONS.	PRÉPARATIONS ET CUISSON.
1	Beurre	. . . .	Faire fondre dans un plat allant au feu.
2	Cardons (préparés selon les renseignements) .	. . . .	Mettre dans le beurre.
3	Sel.	. . . .	Semer dessus.
4	Chapelure fine .	. . . .	
5	Fromage de gruyère.	. . . .	Râper.
6	Mie de pain. . .	. . . .	Emietter fin sur le fromage.
7	. . . .	. . . .	Bien mêler le fromage et le pain et en semer une couche sur les cardons.
8	Beurre.	. . . .	Faire fondre à part sur un feu doux, et, quand il est tiède, en arroser le plat de cardons.
9	. . . .	. . . .	Mettre le plat préparé ainsi sur des cendres chaudes.

LÉGUMES : CARDONS AU FROMAGE (*Suite*).

ORDRE des opérations	NOMS.	PROPORTIONS.	PRÉPARATIONS ET CUISSON.
10	. . . .	. . . .	Recouvrir avec le four de campagne chargé de braise bien allumée.
11	. . . .	. . . .	Laisser prendre couleur.
12	Jus ou bouillon.	1 ou 2 cuiller.	Ajouter, à volonté, vers la fin de la cuisson.
13	. . . .	. . . .	Servir les cardons dans le plat où ils ont cuit.

299. — LÉGUMES : CARDONS AU JUS.

	NOMS.	PROPORTIONS.	PRÉPARATIONS ET CUISSON.
1	Beurre	. . . .	Faire fondre dans une casserole sur un feu doux, sans le laisser roussir.
2	Farine	. . . .	Y semer de suite.
3	Bouillon.	1 tasse.	Verser peu à peu d'une main en mêlant doucement de l'autre main avec la cuiller de bois.
4	Sel, poivre. . . .	. . . .	Saupoudrer.
5	Persil.	quelques bran-	
6	Cerfeuil.	che	Ajouter.
7	Ciboule.	liées en	
8	Cardons (préparés selon les rengnements). .	bouquet.	Mettre dans cette sauce, à faire achever de cuire.
9	. . . .	. . . .	Laisser mijoter et réduire le jus environ 20 minutes.
10	. . . .	. . . .	Dresser alors les cardons sur le plat à servir, à tenir chaud.

LÉGUMES : CARDONS AU JUS (Suite).

ORDRE des opérations	NOMS.	PROPORTIONS.	PRÉPARATIONS ET CUISSON.
11	. . . .	. . . .	Retirer le bouquet de la casserole.
12	Jus de rôti (dégraissé)	. . . .	Ajouter à volonté dans la sauce restée dans la casserole.
13	. . . .	. . . .	Mêler un instant sur le feu, jusqu'à ce que la sauce soit bien liée.
14	. . . .	. . . .	Verser sur les cardons et servir.

300.—LÉGUMES : CÉLERI AU JUS.

1	Céleri.	plusieurs pieds.	Bien nettoyer et couper en morceaux égaux d'environ 5 ou 6 cent. de longueur.
2	. . . .	. . . .	Séparer chaque morceau en deux dans la longueur, et les jeter à mesure dans un plat creux.
3	Eau bouillante et sel.		Verser dessus à tout couvrir.
4	. . . .	. . . .	Laisser tremper quelques minutes pour blanchir, puis les renverser sur un tamis ou sur une passoire, et laisser égoutter.
5	Beurre.		Faire fondre dans une casserole sur un feu doux, en remuant avec la cuiller de bois.
6	Farine.	1 cuillerée	Servir dessus.

LÉGUMES : CÉLERI AU JUS (*Suite*).

ORDRE des opérations	NOMS.	PROPORTIONS.	PRÉPARATIONS ET CUISSON.
7	Bouillon.	1 tasse.	Verser peu à peu d'une main en continuant à tourner de l'autre main avec la cuiller.
8	Sel, poivre.	. . . .	Ajouter.
9	. . . .	. . . .	Mettre le céleri dans cette sauce. Laisser cuire à découvert jusqu'à ce que la sauce soit très-réduite.
10	Jus de rôti . . .	maniés ensemble.	Ajouter à la fin de la cuisson pour bien lier et épaissir la sauce.
11	Beurre		
12	Farine.		
13	. . . .	. . . .	Verser le tout dans un plat creux et servir chaud.

301.—CORNICHONS : 1re *manière de les conserver bien verts.*

1	Cornichons . . .		Bien verts et bien frais : à choisir de la grosseur du petit doigt (plus ils sont cueillis jeunes, plus ils sont estimés). Les brosser un à un avec la brosse de chiendent.
2	. . . .		Couper la queue.
3	Sel fin		Mettre au fond d'un bol.
4	. . . .		Y rouler les cornichons à poser à mesure sur un linge blanc.
5	. . . .		Les envelopper ensuite dans le linge blanc, puis secouer vivement le paquet pour bien faire pénétrer le sel.
6	. . . .		Suspendre le paquet dans un lieu frais.
7	. . . .		Laisser reposer quelques jours.
8	. . . .		Les ranger alors dans des bocaux de vinaigre.
9	Petits oignons crus.		Mêler avec.

CORNICHONS : 1re *manière de les conserver bien verts* (Suite).

10	Vinaigre froid .	Verser par-dessus à tout couvrir.
11	Eau-de-vie forte.	1/2 verre par bocal, ajouter.
12	. . . .	Couvrir chaque bocal d'un parchemin mouillé.
13	. . . .	Conservés ainsi, les cornichons restent excellents.

302.—CORNICHONS CONFITS AU VINAIGRE, 2e *manière.*

1	Petits cornichons	Choisir frais cueillis et de la grosseur du petit doigt.
2	. . . .	Couper les deux bouts et les poser à mesure sur un linge blanc.
3	Gros sel	Semer dessus jusqu'à les en recouvrir entièrement.
4	. . . .	Les bien remuer et retourner dans le sel.
5	. . . .	Les laisser reposer ainsi 5 ou 6 heures.
6	. . . .	Les verser ensuite dans un baquet.
7	Eau froide. . .	Jeter dessus.
8	. . . .	Les bien laver, égoutter, essuyer.
9	. . . .	Puis les ranger dans des pots de grès.
10	Sel, poivre.. . .	
11	Ail.	
12	Clous de girofle.	Ajouter par-dessus.
13	Petits oignons .	
14	Estragon. . . .	
15	Vinaigre bouillant.	Verser id. à tout couvrir.
16	. . . .	Laisser refroidir.
17	. . . .	Recouvrir les pots avec du parchemin mouillé.
18	. . . .	Conserver dans un lieu frais.

303. — CHAMPIGNONS. *Renseignements.*

1	. . . .	Les champignons commencent à paraître en mai, ils abondent en automne.
2	. . . .	Ceux venus sur couche sont les seuls sûrs.
3	. . . .	Ceux qui sont bien blancs, sans taches en dessus et roses en dessous, sont garantis de bonne espèce.
4	Eau et vinaigre.	Mêler dans un plat creux.
5	. . . .	Y jeter les champignons à mesure qu'on les épluche, pour les empêcher de rougir.

SIX ESPÈCES COMESTIBLES :

1°	L'Agaricus Edulus	Champignon très-bon : dessus blanc et grisâtre. — Dessous rose. — Rides ou plis fourchus.—Chapeau garni en dessous de lames minces. — Bague au pied. — Ce champignon croît dans les herbes, dans les prés et dans le fumier de cheval. *Nota.* — L'agaric bulbeux, à l'état sauvage, est très-malfaisant.
2°	Le Cep ou Bolet.	Champignon ayant jusqu'à 20 cent. de diamètre. — Couvercle arrondi, brun foncé. — Garni en dessous de petits tuyaux dits pores ou pertuis. — Renflement arrondi au pied.—Chair du dedans ou blanche ou jaune safran, qui ne change pas de couleur quand le champignon est ouvert. — Cette espèce abonde dans les bois et dans les taillis. *Nota.* — Le cep ou bolet bronzé, couleur de suie en dehors, est également bon, quand la chair du dedans reste bien blanche.
3°	L'Oronge. . . .	Champignon du midi de la France. — Enveloppe blanche. — Tête blanche en ombrelle. — Chair du dedans d'un jaune orange foncé. *Nota.* — Cette espèce est très-bonne, mais difficile à reconnaître, ressemblant beaucoup à une autre espèce malfaisante, dite « Oronge fausse » qui est un poison.

CHAMPIGNONS. *Renseignements (Suite)*.

4°	La Morille . . .	Champignon gris, brunâtre ou blanc, qui ressemble à une éponge. — Cette espèce croît particulièrement dans les vignes, sous les ormes et sous les frênes.
5°	Le Mousseron .	Autre espèce de champignon-sauvage, mais bon.
6°	La Chanterelle.	Id. Joli champignon jaune d'or, au parfum de violette. Cette espèce abonde dans les bois de juin à octobre. — Couper les champignons (et non les arracher). — Éviter de les cueillir pendant la rosée si on veut les conserver. — Selon l'âge auquel on les cueille, ils diffèrent de forme extérieure, d'odeur, de couleur et de propriétés alimentaires.— Ils s'épanouissent en vieillissant, et leurs feuilles deviennent alors brunes, puis noires. — Tant que le bord roulé en dedans reste rose en dessous, les champignons sont bons. — Pour juger de leur bonté, les éplucher et les faire bouillir dans l'eau avec une pièce d'argenterie, cuiller ou autre objet. — Si l'éclat de l'argent se ternit à leur contact, ils sont malsains.— En hiver, s'ils sont gelés ou durcis, il suffit de les mettre à tremper dans l'eau froide pour les faire dégeler.

304. — CHAMPIGNONS SAUTÉS.

1	Champignons . .	Éplucher, couper la queue, et jeter à mesure dans une terrine.
2	Eau bouillante et sel.	Verser dessus pour les blanchir.
3	. . . .	Faire égoutter sur une passoire.
4	Beurre	Faire fondre dans une casserole sur un feu doux.
5	. . . .	Y mettre les champignons.
6	Sel.	Saupoudrer.
7	. . . .	Faire sauter la casserole pour les bien pénétrer de beurre de tous les côtés.

CHAMPIGNONS SAUTÉS (*Suite*).

8	Persil.	Hacher fin, mêler et semer dans le beurre
9	Cerfeuil. . . .	en continuant à remuer la casserole.
10	Ciboule. . . .	
11	Jus de citron. .	Ajouter à volonté.
12	. . . .	Laisser cuire 10 minutes.
13	. . . .	Verser dans le plat à servir, ou en garniture pour quelque ragoût de veau, de volaille ou autre.

305. — CHOUX. *Renseignements sur les différentes espèces à choisir.*

1	Chou pommé de Milan	Rouge ou vert, bon toute l'année.
2	Chou blanc. . .	
3	Chou vert. . . .	Nourrit peu et a des propriétés purgatives.
4	Chou frisé. . . .	
5	Chou pancarlier.	Variété du chou frisé, est moins long à cuire que le chou pommé.
6	Choux de Bruxelles.	Bons en automne et en hiver.
7	Choux-fleurs . .	Bons au printemps, en été et en automne.
8	Choux brocolis .	Variété des choux-fleurs et plus délicats. — Ne réussissent bien que dans le Midi. — Sont bons au printemps et en automne. — Visiter avec soin les plis des feuilles pour en retirer les insectes qui s'y logent.

306. — CHOU AU BEURRE.

1	Chou pancarlier (espèce tendre).	Mettre dans une terrine.
2	Sel.	Semer dessus.
3	Eau bouillante. .	Verser à tout couvrir.
4	. . . .	Laisser tremper 1/2 heure.
5	. . . .	Egoutter, presser, puis jeter l'eau.
6	Eau froide. . .	Verser dessus et recommencer à le presser entre les mains pour bien le laver.

CHOU AU BEURRE (*Suite*).

7	. . . .	Faire égoutter sur une passoire ou sur un tamis.
8	Beurre.	Faire fondre dans une casserole sur un feu doux.
9	. . . .	Placer le chou dans le beurre.
10	Sel, poivre . . .	Saupoudrer abondamment.
11	. . . .	Poser le couvercle sur la casserole et laisser suer sur le feu jusqu'à ce que l'eau que le chou contient encore soit évaporée.
12	Eau chaude (un verre).	Ajouter peu à peu quand le chou commence à prendre couleur.
13	. . . .	Renouveler l'eau à mesure qu'elle se tarit dans la casserole.
14	. . . .	Quand le chou est bien cuit, le dresser sur le plat et servir.

307. — CHOU BRAISÉ.

1	Chou de Milan .	Nettoyer en supprimant les grosses feuilles du tour.
2	. . . .	Le couper en 4, et mettre les morceaux dans une terrine.
3	Sel.	Saupoudrer abondamment.
4	Eau bouillante. .	Verser à tout recouvrir et laisser tremper 1/2 heure.
5	. . . .	Jeter ensuite l'eau qui a servi.
6	Eau froide.. . .	Verser à la place de l'autre pour achever de nettoyer le chou et le raffermir.
7	. . . .	Le presser entre les mains en réunissant les quartiers, pour bien égoutter en bonne forme.
8	. . . .	Le poser sur un linge blanc.
9	Sel, poivre. . .	Semer sur le chou.
10	Barde de lard. .	Étaler au fond d'une casserole.
11	. . . .	Mettre le chou sur le lard.
12	Graisse de pot-au-feu	Ajouter.
13	Petit lard (un morceau) . . .	

CHOU BRAISÉ (*Suite*).

14	. . . .	Recouvrir avec le four de campagne ou un couvercle chargé de charbons ardents.
15	. . . .	Laisser cuire 3 heures.
16	. . . .	Retirer ensuite le chou, puis le faire égoutter sur la passoire.
17	. . . .	Le servir seul avec des saucisses autour ; ou en garniture autour du bœuf bouilli.

308. — CHOU FARCI AU JUS.

1	Chou pommé, dit chou de Milan.	gros et lourd.	A choisir.
2	. . . .	. . . .	En supprimer les grosses feuilles vertes et dures, le trognon et les grosses côtes.
3	. . . .	. . . .	Le mettre dans une terrine.
4	Eau bouillante..	. . . .	Verser dessus.
5	. . . .	. . . .	Laisser tremper 1/2 heure.
6	. . . .	. . . .	Puis le bien nettoyer en le pressant entre les mains pour le faire égoutter.
7	. . . .	. . . .	Le poser sur une grande serviette blanche.
8	. . . .	. . . .	Ecarter les feuilles du milieu, sans trop déformer le chou, et enlever le cœur,
9	Rouelle de veau.		
10	Chair à saucisses	volume égal.	Hacher séparément, puis mêler dans un saladier.
11	Marrons rôtis. ..		
12	Persil..	hacher fin.	
13	Ciboule.		
14	Sel, poivre. . .	. . . .	Ajouter.
15	Œufs.	2 ou 3.	
16	. . . .	. . . .	Bien mêler cette farce avec la cuiller de bois, puis en remplir le creux du chou.
17	Barde de lard. .	. . . .	Poser sur la farce, puis rabattre les feuilles du chou sur le lard.

CHOU FARCI AU JUS (*Suite*).

ORDRE des opérations	NOMS.	PROPORTIONS.	PRÉPARATIONS ET CUISSON.
18	. . . . . .	. . . . . .	Relever les quatre coins de la serviette sur laquelle le chou est posé et nouer serré pour maintenir la tête du chou.
19	Autre barde de lard (un peu épaisse) . . .	. . . . . .	Etaler au fond d'une marmite basse, dite braisière.
20	Carottes. . . .	2 ou 3.	Ajouter.
21	Oignon piqué d'un clou de girofle.		
22	Persil.	quelques branches attachées en bouquet.	
23	Cerfeuil. . . .		
24	Ciboule. . . .		
25	. . . . . .	. . . . . .	Poser par-dessus le tout, le chou enveloppé.
26	Bouillon . . .	. . . . . .	Verser à tout baigner.
27	Vin blanc. . . .	1 verre.	
28	Sel.	. . . . . .	Saupoudrer.
29	. . . . . .	. . . . . .	Enterrer le feu et laisser cuire sur des cendres chaudes pendant 4 heures.
30	. . . . . .	. . . . . .	Sortir alors le chou en le prenant par la serviette.
31	. . . . . .	. . . . . .	Le développer avec précaution et le dresser sur un plat à tenir chaud.
32	. . . . . .	. . . . . .	Passer le jus de cuisson, puis le remettre sur le feu, à réduire à découvert.
33	Beurre	. . . . . .	Manier ensemble en boulette, à ajouter dans la sauce pour l'épaissir.
34	Farine.	. . . . . .	

CHOU FARCI AU JUS (*Suite*).

ORDRE des opérations	NOMS.	PROPORTIONS.	PRÉPARATIONS ET CUISSON.
35	. . . .	. . . .	Bien délayer avec la cuiller de bois.
36	. . . .	. . . .	Quand la sauce est liée au point désiré, la verser sur le chou farci.
37	. . . .	. . . .	Et servir chaud.

309. — CHOU AU LARD.

	NOMS.	PROPORTIONS.	PRÉPARATIONS ET CUISSON.
1	Chou pommé de Milan ou d'Alsace		A choisir.
2	. . . .	. . . .	Le fendre en 4 (sans séparer tout à fait les morceaux).
3	. . . .	. . . .	Puis le placer dans une grande terrine.
4	Eau bouillante . .	. . . .	Verser dessus à le recouvrir et laisser tremper 1/2 h.
5	. . . .	. . . .	Faire égoutter sur une passoire en le pressant entre les mains.
6	. . . .	. . . .	Puis le mettre dans la marmite.
7	Petit salé. . . .	250 grammes	
8	Cervelas (coupé en ronds) . . .		Placer au milieu du chou.
9	Saucisses longues	3 ou 4.	
10	Carottes		
11	Oignons.		Ranger autour du chou.
12	Céleri.		
13	Laurier.	2 feuilles.	
14	Poivre, sel . . .		Ajouter.
15	Persil.	quelq. branc.	
	Ciboule.	liées en bouq.	

CHOU AU LARD (*Suite*).

ORDRE des opérations	NOMS.	PROPORTIONS.	PRÉPARATIONS ET CUISSON.
17	Eau ou bouillon.	. . . .	Verser par-dessus le tout, à tout couvrir.
18	. . . .	. . . .	Faire bouillir d'abord à feu vif, puis ralentir le feu.
19	. . . .	. . . .	Laisser cuire doucement. Dresser le chou cuit au fond d'un plat creux, le petit salé au centre du chou, les saucisses et ronds de cervelas autour.
20	. . . .	. . . .	Mettre une passoire sur une casserole.
21	. . . .	. . . .	Y verser le jus du chou à passer.
22	Beurre	. . . .	Manier en boulette à ajouter au jus pour épaissir.
23	Farine.	. . . .	
24	. . . .	. . . .	Bien remuer sur le feu avec la cuiller de bois.
25	Sel.	1 pincée.	Ajouter et laisser réduire à découvert un instant.
26	. . . .	. . . .	Arroser le plat de chou avec cette sauce bouillante et servir.

310. — CHOUX DE BRUXELLES SAUTÉS.

1	Choux de Bruxelles.		Choisir gros comme des noix.
2	. . . .		Bien verts et bien pommés.
3	. . . .		Oter le bout du trognon et le premier rang de feuilles.
4	. . . .		Mettre les choux à mesure, ainsi épluchés, dans une casserole.
5	Sel.		Saupoudrer

CHOUX DE BRUXELLES SAUTÉS (*Suite*).

6	Eau bouillante .	Verser dessus à tout couvrir.
7	. . . .	Laisser bouillir 1/4 d'heure.
8	. . . .	Quand ils fléchissent sous le doigt, les retirer du feu.
9	. . . .	Les égoutter sur une passoire, puis les essuyer dans un linge blanc.
10	Beurre	Faire fondre dans une casserole sur un feu doux.
11	Sel, poivre . . .	Saupoudrer.
12	. . . .	Y jeter les choux de Bruxelles et les faire sauter dans le beurre.
13	Jus, ou bouillon ou crème . . .	Verser dessus en remuant avec la cuiller de bois.
14	. . . .	Laisser mijoter et réduire la sauce.
15	. . . .	Verser sur un plat et servir de suite.
16	Citron	A passer aux amateurs.

311. — CHOUX-FLEURS : *Renseignements.*

1	Choux-fleurs . .	A choisir d'un grain fin et serré, la surface unie, bien blanche, sans ouvertures, ni crevasses, ni feuilles étiolées, dépassant le niveau du bouquet.
2	. . . .	Nettoyer, éplucher soigneusement pour en ôter les vers et les chenilles qui s'y trouvent souvent cachés.
3	Eau froide . . .	Mêler dans une terrine.
4	Vinaigre	
5	. . . .	Y jeter les choux-fleurs à mesure qu'on les divise par petits bouquets bien nettoyés.
6	. . . .	Quand ils sont bien lavés, les retirer de l'eau froide et les mettre dans une casserole.
7	Eau bouillante .	Verser dessus à tout recouvrir.
8	Sel	Semer id.
9	Farine	Délayer à part, puis jeter sur les choux-fleurs pour en conserver la blancheur.
10	Eau (quelques gouttes)	

CHOUX-FLEURS : *Renseignements (Suite).*

11	. . . .	Faire cuire sur un feu doux environ 1/4 d'h., jusqu'à ce qu'ils fléchissent sous le doigt.
12	. . . .	Les faire égoutter sans laisser refroidir, puis les accommoder à son choix, au gras ou maigre, ou les servir en salade, ou les ranger en boule, la tête en bas, dans un grand bol, en réunissant les petits bouquets, pour en former un seul gros chou-fleur. Poser un plat sur le bol et renverser le bol dessus.—Le chou-fleur se trouve alors dressé en présentant sa fleur.
13	Sauce blanche, ou Sauce brune, ou Sauce tomate	Au choix: verser par-dessus et servir chaud.
14	. . . .	*Nota.* — L'eau qui a servi à la première cuisson des choux-fleurs est excellente à employer pour soupe à l'oignon, soupe au riz et autres soupes maigres, etc.

312. — CHOUX-FLEURS AU FROMAGE.

1	Choux-fleurs déjà cuits.	Restes de la veille à employer.
2	Beurre	Faire fondre dans un plat creux mis sur un feu doux.
3	Gros poivre. . .	Saupoudrer.
4	Fromage de gruyère ou de parmesan.	Râper fin et en étaler une bonne couche sur le beurre.
5	. . . .	Réunir les choux-fleurs en bouquet et les placer par-dessus le fromage.
6	. . . .	Recouvrir avec une autre couche de fromage.
7	Beurre	Fondre à part sur un feu doux, et, quand il est tiède, en arroser le plat.
8	Chapelure fine	Semer par-dessus le tout.
9	Gros poivre. . .	
10	. . . .	Recouvrir avec le four de campagne chargé d'un feu vif, pour que le fromage fondu ne s'y attache pas.
11	. . . .	Laisser cuire et gratiner.
12	. . . .	Quand le plat a pris bonne couleur, servir brûlant.

313. — CHICORÉE EN PURÉE AU GRAS.

ORDRE des opérations	NOMS.	PROPORTIONS	PRÉPARATIONS ET CUISSON.
1	Chicorée	8 ou 10 pieds	Eplucher, ôter les feuilles vertes et les mettre à mesure dans une terrine.
2	Eau bouillante .	. . . .	Verser dessus et laver avec soin.
3	. . . .	. . . .	Renouveler l'eau plusieurs fois.
4	. . . .	. . . .	Transvaser dans la chaudière ou dans une grande casserole.
5	Eau bouillante .	. . . .	Jeter dessus, sur le feu.
6	Sel.	. . . .	Saupoudrer.
7	. . . .	. . . .	Bien enfoncer les feuilles dans l'eau avec un bâton ou une cuiller de bois.
8	. . . .	. . . .	Retourner les feuilles quand elles s'écrasent sous la pression.
9	. . . .	. . . .	Faire égoutter sur un tamis.
10	Eau froide. . .	. . . .	Verser dessus pour raffermir.
11	. . . .	. . . .	Egoutter de nouveau en pressant avec les mains, les rouler en boule entre ses doigts.
12	. . . .	. . . .	Hacher. . . . . .
13	Beurre.	. . . .	Faire fondre dans une casserole sur un feu doux.
14	Farine.	1 ou 2 cuiller.	Faire pleuvoir sur le beurre quand il est un peu roux, en remuant doucement avec la cuiller de bois.
15	. . . .	. . . .	Y mettre la chicorée préparée.
16	. . . .	. . . .	Bien remuer. . .
17	Sel, gros poivre.	. . . .	Saupoudrer.
18	Bouillon ou jus.	. . . .	Ajouter en continuant à remuer.

CHICORÉE EN PURÉE AU GRAS (Suite).

ORDRE des opérations	NOMS.	PROPORTIONS.	PRÉPARATIONS ET CUISSON.
19	. . . .	. . . .	Laisser mijoter 1/4 d'heure.
20	. . . .	. . . .	Dresser sur le plat à servir.
21	. . . .	. . . .	Figurer des losanges ou autre dessins avec le bout d'un cuiller.
22	Croûtons frits (à part dans le beurre)	. . . .	Ranger autour du plat.
23	. . . .	. . . .	Servir chaud.

314. — CHICORÉE EN PURÉE AU MAIGRE.

1	Chicorée	8 ou 10 pieds	Eplucher, ôter les feuilles vertes et les mettre à mesure dans une terrine.
2	Eau bouillante .	. . . .	Verser dessus et laver avec soin.
3	. . . .	. . . .	Renouveler l'eau plusieurs fois.
4	. . . .	. . . .	Transvaser dans une chaudière ou dans une grande casserole.
5	Sel	. . . .	Saupoudrer.
6	Eau bouillante .	. . . .	Jeter dessus, sur le feu.
7	. . . .	. . . .	Bien enfoncer les feuilles sous l'eau avec un bâton ou une cuiller de bois.
8	. . . .	. . . .	Retourner les feuilles quand elles s'écrasent sous la pression.
9	. . . .	. . . .	Faire égoutter sur un tamis.
10	Eau froide . . .	. . . .	Verser dessus pour raffermir.
11	. . . .	. . . .	Egoutter de nouveau en pressant avec les mains : rouler en boule entre ses doigts.

CHICORÉE EN PURÉE AU MAIGRE (*Suite*).

Ordre des opérations	NOMS.	PROPORTIONS	PRÉPARATIONS ET CUISSON.
12			Hacher.
13	Beurre		Faire fondre dans une casserole sur un feu doux.
14	Farine	1 ou 2 cuill.	Semer sur le beurre, sans le laisser roussir.
15			Y mêler peu à peu la chicorée préparée en remuant avec la cuiller.
16	Sel.		Saupoudrer en continuant à remuer et laisser cuire à moitié.
17	Lait ou crème (ayant bouilli déjà).	1 ou 2 verres	Incorporer alors peu à peu en mêlant avec la cuiller de bois.
18			Laisser achever de cuire à découvert.
19	Sucre en poudre.	1 pincée.	Ajouter à volonté au moment de servir.
20			Retirer la casserole sur le bord du fourneau.
21	Jaune d'œuf		Délayer dans un bol à part, puis mêler doucement à la chicorée.
22	Eau.	quelq. goutt.	
23			Dresser en pyramide sur le plat à servir.
24			Dessiner des losanges ou autres dessins avec le bout d'une cuiller.
25	Croûtons (frits à part dans le beurre)		Ranger autour du plat en décoration.
26			Servir chaud.

315. — CONCOMBRES EN SALADE.

1	Gros concombres (longs et blancs)	Primeur de mars (les plus estimés de Paris).
2	. . . .	En couper le bout (du côté de la queue) et vider avec une cuiller.
3	. . . .	Peler, puis couper en tranches rondes, minces, à mettre à mesure dans un saladier (bien retirer toutes les graines).
4	Huile.	} Verser dessus.
5	Vinaigre.	
6	Sel, poivre . . .	
7	. . . .	Laisser mariner 24 heures avant de servir.
8	. . . .	Servir dans le saladier ou ranger dans les bateaux à hors-d'œuvre.

316. — CONCOMBRES A LA POULETTE.

ORDRE des opérations	NOMS.	PROPORTIONS.	PRÉPARATIONS ET CUISSON.
1	Concombres. . .	2 beaux.	Choisir, et en peler l'écorce mince.
2	. . . .	. . . . . .	Fendre chaque concombre en quatre et en retirer toutes les graines du dedans.
3	. . . .	. . . . . .	Couper en longues tranches étroites, puis en morceaux de la longueur du doigt et les jeter à mesure dans un saladier.
4	Eau bouillante .	. . . . . .	Verser dessus à tout recouvrir.
5	Vinaigre. . . .	1 verre.	
6	Sel.	1 pincée.	Ajouter.
7	. . . .	. . . . . .	Laisser tremper jusqu'à ce que les concombres fléchissent sous le doigt.
8	. . . .	. . . . . .	Puis faire égoutter sur une passoire.

CONCOMBRES A LA POULETTE (*Suite*).

ORDRE des opérations	NOMS.	PROPORTIONS.	PRÉPARATIONS ET CUISSON.
9	Eau froide	. . . .	Jeter dessus et les laisser égoutter de nouveau.
10	Beurre.	. . . .	Faire fondre dans une casserole sur un feu doux.
11	Sel, poivre	. . . .	Saupoudrer.
12	. . . .	. . . .	Y mettre les concombres et les faire sauter en agitant la casserole.
13	Crème ou lait, ou bouillon. . . .	1 tasse.	Ajouter peu à peu en continuant à remuer.
14	. . . .	. . . .	Dès que la cuisson est au point désiré, retirer la casserole sur le bord du fourneau.
15	Jaunes d'œufs. .	2	Délayer dans un bol à part
16	Vinaigre	1 filet.	pour faire une liaison.
17	Fines herbes. . .	hachées fin.	Saupoudrer (à volonté).
18	. . . .	. . . .	Retirer les concombres de la sauce, en les prenant avec la cuiller de bois, et les ranger dans un plat creux.
19	. . . .	. . . .	Verser alors dans la sauce, restée au fond de la casserole, la liaison préparée, en mêlant doucement avec la cuiller de bois.
20	. . . .	. . . .	Remettre le tout sur le feu un instant, sans laisser bouillir.
21	. . . .	. . . .	En arroser les concombres et servir chaud.

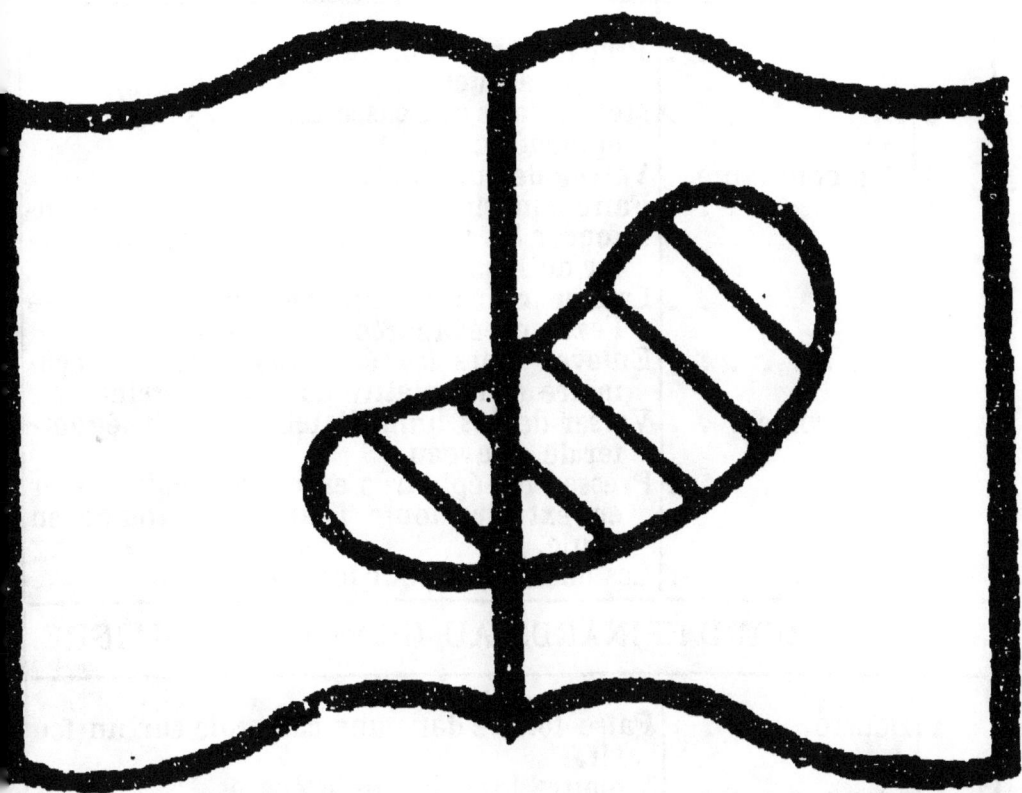

Illisibilité partielle

317. — ÉPINARDS. *Préparations.*

1	Epinards	Préparer en épluchant chaque feuille (en tirer la queue et la côte à rebours).
2	. . . .	Mettre dans une casserole toutes les feuilles épluchées.
3	Eau bouillante. .	Verser dessus à tout couvrir.
4	. . . .	Faire continuer à bouillir à grand feu. Enfoncer les feuilles dans l'eau avec la cuiller de bois.
5	. . . .	Laisser cuire à découvert jusqu'à ce que l'eau soit évaporée.
6	. . . .	Enlever alors les épinards avec une écumoire et les mettre dans une terrine.
7	Eau froide . . .	Verser dessus immédiatement, puis égoutter de nouveau.
8	. . . .	Presser les épinards entre ses mains pour en extraire toute l'eau, puis rouler en boule,
9	. . . .	Les hacher fin pour les accommoder.

318. — PURÉE D'ÉPINARDS AU GRAS OU AU MAIGRE.

1	Beurre.	Faire fondre dans une casserole sur un feu vif.
2	. . . .	Y mettre les épinards préparés.
3	Sel, gros poivre.	Semer en assaisonnement, en remuant bien les épinards dans le beurre avec la cuiller de bois.
4	. . . .	Laisser cuire environ 1/4 d'heure pour que le beurre soit absorbé par les épinards.
5	Farine	Semer alors en remuant pour lier la purée.
6	Bouillon gras ou jus, ou lait. . .	Verser peu à peu en délayant avec la cuiller et laisser cuire.
7	Beurre	Ajouter vers la fin de la cuisson s'il y a besoin,
8	Sel, ou sucre en poudre. . . .	Ajouter id. à volonté.
9	. . . .	Dresser les épinards sur le plat à servir, en leur donnant une forme bombée.
10	. . . .	Y dessiner des losanges avec le bout de la cuiller.

PURÉE D'ÉPINARDS AU GRAS OU AU MAIGRE (*Suite*).

11	Croûtons (frits à part).	Disposer en garniture autour du plat ou les piquer sur les épinards.
12	. . . .	*Nota.*— Les épinards réchauffés sont excellents, en ajoutant alors un peu de beurre.
13	. . . .	Ce plat accompagne avantageusement le jambon.

319. — FÉVES A LA BOURGEOISE.

ORDRE des opérations	NOMS.	PROPORTIONS	PRÉPARATIONS ET CUISSON.
1	Fèves (à choisir nouvelles et petites, cueillies à moitié de leur grosseur). . . .	. . . .	Mettre dans une casserole.
2	Eau.	. . . .	Verser dessus à les couvrir.
3	Sel.	. . . .	Saupoudrer.
4	. . . .	. . . .	Mettre à bouillir sur un feu vif.
5	. . . .	. . . .	Les retirer à moitié cuites (quand elles fléchissent sous le doigt) et les faire égoutter sur une passoire.
6	. . . .	. . . .	Jeter l'eau qui a servi.
7	. . . .	. . . .	Oter la peau en serrant chaque fève entre deux doigts (ce qui s'appelle dérober ou ôter la robe).
8	Beurre.	. . . .	Faire fondre dans la casserole sur un feu doux.
9	Farine.	1 cuillerée.	Saupoudrer en remuant avec la cuiller de bois.
10	Sel.	1 pincée.	
11	. . . .	. . . .	Y remettre les fèves à achever de cuire.

FÈVES A LA BOURGEOISE (*Suite*).

ORDRE des opérations	NOMS.	PROPORTIONS	PRÉPARATIONS ET CUISSON.
12	Persil.	quelq. bran-	
13	Ciboule.	ches liées	Ajouter.
14	Sarriette	en bouquet.	
15	Bouillon ou eau.	. . . .	Verser à tout couvrir.
16	. . . .	. . . .	Laisser cuire et réduire.
17	Jaune d'œuf . .	1	Délayer à part dans un bol
18	Sel.	1 pincée.	pour faire une liaison à la
19	Lait	1 cuillerée.	sauce.
20	. . . .	. . . .	Retirer les fèves sur le bord du fourneau.
21	. . . .	. . . .	Y mêler doucement la liaison d'œuf.
22	. . . .	. . . .	Et verser le tout dans un plat creux.
23	. . . .	. . . .	Servir chaud.

320. — HARICOTS BLANCS. *Renseignements.*

Haricots flageo-lets	Espèce hâtive d'un blanc verdâtre. — Pour avoir toute leur qualité, ils doivent être écossés à moitié de leur grosseur.
Haricots de Sois-sons.	Bons depuis juin jusqu'à fin septembre (les choisir bien blancs, signe de fraîcheur).
Haricots secs. .	A faire tremper 24 heures avant de les employer, puis jeter l'eau.

HARICOTS BLANCS. *Préparations.*

ORDRE des opérations	NOMS.	PRÉPARATIONS ET CUISSON.
1	Haricots	Mettre dans une marmite ou dans un grande casserole,
2	Eau chaude. . .	Verser dessus à tout couvrir.
3	Carottes. . . .	
4	Oignon piqué d'un clou de girofle.	Ajouter et laisser cuire le tout.
5	Bouquet garni .	
6	Sel.	
7	. . . .	Quand les haricots sont à moitié cuits, le égoutter sur une passoire posée sur un marmite. Accommoder ensuite, à volonté, les haricots préparés. *Nota.* — L'eau de la cuisson des haricots est très-bonne pour potage maigre.

321. — HARICOTS BLANCS A LA MAITRE-D'HOTEL.

ORDRE des opérations	NOMS.	PROPORTIONS.	PRÉPARATIONS ET CUISSON.
8	Beurre		Faire fondre dans une casserole sur un feu doux.
9	Sel.		Saupoudrer.
10	. . . .		Y jeter les haricots préparés et les faire sauter dans le beurre.
11	Persil.	haché fin,	Semer dessus en continuant à remuer.
12	Jus de citron. .	. . . .	Ajouter à la fin de la cuisson.
13	. . . .	. . . .	Verser les haricots sur le plat et servir.

322. — HARICOTS BLANCS A LA POULETTE.

ORDRE des opérations	NOMS.	PROPORTIONS.	PRÉPARATIONS ET CUISSON.
12	Jaune d'œuf. . .	quelq. goutt.	Délayer dans un bol à part.
13	Jus de citron. . .		
14	. . . .	. . . .	Mettre sur le bord du fourneau les haricots blancs cuits à la maître-d'hôtel, et attendre qu'ils ne bouillent plus
15	. . . .	. . . .	Y verser doucement la liaison d'œuf.
16	. . . .	. . . .	Bien mêler avec la cuiller de bois.
17	. . . .	. . . .	Verser dans le plat et servir de suite.

323. — HARICOTS BLANCS EN PURÉE.

1	Haricots		Mettre dans une marmite ou dans une grande casserole.
2	Eau chaude. . .		Verser dessus à tout couvrir.
3	Carottes.		
4	Oignons . . .		
5	Sel.		Ajouter et laisser cuire très-longtemps.
6	Bouquet garni .		
7	. . . .		Retirer le bouquet et l'oignon.
8	. . . .		Faire égoutter sur une passoire posée sur une casserole.
9	. . . .		Jeter ensuite les légumes dans un mortier.
10	. . . .		Écraser avec le pilon.
11	Eau de la cuisson		Verser peu à peu d'une main, en écrasant de l'autre.
12	. . . .		Jeter dans la passoire posée sur une casserole.
13	. . . .		Faire passer en écrasant encore.
14	Beurre		Ajouter et bien mêler avec la cuiller de bois.
15	Sel, poivre. . .		

HARICOTS BLANCS EN PURÉE (*Suite*).

16	. . . .	Mettre la casserole au bain-marie (c'est-à-dire dans une autre casserole plus grande, à moitié remplie d'eau chaude, pour ne pas recevoir directement la chaleur du feu).
17	. . . .	Laisser cuire et réduire à découvert.
18	. . . .	Dresser en forme bombée sur le plat à servir.
19	. . . .	Dessiner des losanges à volonté avec la pointe d'un couteau.
20	. . . .	Entourer ou piquer des croûtons frits à part.
21	. . . .	Servir chaud.

324. — HARICOTS VERTS.

Préparations.

1	Haricots verts	En casser les deux bouts et enlever les filandres du tour.
2	Eau	Faire bouillir dans une grande casserole.
3	Sel	
4	. . . .	Y jeter les haricots quand l'eau bout.
5	. . . .	Laisser bouillir à découvert sur un feu vif pendant 10 ou 15 minutes.
6	. . . .	Les faire égoutter sur une passoire en les prenant avec l'écumoire.
7	Eau froide	Jeter dessus pour leur garder une belle couleur verte, puis égoutter de nouveau sur une passoire ou sur un linge.
		Accommoder ensuite à son choix.
		Nota. — L'eau de cuisson est bonne à employer pour potage maigre.

325. — HARICOTS VERTS A L'ANGLAISE.
(Voir préparations jusqu'à 7).

ORDRE des opérations	NOMS.	PROPORTIONS.	PRÉPARATIONS ET CUISSON.
8	Beurre		Manier ensemble dans une casserole et faire fondre sur un feu doux.
9	Fines herbes . .	hachées fin.	
10	Sel, poivre. . . .	. . . .	Saupoudrer.
11	Haricots verts préparés.	. . . .	Ajouter, et les faire sauter dans la casserole.
12	Beurre.	gros comme une noix.	Manier ensemble et mêler à tout le reste au moment de servir.
13	Farine	. . . .	
14	Jus de citron. .	. . . .	
15	Persil (blanchi et haché fin) . . .	. . . .	Ajouter à volonté.
16	. . . .	. . . .	Chauffer le plat à servir en le trempant dans de l'eau bouillante, puis l'essuyer vivement.
17	. . . .	. . . .	Y dresser les haricots en pyramide.
18	. . . .	. . . .	Et servir de suite.

326. — HARICOTS VERTS A L'ANGLAISE (2° manière).
(Voir préparations jusqu'à 6).

	NOMS.	PROPORTIONS.	PRÉPARATIONS ET CUISSON.
7	. . . .	. . . .	Ne pas laisser refroidir les haricots égouttés.
8	. . . .	. . . . . .	Plonger dans de l'eau bouillante un plat allant au feu.
9	. . . .	. . . . . .	L'essuyer vivement et le poser sur des cendres chaudes.
10	Beurre frais . .	125 grammes	Faire fondre sur ce plat.
11	. . . .	. . . . . .	Dresser les haricots sur le beurre.

HARICOTS VERTS A L'ANGLAISE (*Suite*).

ORDRE des opérations	NOMS.	PROPORTIONS	PRÉPARATIONS ET CUISSON.
12	. . . .	. . . .	Les retourner avec précaution pour les imprégner également du beurre.
13	Persil.	haché fin.	Disposer en cordon sur le bout du plat.
14	. . . .	. . . .	*Nota.* — Ce plat doit se faire très-vite pour ne pas laisser aux haricots le temps de se refroidir.

327. — HARICOTS VERTS AU BEURRE NOIR.
(*Voir préparations jusqu'à* 6.)

ORDRE des opérations	NOMS.	PROPORTIONS	PRÉPARATIONS ET CUISSON.
7	. . . .		Ne pas laisser refroidir les haricots égouttés.
8	. . . .		Plonger dans l'eau bouillante un plat pouvant aller au feu.
9	. . . .		Essuyer vivement le plat et le poser sur des cendres chaudes.
10	. . . .		Y dresser les haricots en pyramide.
11	Beurre		Faire fondre dans la poêle jusqu'à ce qu'il soit bien roux.
12	. . . .		Verser le beurre sur les haricots.
13	Vinaigre (1 cuillerée)		Faire chauffer dans la même poêle et en arroser les haricots.
14	. . . .		Et servir chaud.

328. — HARICOTS VERTS A LA BOURGEOISE.

(Voir préparations jusqu'à 7).

ORDRE des opérations	NOMS.	PROPORTIONS	PRÉPARATIONS ET CUISSON.
8	Beurre frais . .	125 grammes	Faire fondre dans une casserole sur un feu doux, sans laisser roussir.
9	Farine.	1 cuillerée.	Semer dessus en tournant vivement avec la cuiller de bois.
10	Sel, poivre . . .		
11	Persil.	haché fin.	
12	Bouill. dégraissé ou eau de la cuisson des haricots	1 tasse.	Ajouter.
13	Haricots préparés et égouttés.	. . . . . .	Mettre à cuire un instant dans cet assaisonnement.
14	Jaunes d'œufs. .	2	Délayer ensemble, doucement, dans un bol, pour préparer une liaison.
15	Vinaigre ou jus de citron. . . .	1 filet.	
16	. . . .	. . . . . .	Retirer la casserole du feu.
17	. . . .	. . . . . .	Y mêler la liaison d'œufs.
18	. . . .	. . . . . .	Chauffer le plat à servir en le trempant dans de l'eau bouillante, puis l'essuyer vivement.
19	. . . .	. . . . . .	Y dresser les haricots en pyramide.
20	. . . .	. . . . . .	Et servir de suite.

329. — HARICOTS VERTS A LA BRETONNE.
(Voir préparations jusqu'à 7.)

ORDRE des opérations	NOMS.	PROPORTIONS	PRÉPARATIONS ET CUISSON.
8	Oignons.....	1 ou 2	Couper en dés.
9	Huile ou beurre.		Faire chauffer dans la poêle.
10			Y mettre les oignons à revenir.
11	Farine.....	1 cuillerée.	Ajouter quand les oignons sont roux, en remuant et mêlant avec la cuiller de bois.
12	Bouillon ou jus.	1 cuiller à pot	Verser peu à peu d'une main en continuant à tourner de l'autre.
13	Sel, gros poivre.		Semer en assaisonnement.
14	Haricots préparés et égouttés.		Mettre dans cette sauce.
15			Laisser mijoter quelques minutes sur un feu doux.
16			Chauffer le plat à servir en le trempant dans de l'eau bouillante, puis l'essuyer vivement.
17			Y dresser les haricots en pyramide.
18			Et servir chaud.
19	Vinaigre.....	1 filet....	Ajouter à volonté.

330. — HARICOTS VERTS A LA POULETTE.
(Voir préparations jusqu'à 6).

7	Beurre......		Faire fondre dans une casserole sur un feu doux.
8	Farine.....	1 cuillerée.	Semer sur le beurre sans laisser roussir.
9			Bien remuer avec la cuiller de bois.

HARICOTS VERTS A LA POULETTE (*Suite*).

Ordre des opérations	NOMS.	PROPORTIONS.	PRÉPARATIONS ET CUISSON.
10	Bouillon.. . . .	. . . .	Mêler de suite.
11	Sel, gros poivre.	. . . .	Ajouter.
12	. . . .	. . . .	Laisser réduire un moment la sauce.
13	Haricots préparés, égouttés.	. . . .	Y jeter, et faire sauter dans la casserole 2 ou 3 minutes.
14	Jaunes d'œufs. .	2	Délayer dans un bol à part.
15	Beurre tiède.. .	. . . .	
16	Sel, poivre	. . . .	Semer en assaisonnement.
17	. . . .	. . . .	Verser doucement cette liaison sur les haricots.
18	. . . .	. . . .	Mêler un instant sur le feu sans laisser bouillir.
19	. . . .	. . . .	Chauffer le plat à servir en le trempant dans de l'eau bouillante, puis l'essuyer de suite.
20	. . . .	. . . .	Y dresser les haricots en pyramide.
21	. . . .	. . . .	Et servir chaud.

331. — HARICOTS VERTS A LA LYONNAISE.

(*Voir préparations jusqu'à 6*).

	NOMS.	PROPORTIONS.	PRÉPARATIONS ET CUISSON.
7	Oignons	2 ou 3 beaux.	Couper en petits dés ou en anneaux.
8	. . . .	. . . .	Les jeter dans la poêle.
9	Beurre	. . . .	Ajouter.
10	. . . .	. . . .	Laisser prendre couleur sur un feu doux.
11	Haricots préparés, égouttés..	. . . .	Mêler dans la poêle.

HARICOTS VERTS A LA LYONNAISE (*Suite*).

ORDRE des opérations	NOMS.	PROPORTIONS.	PRÉPARATIONS ET CUISSON.
12	Persil.	hachés fin.	
13	Ciboule.		
14	Huile d'olives. .	1 cuillerée.	Ajouter.
15	Gros poivre. . .	. . . .	
16	Sel.	. . . .	
17	. . . .	. . . .	Faire sauter le tout quelques minutes.
18	. . . .	. . . .	Chauffer le plat à servir en le trempant dans de l'eau bouillante.
19	. . . .	. . . .	L'essuyer rapidement.
20	. . . .	. . . .	Y dresser les haricots en pyramide.
21	Vinaigre. . . .	1 cuillerée	Verser dans le beurre qui est resté dans la poêle.
22	. . . .	. . . .	Laisser chauffer un instant.
23	. . . .	. . . .	En arroser le plat de haricots et servir de suite.

332. — HARICOTS VERTS A LA PROVENÇALE.
(*Voir préparations jusqu'à 6*).

7	Oignons.	. . . .	Couper en tranches.
8	Huile d'olives. .	. . . .	Faire chauffer dans la poêle.
9	. . . .	. . . .	Y faire revenir les oignons.
10	Haricots préparés, égouttés. .	. . . .	Mêler aux oignons.
11	Persil.	haché fin.	Ajouter.
12	Sel, poivre . . .	. . . .	
13	. . . .	. . . .	Faire sauter la poêle quelques minutes.
14	. . . .	. . . .	Chauffer le plat à servir en le trempant dans de l'eau bouillante.

HARICOTS VERTS A LA PROVENÇALE (*Suite*).

ORDRE des opérations	NOMS.	PROPORTIONS.	PRÉPARATIONS ET CUISSON.
15	. . . .	. . . .	L'essuyer rapidement.
16	. . . .	. . . .	Y dresser les haricots en py- ramide.
17	Vinaigre. . . .	1 filet.	Verser dans la casserole où ont cuit les haricots, et lais- ser bouillir.
18	. . . .	. . . .	Verser le vinaigre bouillant sur les haricots.
19	. . . .	. . . .	Et servir de suite.

333. — HARICOTS VERTS EN SALADE.
(*Voir préparations jusqu'à* 6).

7	Haricots préparés	. . . .	Mettre dans un saladier.
8	Sel, poivre . . .	. . . .	Y mêler en assaisonnement quelques heures avant de servir.
9	Vinaigre	. . . .	
10	. . . .	. . . .	Couvrir soigneusement le sa- ladier et laisser reposer ainsi.
11	. . . .	. . . .	Au moment de servir, ren- verser les haricots sur un tamis pour faire égoutter l'eau qu'ils ont rendue.
12	. . . .	. . . .	Les remettre dans le saladier.
13	Fines herbes . .	hacher fin.	Ajouter en fourniture sur le dessus.
14	Huile d'olives. .	plus. cuill.	Y mêler avec la cuiller à sa- lade.
15	. . . .	. . . .	Retourner comme une salade ordinaire avec la cuiller et la fourchette et passer aux convives.

334. — HARICOTS VERTS SAUTÉS.
(Voir préparations jusqu'à 6).

ORDRE des opérations	NOMS.	PROPORTIONS.	PRÉPARATIONS ET CUISSON.
7	Beurre frais. . .	. . . .	Faire fondre dans une casserole sur un feu doux.
8	Sel, poivre.. . .	. . . .	Saupoudrer.
9	Haricots verts préparés. . . .	. . . .	Mêler au beurre.
10	. . . .	. . . .	Les faire sauter sur le feu jusqu'à cuisson complète.
11	. . . .	. . . .	Chauffer le plat à servir en le trempant dans de l'eau bouillante, puis l'essuyer vivement.
12	. . . .	. . . .	Y dresser les haricots en pyramide.
13	Jus de citron. .	. . . .	Ajouter au moment de servir.

335. — HARICOTS VERTS SAUTÉS AU VIN.
(Voir préparations jusqu'à 6).

ORDRE des opérations	NOMS.	PROPORTIONS.	PRÉPARATIONS ET CUISSON.
7	Beurre	. . . . . .	Fondre dans une casserole sur un feu doux.
8	Farine..	. . . .	Semer d'une main en remuant de l'autre main avec la cuiller de bois.
9	Bouillon	1 t se.	Verser peu à peu quand le beurre commence à roussir, et continuer à remuer.
10	Vin rouge . . .	1 verre.	Mêler de même peu à peu.
11	. . . .	. . . .	Puis retirer la casserole sur le bord du fourneau.
12	Beurre	. . . .	Faire fondre à part dans la poêle.

HARICOTS VERTS SAUTÉS AU VIN (*Suite*).

ORDRE des opérations	NOMS.	PROPORTIONS.	PRÉPARATIONS ET CUISSON.
13	Fines herbes . .	hachées fin.	Faire revenir dans le beurre.
14	Haricots préparés, égouttés.	. . . .	Prendre avec l'écumoire et les joindre aux fines herbes dans le beurre.
15	. . . .	. . . .	Faire sauter la poêle 2 ou 3 minutes.
16	. . . .	. . . .	Ajouter peu à peu la sauce qui a dû rester dans la casrole.
17	. . . .	. . . .	Chauffer le plat à servir en le plongeant dans de l'eau presque bouillante, puis l'essuyer vivement.
18	. . . .	. . . .	Y dresser les haricots en pyramide.
19	. . . .	. . . .	Arroser avec la sauce.
20	Jus de citron . .	. . . .	Ajouter à volonté.
21	. . . .	. . . .	Servir chaud.

336.—CONSERVATION DES HARICOTS VERTS (1ʳᵉ *méthode*).
(*Voir préparations jusqu'à 6*).

7	Haricots préparés	6 litres.	Mettre dans un pot de grès.
8	Eau.	2 litres pour 6 litres de haricots.	Chauffer ensemble dans une casserole à part, jusqu'à ce que le sel soit entièrement fondu.
9	Vinaigre. . . .	1 litre.	
10	Sel gris.	1 livre.	
11	. . . .	. . . .	Retirer la casserole du feu et laisser reposer.
12	. . . .	. . . .	Décanter doucement cette saumure sur les haricots, qui doivent y baigner.

CONSERVATION DES HARICOTS VERTS (*Suite*).

ORDRE des opérations	NOMS.	PROPORTIONS.	PRÉPARATIONS ET CUISSON.
13	Beurre fondu ou huile d'olives .	. . . .	Ajouter pour recouvrir le tout.
14	. . . .	. . . . . .	Garder dans un lieu sec, ni chaud, ni froid.
15	. . . .	. . . . . .	Quand on veut s'en servir, les faire tremper dans l'eau fraîche.
16	. . . .	. . . . .	Jeter cette première eau.
17	. . . .	. . . . .	Mettre les haricots dans une casserole.
18	. . . .	. . . . .	Les recouvrir d'eau fraîche.
19	. . . .	. . . . .	Mettre à cuire sur le fourneau à feu doux d'abord.
20	. . . .	. . . . .	Activer le feu vers la fin de la cuisson.
21	. . . .	. . . . .	Les haricots redeviennent alors aussi verts qu'en pleine saison.

337.—CONSERVATION DES HARICOTS VERTS (2e *méthode*).

	NOMS.	PROPORTIONS.	PRÉPARATIONS ET CUISSON.
1	Haricots gris . .	Espèce la meilleure à choisir, recommandée comme la plus tendre.
2	. . . .	En éplucher les deux bouts et les filandres du tour.
3	. . . .	Les mettre à mesure dans une grande casserole.
4	Eau bouillante .	Verser dessus à tout baigner.
5	Gros sel	Ajouter.
6	. . . .	Faire blanchir 1/4 d'heure.
7	. . . .	Les éparpiller ensuite sur une toile exposée aux courants d'air.
8	. . . .	Faire achever de sécher au grenier à l'abri du soleil.

CONSERVATION DES HARICOTS VERTS (*Suite*).

9	. . . .	Les renfermer dans des sacs de papier, dont on collera l'ouverture. Pour s'en servir : les faire tremper 12 h. dans l'eau froide, où ils reprennent leur première verdure.

338.—CONSERVATION DES HARICOTS VERTS (3e *méthode*).

1	Haricots	Eplucher en ôtant les deux bouts et les filandres du tour.
2	. . . .	Les mettre dans une casserole.
3	Sel.	Saupoudrer.
4	Eau bouillante .	Verser à tout recouvrir.
5	. . . .	Laisser sur le feu 1/4 d'heure.
6	. . . .	Faire égoutter sur un tamis.
7	Eau froide. . .	Verser dessus.
8	. . . .	Laisser sécher.
9	. . . .	Les enfiler ensuite avec une aiguille et du fil.
10	. . . .	Les suspendre dans un lieu sec.—Pour s'en servir : les tremper dans l'eau tiède jusqu'à ce qu'ils aient repris leur première verdure.

339. — LAITUES. *Préparations*.

1	Laitues.	A choisir petites, fermes, rondes et pommées.
2	. . . .	Oter les feuilles vertes du tour (et les jeter).
3	. . . .	Mettre les laitues dans une terrine.
4	Eau bouillante	Verser dessus pour les nettoyer.
5	Sel.	
6	. . . .	Les faire égoutter ensuite sur une passoire.
7	Eau froide . . .	Verser par-dessus.
8	. . . .	Les faire égoutter de nouveau en les roulant dans un linge blanc.
9	. . . .	Attacher chaque laitue avec une ficelle. — Accommoder au gras ou au maigre.

340. — LAITUES AU JUS. (*Voir préparations jusqu'à 9.*)

ORDRE des opérations	NOMS.	PROPORTIONS	PRÉPARATIONS ET CUISSON.
10	Beurre.	. . . .	Mettre au fond d'une casserole sur un feu doux.
11	Sel.	. . . .	Saupoudrer.
12	Farine	1 pincée.	Semer d'une main en tournant de l'autre avec la cuiller de bois.
13	Jus ou bouillon. .	. . . .	Verser peu à peu en continuant à tourner et à mêler.
14	Laitues préparées		Mettre dans cette sauce.
15	. . . .	. . . .	Recouvrir avec le four de campagne chargé de charbons allumés.
16	. . . .	. . . .	Laisser cuire doucement.
17	. . . .	. . . .	Quand la cuisson est au point, retirer les laitues de la casserole.
18	. . . .	. . . .	Ôter les ficelles qui les attachent.
19	. . . .	. . . .	Chauffer le plat à servir en le trempant dans de l'eau presque bouillante, puis l'essuyer vivement.
20	. . . .	. . . .	Y dresser les laitues en couronne.
21	. . . .	. . . .	Verser la sauce au milieu.
22	. . . .	. . . .	Et servir chaud.

341. — LAITUES AU MAIGRE. (*Voir préparations jusqu'à 9.*)

10	Beurre.	. . . .	Faire fondre dans une casserole sur un feu doux.
11	Farine.	. . . .	Saupoudrer en mêlant avec la cuiller de bois.
12	Sel.	. . . .	

LAITUES AU MAIGRE (*Suite*).

ORDRE des opérations	NOMS.	PROPORTIONS	PRÉPARATIONS ET CUISSON.
13	Lait chaud ou eau	. . . .	Verser peu à peu en continuant à tourner.
14	Laitues préparées	. . . . . .	Faire cuire dans cette sauce.
15	. . . .	. . . . . .	Au moment de servir, retirer les laitues de la casserole, ôter les ficelles, et les dresser en couronne dans un plat creux.
16	. . . .	. . . . . .	Mettre sur le bord du fourneau la casserole où a du rester la sauce.
17	Jaune d'œuf. . .	. . . . . .	Délayer dans un bol à part pour faire liaison.
18	Jus de citron ou filet de vinaigre.	. . . . . .	
19	. . . .	. . . . . .	Mêler doucement la liaison dans la sauce.
20	. . . .	. . . . . .	Verser la sauce au milieu du plat de laitues.
21	. . . .	. . . . . .	Servir chaud.

342. — LENTILLES (*Renseignements et préparations*).

	NOMS.	PROPORTIONS	PRÉPARATIONS ET CUISSON.
	Lentilles	. . . . . .	A choisir larges et d'un beau blond pour les servir entières.
	Lentilles à la reine (plus petites et à peau épaisse)	. . . . . .	A choisir pour purée.
1	Lentilles choisies	1 litre.	Mettre dans une casserole ou dans une marmite.
2	Eau froide.. . .	. . . . . .	Verser dessus à les couvrir.
3	Sel.	. . . . . .	Saupoudrer.

LENTILLES. *Renseignements et préparations (Suite).*

ORDRE des opérations	NOMS.	PROPORTIONS	PRÉPARATIONS ET CUISSON.
4	. . . .	. . . .	Laisser tremper longtemps (dès la veille du jour où l'on doit les accommoder).
5	. . . .	. . . .	Les faire ensuite bouillir dans la même eau sur un feu vif.
6	Sel.		
7	Carottes	2 ou 3	
8	Oignons	1 ou 2	
9	Persil.	quelques branches attachées en bouquet.	Ajouter à moitié de la cuisson.
10	Ciboules		
11	Cerfeuil.		
12	. . . .	. . . . . .	Quand les lentilles sont cuites, les égoutter, puis les accommoder sans les laisser refroidir. *Nota.* — L'eau de la cuisson est très-bonne à employer pour potages.

343. — LENTILLES A LA MAITRE-D'HOTEL.
(*Voir préparations jusqu'à 12*).

ORDRE des opérations	NOMS.	PROPORTIONS	PRÉPARATIONS ET CUISSON.
13	Beurre frais . .	125 grammes	Faire fondre dans une casserole sur un feu doux.
14	Lentilles préparées, égouttées.	. . . .	Jeter dans le beurre et faire sauter.
15	Farine..	1 pincée.	Semer en agitant la casserole.
16	Persil.	hacher et mêler.	Ajouter id.
17	Cerfeuil.		
18	Ciboule		
19	Sel, poivre. . .	. . . .	Saupoudrer,

LENTILLES A LA MAITRE-D'HOTEL (*Suite*).

ORDRE des opérations	NOMS.	PROPORTIONS	PRÉPARATIONS ET CUISSON.
20	Jus, ou bouillon, ou eau chaude.	. . . .	Verser peu à peu en tournant avec la cuiller de bois.
21	. . . .	. . . .	Laisser cuire à découvert en remuant de temps en temps.
22	. . . .	. . . .	Quand les lentilles sont au point de cuisson désiré, retirer la casserole sur le bord du fourneau.
23	Jaunes d'œufs. .	1 ou 2	Délayer dans un bol à part, puis mêler peu à peu aux lentilles (cette liaison n'est pas indispensable).
24	Eau.	1 cuillerée.	
25	Sel.	quelq. grains	
26	. . . .	. . . .	Verser sur le plat à servir.
27	. . . .	. . . .	Et servir chaud.

344. — LENTILLES EN PURÉE.
(*Voir préparations jusqu'à 12.*)

13	Lentilles préparées, égouttées.	. . . .	Laisser dans la passoire à poser sur une casserole.
14	Carottes cuites.	. . . .	Y mêler à volonté.
15	. . . .	. . . .	Faire passer le tout, par petites portions, en écrasant avec la cuiller de bois.
16	Eau de la cuisson des lentilles, ou bouillon	. . . .	Verser peu à peu sur les lentilles en les écrasant pour les faire passer plus facilement.
17	Sel, poivre. . . .	. . . .	Semer sur la purée quand tout a passé.

LENTILLES EN PUREE (*Suite*).

ORDRE des opérations	NOMS.	PROPORTIONS	PRÉPARATIONS ET CUISSON.
18	Beurre.	. . . . .	Faire fondre dans une autre casserole sur un feu doux.
19	Farine	. . . . .	Semer sur le beurre sans le laisser roussir.
20	. . . .	. . . . .	Y mettre la purée de lentilles, à bien mêler avec la cuiller de bois.
21	Bouillon ou lait.	. . . . .	Ajouter peu à peu s'il y a besoin d'éclaircir la purée.
22	. . . .	. . . . .	Laisser mijoter sur le feu.
23	. . . .	. . . . .	Servir dans un plat entouré de croûtons frits, à volonté.

345. — MACARONI AU GRATIN.

ORDRE des opérations	NOMS.	PROPORTIONS	PRÉPARATIONS ET CUISSON.
1	Macaroni. . . .	1/2 livre.	Casser en morceaux à mettre dans une casserole.
2	Eau bouillante et sel, ou bouillon chaud		Verser dessus à tout couvrir.
3	. . . .	. . . . .	Faire cuire 3/4 d'heure à découvert.
4	Fromage Parmesan	1/4 livre.	Râper séparément, puis mêler ensuite.
5	Fromage de Gruyère.	1/2 livre.	
6	. . . .	. . . . .	Retirer du feu le macaroni quand il plie sous le doigt.
7	. . . .	. . . . .	Le faire égoutter sur une passoire.
8	. . . .	. . . . .	Puis le remettre dans la casserole sur le feu.
9	. . . .	. . . . .	Y mêler alors les 2/3 du fromage préparé.

MACARONI AU GRATIN (*Suite*).

ORDRE des opérations	NOMS.	PROPORTIONS	PRÉPARATIONS ET CUISSON.
10	. . . .	. . . .	Bien remuer le tout avec la cuiller de bois.
11	Beurre	. . . .	Ajouter.
12	Gros poivre. . .	. . . .	
13	. . . .	. . . .	Faire sauter le macaroni en remuant la casserole jusqu'à ce que le beurre et le fromage soient bien fondus ensemble.
14	. . . .	. . . .	Quand le fromage commence à filer, verser le macaroni dans un plat creux pouvant supporter l'action du feu.
15	. . . .	. . . .	Donner une bonne forme un peu bombée et unie.
16	Mie de pain. .	émiettée fin.	Mêler au 1/3 de fromage qui a dû être gardé à part.
17	. . . .	. . . .	Et en saupoudrer tout le dessus du plat de macaroni.
18	Beurre fondu tiède	. . . .	Ajouter id.
19	Sel.	. . . .	
20	. . . .	. . . .	Recouvrir le plat avec le four de campagne chargé de braise allumée.
21	. . . .	. . . .	Laisser prendre une belle couleur au macaroni.
22	. . . .	. . . .	Servir chaud dans le plat où il a cuit.

346. — MARRONS EN PURÉE.

1	Marrons	Faire griller seulement le temps nécessaire à pouvoir enlever facilement l'écorce.
2	. . . .	Détacher alors la première peau, puis la pellicule mince qui enveloppe le marron.
3	. . . .	Jeter les marrons à mesure dans une casserole.
4	Bouillon ou eau.	Verser dessus à tout couvrir.
5	Beurre	
6	Sel.	Ajouter.
7	Sucre en poudre.	
8	. . . .	Laisser mijoter à découvert sur un feu doux.
9	. . . .	Quand les marrons peuvent s'écraser facilement, les retirer du feu et les faire égoutter sur une passoire posée sur une autre casserole.
10	. . . .	Les écraser avec un pilon ou avec une cuiller de bois pour les faire passer en purée.
11	. . . .	Y verser peu à peu, d'une main, l'eau de leur cuisson, en mêlant de l'autre main, avec la cuiller de bois, pour aider à faire passer.
12	Lait chaud . . .	Ajouter à volonté pour éclaircir la purée.
13	. . . .	Quand tout est passé, bien remuer et mêler, puis faire bouillir un moment sur un feu vif.
14	. . . .	Verser ensuite la purée bien cuite et épaissie dans le plat à servir.
15	. . . .	Y dessiner des losanges, à volonté, avec le bout de la cuiller, pour décorer le plat.
16	. . . .	Servir chaud.

347. — MELONS. *Renseignements.*

1	Cantaloup . . .	Melon maraîcher de moyenne taille, à grosses côtes régulières et bien séparées de haut en bas.

MELONS. *Renseignements (Suite).*

Espèce la meilleure divisée en deux groupes.

		1er groupe : Côtes plus ou moins lisses, brodées, mais point galeuses.
		2e groupe : Grosses côtes couvertes de gale, de tubercules ou verrues.
2	Prescot	Variété du cantaloup : espèce très-bonne, grosses côtes, profondément séparées, à tubercules d'un vert foncé. — Chair du dedans rouge orangée et très-sucrée.
3	Sucrin	Autre espèce recherchée parmi les melons.

Manière de servir le melon.

1	Couper d'avance toutes les tranches, ôter les pépins, puis rapporter les tranches à leurs places.
2	Faire passer aux convives avec du sucre en poudre ou du sel, à volonté.
3	*Nota.* — Le sel facilite la digestion du melon.

Pour conserver le melon :

1	S'il a besoin de mûrir, le tenir dans un lieu frais et obscur. (En été, couper la queue, et y mettre un morceau de glace.)

Signes des bons melons à choisir.

1	Le melon de moyenne grosseur, bien arrondi, à côtes régulières, indique que le fruit s'est développé sans obstacles, et doit être bon.
2	Il doit être lourd à la main, et laisser un parfum agréable.
3	Y compter dix ou douze côtes.
4	La queue doit être verte, grosse et raide, comme desséchée.
5	Tout le reste de l'écorce : d'une teinte jaunâtre orangée, sans aucune place verte.
6	Au pourtour de la queue, on doit voir quelques déchirures, superficielles, mais bien marquées.

MELONS. *Renseignements (Suite)*.

7	. . . .	En le pressant doucement près de la queue, et à l'extrémité opposée, il doit fléchir sous le doigt, puis revenir de suite. (S'il a été trop exposé au soleil, le faire tremper 2 ou 3 heures dans l'eau fraîche, puis l'essuyer avec une grosse laine.)

Signes des mauvais melons à rejeter.

1	. . . .	Les melons contrefaits, entremêlés de grosses et de petites côtes, sont rarement bons.
2	. . . .	Les melons tachés, aplatis, légers à la main, sont également à rejeter.
3	. . . .	Si le côté de la queue et celui du bout opposé sont mous, le melon est trop mûr.
4	. . . .	Si la queue est trop fraîche, trop verte, le melon n'est pas assez mûr.

348. — NAVETS A LA POULETTE.

1	Navets	Laver, peler, couper en tranches minces, à jeter dans une terrine.
2	Eau bouillante. .	Verser dessus.
3	Sel, poivre . . .	
4	. . . .	Faire égoutter dans une passoire.
5	Beurre	Fondre dans une casserole sur un feu doux.
6	. . . .	Y mettre les navets préparés.
7	Farine	Semer dessus.
8	Sel, poivre . . .	
9	Bouillon ou eau	Verser peu à peu en remuant avec la cuiller de bois.
10	Jaune d'œuf . .	Délayer dans un bol à part pour faire une liaison.
11	Quelques gouttes de vinaigre . . .	
12	. . . .	Retirer du feu la casserole où sont les navets.
13	. . . .	Dresser les navets dans le plat à servir, en les prenant avec l'écumoire.
14	. . . .	Mêler doucement la liaison dans la sauce restée au fond de la casserole.
15	. . . .	Puis verser la sauce sur les navets.
16	. . . .	Et servir chaud.

349. — NAVETS EN PURÉE.

1	Gros navets. . . .	Peler et couper en tranches minces à je- ter dans une casserole.
2	Sel.	Saupoudrer.
3	Eau bouillante .	Verser dessus à tout couvrir.
4	Persil, ciboule, cerfeuil (atta- chés en bouquet)	Ajouter.
5	. . . .	Laisser bien cuire.
6	. . . .	Retirer le bouquet.
7	. . . .	Faire égoutter les navets sur une passoire posée sur une casserole.
8	. . . .	Puis poser la passoire sur une autre casse- role et écraser les navets avec une cuiller de bois.
9	. . . .	Y verser peu à peu l'eau de la cuisson pour aider à faire passer la purée.
10	Beurre . . , . .	Ajouter quand tout est passé, bien mêler avec la cuiller de bois.
11	. . . .	Remettre la casserole sur le feu.
12	Jus ou bouillon.	Verser peu à peu en continuant à tourner.
13	. . . .	Laisser mijoter et réduire à découvert sur un feu très-doux.
14	. . . .	Servir cette purée seule ou en garniture de ragoût, côtelettes, etc.

350. — NAVETS AU SUCRE.

ORDRE des opérations	NOMS.	PROPORTIONS.	PRÉPARATIONS ET CUISSON.
1	Petits navets . .	. . . .	Laver, peler, tourner en oli- ves ou laisser entiers, à vo- lonté.
2	Beurre	gros comme un œuf. . .	Faire fondre dans une casse- role sur un feu doux.
3	. . . .	. . . .	Y ranger de suite les navets.

NAVETS AU SUCRE (*Suite*).

ORDRE des opérations	NOMS.	PROPORTIONS.	PRÉPARATIONS ET CUISSON.
4	Sel.	1 pincée.	Semer dessus.
5	Sucre en poudre	1 gde cuiller.	
6	. . . .	. . . .	Faire sauter et frire à découvert jusqu'à ce qu'ils aient pris couleur.
7	Jus de viande ou bouillon dégraissé. . . .	. . . .	Mêler peu à peu en continuant à faire sauter.
8	. . . .	. . . .	Puis couvrir la casserole et laisser cuire doucement.
9	. . . .	. . . .	Quand les navets sont au bon point de cuisson, les tenir au bain-marie, en mettant la casserole dans une autre plus grande, à moitié remplie d'eau bouillante.
10	. . . .	. . . .	Les servir seuls, ou dressés en garniture pour accompagnement d'un canard ou d'un haricot de mouton.

351. — OIGNONS GLACÉS,

1	Oignons. . . .		Choisir d'égale grosseur.
2	. . . .		Les éplucher sans endommager la tête et la queue.
3	Beurre. . . .		Fondre dans une casserole ou dans une poêle mise sur un feu doux.
4	Sel.		Saupoudrer.
5	. . . .		Y ranger les oignons, les uns à côté des autres, la tête en bas.
6	Eau ou bouillon.		Verser dessus.
7	Sel ou sucre en poudre		Ajouter à volonté.

25

OIGNONS GLACÉS (*Suite*).

8	Beurre en petits morceaux . . .	Mêler id. dans la casserole.
9	. . . .	Faire cuire à découvert, sur un feu vif d'abord.
10	. . . .	Puis les retourner un à un, avec précaution, au bout d'une fourchette.
11	. . . .	A moitié cuisson, ralentir le feu.
12	. . . .	Laisser réduire jusqu'à ce que la sauce soit presque toute tarie.
13	. . . .	Dresser alors les oignons sur le plat à servir en les retirant de la casserole, un à un, avec soin, pour les conserver bien entiers.
14	Eau ou bouillon.	Quelques cuillerées : délayer dans la casserole pour en détacher le fond de cuisson.
15	. . . .	Verser la sauce sur les oignons, à servir seuls ou en garniture autour d'une pièce de viande.

352. — OSEILLE EN PURÉE *au gras et au maigre*.

	Oseille	(Bonne à partir de mars.) — S'assurer qu'elle ne contient pas de tige commençant à monter. — L'oseille serait alors trop acide.
	Oseille vierge de Belleville . . .	Excellente espèce qui ne fleurit jamais.
1	. . . .	Eplucher en tirant la feuille au rebours de chaque côté de la tige, et jeter la tige.
2	Pourpier	
3	Estragon	En ajouter quelques feuilles à volonté, en
4	Cerfeuil.	les épluchant de même que l'oseille.
5	Laitues.	
6	Eau bouillante .	Verser sur le tout à mettre un instant sur le
7	Sel.	feu.
8	. . . .	Bien laver, puis égoutter sur un tamis.
9	Eau fraîche. . .	Jeter dessus, et laisser égoutter de nouveau.
10	. . . .	Réunir ensuite les feuilles entre ses mains et les rouler en boule en les pressant, pour en bien faire sortir toute l'eau.
11	. . . .	Hacher grossièrement.

OSEILLE EN PURÉE (*Suite*).

12	Beurre	Mettre au fond d'une casserole sur un feu doux.
13	Sel, poivre. . .	Saupoudrer.
14	. . . .	Y jeter l'oseille hachée et remuer vivement avec la cuiller de bois pour lui bien faire prendre le beurre.
15	Farine.	Semer dessus en continuant à remuer et mêler.
16	Sel.	Saupoudrer de nouveau.
17	Jus, ou bouillon, ou lait.	Verser peu à peu d'une main, en tournant de l'autre avec la cuiller de bois jusqu'à ce que la purée soit éclaircie au point désiré.
18	. . . .	Laisser mijoter 1/2 heure sur un feu très-doux.
19	. . . .	Puis retirer ensuite la casserole sur le bord du fourneau.
20	Jaune d'œuf. . .	Délayer dans un bol à part pour faire une liaison.
21	Lait ou eau (quelques gouttes) .	
22	. . . .	Mêler peu à peu cette liaison à l'oseille en tournant doucement avec la cuiller de bois.
23	. . . .	Verser l'oseille dans un plat chaud à servir de suite, ou à tenir chaud sur une autre casserole d'eau bouillante.
		Nota. — On peut servir sur cette purée : des œufs durs, des œufs pochés, des ris de veau, un fricandeau, etc.

353. — PETITS POIS SAUTÉS.

ORDRE des opérations	NOMS.	PROPORTIONS	PRÉPARATIONS ET CUISSON.
1	Petits pois fins.	1 litre.	Écosser dans une casserole (prendre garde d'y laisser des vers).
2	Eau froide....	....	Verser dessus à tout couvrir.
3	Sel, poivre...	....	Saupoudrer.
4	Petits oignons bl.	3 ou 4.	
5	Ciboule.....	quelq. bran-	
6	Persil......	ches attach.	Ajouter.
7	Cerfeuil.....	en bouquet.	
8	....	....	Faire bouillir sur un feu doux environ 3/4 d'heure, jusqu'à ce que l'eau soit à peu près tarie.
9	....	....	Retirer le bouquet.
10	....	....	Jeter les petits pois sur une passoire et les laisser égoutter.
11	....	....	Puis les remettre dans la casserole.
12	Beurre.....	gros comme un œuf.	Manier en boulettes et mêler aux petits pois.
13	Farine.....	1 cuillerée.	
14	....	....	Tourner vivement avec la cuiller de bois.
15	Sucre en poudre.	....	Ajouter à volonté.
16	Jaunes d'œufs..	2.	Délayer doucement dans un bol pour faire une liaison.
17	Lait ou eau...	1 cuillerée.	
18	Sel ou sucre en pre	1 pincée.	
19	....	....	Retirer la casserole sur le bord du fourneau.
20	....	....	Y mêler la liaison en tournant vivement.
21	....	....	Servir de suite sur un plat chaud. *Nota.* — Ne laisser cuire que juste le temps nécessaire, sinon les petits pois jaunissent et se raccornissent.

354. — POIS SECS EN PURÉE.

1	Pois secs. . . .	1 litre : mettre dans une marmite.
2	Eau tiède. . . .	Verser dessus à tout baigner.
3	Sel.	Saupoudrer.
4	. . . .	Laisser tremper 12 heures au moins en changeant l'eau plusieurs fois.
5	. . . .	Faire bouillir dans la dernière eau.
6	Carottes. . . .	
7	Oignon piqué d'un clou de girofle.	Ajouter dans la casserole.
8	Thym, laurier, persil (en bouquet)	
9	. . . .	Laisser cuire 1 heure à grand feu.
10	Eau chaude ou bouillon chaud.	Ajouter quand la première eau est absorbée par la cuisson.
11	. . . .	Dès que les petits pois sont bien cuits, les jeter sur une passoire et les laisser égoutter sur une autre casserole.
12	. . . .	Retirer le bouquet.
13	. . . .	Poser ensuite la passoire sur une 3e casserole et écraser les pois avec la cuiller de bois.
14	Eau ou bouillon de la cuisson. .	Verser peu à peu d'une main, en écrasant avec la cuiller de l'autre main pour aider à faire passer en purée.
15	Beurre.	Ajouter quand tout a passé et remettre sur le feu.
16	Jus ou bouillon.	Y mêler encore à volonté.
17	. . . .	Verser la purée, un peu épaisse, sur le plat à servir.
18	Croûtons frits. .	Mettre autour du plat, en décoration, (à volonté) et servir chaud.

355. — POMMES DE TERRE EN BOULETTES (*au sel*).

1	Pommes de terre	A choisir jaunes, rondes et farineuses.
2	. . . .	Les peler et les jeter à mesure dans une casserole d'eau froide.
3	Sel.	Saupoudrer.

POMMES DE TERRE EN BOULETTES (*Suite*).

4	. . . .	Faire cuire sur un feu vif jusqu'à ce que l'eau soit absorbée.
5	. . . .	Retirer alors la casserole hors du feu, et verser les pommes de terre dans un saladier.
6	. . . .	Les écraser toutes chaudes avec un pilon ou avec une cuiller de bois.
7	Persil, ciboules (hachés fin) . .	Y mêler en continuant à écraser et piler.
8	Jaunes d'œufs. .	
9	Beurre	
10	Lait (déjà bouilli)	Ajouter peu à peu en pilant.
11	Sel.	
12	Blancs d'œufs. .	Battre en neige dans un bol à part, puis les mêler peu à peu, de même, à la purée.
13	Farine	Etaler sur une table de cuisine ou mettre dans un plat creux.
14	. . . .	Prendre une bonne cuillerée des pommes de terre en purée, à façonner en boulette, puis à rouler dans la farine, et recommencer ainsi jusqu'à ce que toutes les pommes de terre soient employées.
15	Beurre ou friture	Faire bouillir dans la poêle.
16	. . . .	Quand la friture est bouillante, y jeter les boulettes préparées.
17	. . . .	(La pâte doit alors renfler.) — Retourner chaque boulette dans la friture.
18	Sel.	Saupoudrer.
19	. . . .	Servir à sec.
20	Persil frit. . . .	Mettre en garniture (à volonté) autour du plat.

356. — POMMES DE TERRE EN CROQUETTES *au sucre*.

1	Pommes de terre	Jaunes, rondes et farineuses, à choisir.
2	. . . .	Les peler et les jeter à mesure dans une casserole d'eau froide.
3	Sel fin	Saupoudrer.
4	. . . .	Mettre la casserole sur un feu vif et laisser bien cuire.

POMMES DE TERRE EN CROQUETTES (*Suite*).

5	. . . .	Quand l'eau est presque toute absorbée, retirer la casserole du feu et verser les pommes de terre dans un saladier.
6	. . . .	Les écraser toutes chaudes avec un pilon ou avec la cuiller de bois.
7	Beurre	
8	Jaunes d'œufs. .	Ajouter peu à peu en continuant à piler.
9	Lait déjà bouilli.	
10	Blancs d'œufs. .	Battre en neige dans un bol à part, puis les incorporer de même, peu à peu, à la purée.
11	Sucre en poudre	
12	Eau de fleur d'oranger, ou eau-de-vie.	Mêler id. en travaillant toujours la pâte.
13	. . . .	Prendre une cuillerée de cette pâte de pommes de terre, à façonner en boulette de la grosseur d'une noix, et recommencer ainsi jusqu'à ce que toutes les pommes de terre soient employées.
14	Blancs d'œufs. .	Battre dans un bol.
15	Mie de pain. . .	Émietter dans un autre bol.
16	. . . .	Tremper chaque boulette dans le blanc d'œuf, puis dans la mie de pain émiettée.
17	Beurre ou friture	Faire bouillir dans la poêle.
18	. . . .	Quand la friture est bouillante, y jeter les boulettes de pommes de terre.
19	. . . .	La pâte doit alors renfler.
20	. . . .	Retourner les boulettes dans la friture.
21	. . . .	Quand elles ont pris une belle couleur, les dresser sur un plat en couronne.
22	Sucre en poudre	Saupoudrer et servir.

357. — POMMES DE TERRE NOUVELLES *au beurre*.

1	Petites pommes de terre nouvelles	Éplucher ou ratisser.
2	. . . .	Les jeter à mesure dans un plat d'eau fraîche pour les empêcher de noircir.
3	. . . .	Les faire égoutter, puis les essuyer.

POMMES DE TERRE NOUVELLES (*Suite*)

4	Beurre	Faire fondre dans une casserole sur un bon feu.
5	. . . .	Remuer la casserole pour empêcher le beurre de noircir.
6	. . . .	Quand le beurre est bien chaud, y jeter les pommes de terre préparées.
7	. . . .	Les faire sauter pour les retourner dans la casserole.
8	. . . .	Laisser cuire à découvert pour leur faire absorber tout le beurre.
9	Sel	Ajouter à la fin de la cuisson.
10	. . . .	Dresser sur le plat et servir chaud.

358. — POMMES DE TERRE FRITES.

1	Pommes de terre de Hollande jaunes	Couper en tranches minces, longues ou rondes, à volonté.
2	Beurre	Faire fondre dans la poêle sur un feu vif.
3	Sel	Saupoudrer.
4	. . . .	Y jeter les pommes de terre préparées.
5	Sel	Saupoudrer de nouveau.
6	. . . .	Quand elles sont frites d'un côté, les retourner de l'autre.
7	. . . .	Les laisser devenir fermes, cassantes et de belle couleur.
8	. . . .	Tâter avec la fourchette le bon point de cuisson et servir chaud.

359. — POMMES DE TERRE A LA MAITRE-D'HOTEL.

1	Pommes de terre	Eplucher en les jetant à mesure dans une casserole d'eau fraîche pour les empêcher de noircir.
2	Sel	Saupoudrer et mettre sur le feu.
3	. . . .	Laisser cuire à moitié, puis retirer du feu et faire égoutter.
4	. . . .	Couper alors les pommes de terre en tranches.

POMMES DE TERRE A LA MAITRE-D'HOTEL (*Suite*).

5	Beurre	Faire fondre dans une casserole sur un feu doux.
6	. . . .	Y jeter les pommes de terre toutes chaudes.
7	Persil, ciboule, (hachés fin) . .	Semer dessus en faisant sauter la casserole.
8	Sel.	
9	. . . .	A mesure que le beurre fond, recommencer à remuer la casserole pour ne pas laisser roussir.
10	Sel.	Saupoudrer de nouveau.
11	. . . .	Quand tout est bien cuit, dresser sur le plat à servir.
12	Jus de citron. .	Ajouter à volonté.

360. — POMMES DE TERRE EN PURÉE *au gras*.

1	Pommes de terre	Jaunes, rondes et farineuses, à choisir.
2	. . . .	Les peler en les jetant à mesure dans une casserole d'eau froide pour les empêcher de noircir.
3	Sel.	Saupoudrer.
4	. . . .	Les mettre ainsi sur le feu et laisser cuire jusqu'à ce que l'eau soit presque toute absorbée.
5	. . . .	Poser alors une passoire sur une autre casserole et y verser les pommes de terre à égoutter.
6	. . . .	Les faire passer dans une autre casserole en les écrasant avec la cuiller de bois.
7	Bouillon	Ajouter peu à peu en pilant pour aider à faire passer la purée.
8	. . . .	Mettre la casserole sur le feu, à achever de cuire.
9	. . . .	Dresser la purée en forme bombée, à volonté, et servir chaud.

361. — POMMES DE TERRE EN PURÉE *au sucre*.

1	Pommes de terre	Jaunes, rondes et farineuses, à choisir.
2	. . . .	Les peler en les jetant à mesure dans une casserole d'eau froide pour les empêcher de noircir.
3	Sel.	Saupoudrer.
4	. . . .	Mettre la casserole sur le feu et laisser cuire jusqu'à ce que l'eau soit presque toute absorbée.
5	. . . .	Poser une passoire sur une autre casserole.
6	. . . .	Y jeter les pommes de terre à faire passer en les écrasant avec la cuiller de bois.
7	Lait chaud . . .	Verser peu à peu en pilant pour aider à passer.
8	Sucre en poudre	Ajouter quand tout est passé, et bien mêler.
9	. . . .	Transvaser la purée dans un plat allant au feu, et mettre ce plat sur le feu.
10	Œuf	Battre dans un bol à part, puis en arroser
11	Sucre en poudre.	le dessus de la purée sur le feu.
12	. . . .	Recouvrir avec le four de campagne chargé de charbons allumés.
13	. . . .	Laisser achever de cuire et de prendre couleur.
14	. . . .	Servir dans le plat de cuisson.

362. — POMMES DE TERRE EN SALADE.

1	Pommes de terre, dites violettes	A choisir, parce qu'elles ne se défont pas en cuisant.
2	. . . .	Les peler en les jetant à mesure dans une casserole à moitié remplie d'eau fraîche.
3	Sel.	Saupoudrer.
4	. . . .	Mettre sur le feu et laisser cuire à découvert.
5	. . . .	Quand l'eau est presque toute absorbée, essuyer les pommes de terre dans un linge blanc.
6	. . . .	Les couper en tranches rondes à ranger dans un saladier.

POMMES DE TERRE EN SALADE (*Suite*).

7	Persil.	⎫
8	Ciboule.	⎬ Hacher bien fin, mêler et semer dessus.
9	Cerfeuil.	⎭
10	Huile.	⎫
11	Vinaigre. . . .	⎬ Mettre en assaisonnement de salade.
12	Sel, poivre. . .	⎭
13	. . . .	Servir tiède.

363. — PERSIL. *Renseignements pour le conserver.*

1	Cueillir en septembre.
2	Eplucher les feuilles et les hacher grossièrement.
3	Faire sécher à l'ombre.
4	Conserver dans un endroit sec.
5	Pour le faire revenir et pouvoir l'employer, il suffit de le faire tremper dans de l'eau tiède.

364. — RIZ EN PAIN A LA CRÉOLE.

ORDRE des opérations	NOMS.	PROPORTIONS	PRÉPARATIONS ET CUISSON.
1	Riz caroline . .	1/2 livre.	Mettre dans une terrine.
2	Eau bouillante .	. . . . . .	Verser dessus pour le nettoyer.
3	. . . .	. . . . . .	Bien remuer, laver, éplucher le gravier.
4	. . . .	. . . . . .	Poser une passoire sur une casserole.
5	. . . .	. . . . . .	Y verser le riz et laisser égoutter.
6	. . . .	. . . . . .	Jeter l'eau qui a passé.
7	. . . .	. . . . . .	Recommencer la même opération jusqu'à obtenir une eau bien claire.
8	. . . .	. . . . . .	Verser alors le riz dans la casserole.

RIZ EN PAIN A LA CRÉOLE (*Suite*).

ORDRE des opérations	NOMS.	PROPORTIONS	PRÉPARATIONS ET CUISSON.
9	Eau fraîche. . . .	. . . .	Verser sur le riz et laisser tremper 1 heure dans cette dernière eau.
10	Beurre	1/4	
11	Sel.		Ajouter dans la même casserole.
12	Poudre de Kari.	. . . .	
13	Poivre de Cayenne.		
14	. . . .	. . . .	Mettre la casserole sur le fourneau, à petit feu, dessus et dessous, et laisser absorber toute l'eau.
15	. . . .	. . . .	Préparer un moule à charlottes.
16	Beurre	. . . .	Faire fondre dans ce moule sur un feu très-doux, et en enduire les parois.
17	. . . .	. . . .	Y verser le riz (à tasser bien serré).
18	. . . .	. . . .	Tenir sur des cendres chaudes jusqu'au moment de servir.
19	. . . .	. . . .	Poser alors sur le moule un plat retourné sur l'endroit.
20	. . . .	. . . .	Puis retourner le tout sens dessus dessous.
21	. . . .	. . . .	Enlever le moule et servir.
22	. . . .	. . . .	(Ce gâteau est servi aux Américains en guise de pain.)

365. — NOMS DE SALADES. *Renseignements.*

Salades : plantes crues à manger à l'huile et au vinaigre (usage venu d'Italie).

Salades à choisir : chicorée sauvage, chicorée endive ou escarolle, bonne toute l'année.

Cresson de rivière, de fontaine, de jardin, dit cresson alénois.

Mâche ou boursette : bonne de septembre jusqu'aux gelées.

Céleri plein et creux : de juillet jusqu'en hiver.

Pissenlit : d'octobre au printemps.

Pourpier.

Crépelle.

Feuilles de salsifis.

Raiponce.

Pied de poulain.

Barbe de capucin : tout l'hiver.

Fenouil : de janvier à juin.

Laitue ronde.

Laitue romaine à pomme allongée.

366. — FOURNITURES DE SALADE.

1 Persil.
2 Ciboule.
3 Cerfeuil.
4 Civette.
5 Pimprenelle.
6 Estragon.

} Hacher séparément, bien fin, pour mêler ensemble et en mettre en tas sur le milieu de la salade.

7 Fleurs de capucines (été et automne).
8 Bourrache à fleurs bleues.

} Poser en ornement autour de la salade dans le saladier.

367. — MANIÈRE D'ÉPLUCHER LA SALADE.

1 Eplucher chaque feuille en examinant soigneusement s'il n'y reste pas de limaçons ou d'insectes à ôter.

2 Jeter les feuilles à mesure dans une terrine d'eau.

3 Faire égoutter dans un panier salade en secouant fortement.

4 Essuyer et presser dans un linge blanc pour bien essuyer les feuilles

MANIÈRE D'ÉPLUCHER LA SALADE (*Suite*).

5	Les étaler dans un saladier.	
6	Mettre les fournitures hachées en petits tas, sur le dessus.	
7	Parsemer de bourrache et de capucines, à volonté, dans la saison des fleurs.	
8	Servir sans être assaisonnée.	

368. — MANIÈRE DE FAIRE LA SALADE A TABLE
(*Procédé Chaptal*).

ORDRE des opérations	NOMS.	PROPORTIONS	PRÉPARATIONS ET CUISSON.
1	Sel, poivre . . .	1 pincée	Mettre dans une cuiller d'ivoire ou de buis.
2	. . . .	. . . .	Mêler avec la fourchette et en saupoudrer la salade.
3	. . . .	. . . .	Retourner les feuilles une première fois (avec le couvert spécial de buis ou d'ivoire).
4	Huile d'olives. . .	2 ou 3 cuill.	Verser dessus.
5	. . . .	. . . .	Retourner la salade pour bien en imprégner toutes les feuilles.
6	Vinaigre	1 cuillerée.	Ajouter en dernier. (Ce système a pour but de ne jamais offrir une salade trop vinaigrée, le vinaigre de trop glissant sur l'huile jusqu'au fond du saladier sans rien gâter.)

369. — MANIÈRE DE FAIRE LA SALADE A L'AVANCE.

1	Sel, poivre . . .		Délayer dans une saucière.
2	Vinaigre	1 cuillerée.	
3	Huile.	2 au 3 cuill.	Ajouter en bien agitant le tout avec une cuiller.
4	. . . .	. . . .	Verser sur la salade préparée dans le saladier. — A table, il n'y a plus qu'à la retourner.

370. — SALSIFIS. *Renseignements et préparations.*

Véritables salsifis, — à écorce jaune : — rares sur le marché. Scorsonères — variété à écorce noire — (sont vendus comme salsifis, et sont, du reste, aussi bons).

ORDRE des opérations	NOMS.	PROPORTIONS	PRÉPARATIONS ET CUISSON.
1	Eau froide . . .		Verser dans une terrine.
2	Vinaigre	1 cuillerée.	Y mêler.
3	Salsifis ou scorsonères		Ratisser, gratter avec un couteau pour enlever l'écorce (jaune ou noire).
4			Les couper en morceaux égaux d'environ 12 à 15 centimètres de long et les jeter à mesure dans l'eau préparée (ce qui les empêche de rougir à l'air).
5	Eau		Faire bouillir dans une grande casserole ou dans une marmite.
6	Vinaigre ou jus de citron . . .		
7			Quand l'eau est bouillante, y jeter les salsifis en les prenant avec l'écumoire.
8	Farine	1 cuillerée.	Ajouter, et laisser bouillir 1 heure au moins.
9	Sel, poivre . . .		
10	Beurre	à volonté.	
11			Quand les salsifis cèdent sous la pression du doigt, ils sont assez cuits et prêts à être égouttés, puis accommodés.

371. — SALSIFIS AU GRAS. (*Voir préparations jusqu'à* 11).

12	Beurre.	Faire fondre dans une casserole sur un feu doux, sans laisser noircir.
13	Farine.	Y semer d'une main en remuant de l'autre main avec la cuiller de bois.
14	Bouillon dégraissé.	Ajouter peu à peu en continuant à tourner.
15	Jus de rôti . . .	Mêler id. à volonté.
16	Salsifis préparés.	Jeter dans cette sauce, et laisser achever de cuire à découvert sur un feu vif.
17	Sel, poivre. . .	Ajouter vers la fin de la cuisson.
18	. . . .	Quand la sauce est d'une bonne consistance et que les salsifis sont bien cuits, les dresser en pyramide sur un plat chauffé d'avance.
19	. . . .	Verser la sauce par-dessus.
20	. . . .	Et servir chaud.

372. — SALSIFIS AU MAIGRE. (*Voir préparations jusqu'à* 11).

12	Beurre	Fondre dans une casserole sur un feu doux, sans le laisser noircir.
13	Farine.	Y semer d'une main en remuant de l'autre main avec la cuiller de bois.
14	Salsifis préparés, égouttés	Jeter dans la casserole et les retourner dans le beurre.
15	Eau de leur première cuisson .	Verser dessus, peu à peu, en continuant à tourner et à remuer.
16	. . . .	Laisser cuire et réduire la sauce.
17	Sel, poivre. . .	Ajouter vers la fin de la cuisson.
18	. . . .	Chauffer le plat à servir en le trempant dans de l'eau presque bouillante, puis l'essuyer vivement.
19	. . . .	Y dresser les salsifis en pyramide quand ils sont bien cuits, en les piquant au bout d'une fourchette.
20	. . . .	Retirer du feu la casserole où est restée la sauce.

SALSIFIS AU MAIGRE (*Suite*).

21	Jaunes d'œufs (1 ou 2)	Délayer dans un bol à part pour faire une liaison.
22	Vinaigre (1 filet)	
23	. . . .	Quand la sauce ne bout plus, y mêler doucement la liaison préparée en tournant avec la cuiller.
24	. . . .	Verser sur les salsifis et servir chaud.

373. — SALSIFIS FRITS. (*Voir préparations jusqu'à* 11).

ORDRE des opérations	NOMS.	PROPORTIONS.	PRÉPARATIONS ET CUISSON.
12	Fleur de farine.	1 cuillerée	Mettre dans un plat creux pour préparer la pâte à frire.
13	. . . .	. . . . . .	Faire un creux au milieu de la farine.
14	Sel fin	1 pincée.	Verser dans le creux en amalgamant le tout peu à peu.
15	Eau-de-vie.. . .	1 cuillerée.	
16	Œuf	1 entier.	
17	Lait ou eau. . .	quelq. goutt.	Ajouter en délayant jusqu'à ce que la pâte soit bien unie, sans grumeaux.
18	Beurre ou graisse de pot-au-feu. .	. . . .	Faire fondre dans la poêle sur un feu vif.
19	Salsifis cuits et égouttés	. . . .	Tremper au bout d'une fourchette dans la pâte préparée, puis les jeter à mesure dans le beurre bouillant ou friture.
20	Sel.	. . . . . .	Saupoudrer.
21	. . . .	. . . . . .	Quand ils sont frits d'un côté, les retourner de l'autre.

SALSIFIS FRITS (*Suite*).

ORDRE des opérations	NOMS.	PROPORTIONS.	PRÉPARATIONS ET CUISSON.
22	Sel.	. . . .	Saupoudrer de nouveau.
23	. . . .	. . . .	Aussitôt qu'ils sont au point désiré, les piquer au bout d'une fourchette et les dresser en pyramide sur un plat chauffé à l'avance.
24	Persil frit. . . .	. . . .	Mettre autour du plat en garniture.
25	. . . .	. . . . . .	Servir de suite et bien chaud.

CHAPITRE ONZIEME

ŒUFS

TABLE DES RECETTES

374. — ŒUFS A LA COQUE.

1	Eau	Faire bouillir dans une casserole.
2	Œufs.	Y plonger quand l'eau est bouillante.
3	. . . .	Laisser cuire 3 minutes en retournant les œufs dans l'eau, pour qu'ils cuisent également. *Nota.* — Plus les œufs sont frais pondus, plus ils sont longtemps à se solidifier dans l'eau.
4	. . . .	Les essuyer au sortir de l'eau et les servir dans une serviette pliée ou dans une coquetière, en forme de poule couveuse.

375. — ŒUFS DURS.

1	Eau	Faire bouillir dans une casserole.
2	Œufs.	Mettre dans l'eau quand elle bout fortement.
3	. . . .	Laisser bouillir un quart d'heure.
4	Eau froide . . .	Verser dans une terrine.
5	. . . .	Y plonger les œufs au sortir de l'eau chaude, en les prenant avec l'écumoire.
6	. . . .	Laisser tremper quelques minutes.
7	. . . .	Retirer la coque.
8	. . . .	Partager les œufs en quatre quartiers.
9	. . . .	Les servir sur une sauce tomate, sur une purée d'oseille ou autre, à volonté.
10	Sel fin	Saupoudrer.

376. — ŒUFS AU FROMAGE ou FONDUE.

ORDRE des opérations	NOMS.	PROPORTIONS.	PRÉPARATIONS ET CUISSON.
1	Œufs crus . . .	. . . .	Peser.
2	Gruyère	1/3 du poids des œufs.	Râper.
3	. . . .	. . . .	Casser les œufs dans un saladier.

ŒUFS AU FROMAGE *ou* FONDUE (*Suite*).

ORDRE des opérations	NOMS.	PROPORTIONS.	PRÉPARATIONS ET CUISSON.
4	. . . .	. . . .	Les battre avec deux fourchettes, en y ajoutant peu à peu le fromage râpé.
5	. . . .	. . . .	Verser ensuite les œufs battus dans une casserole, et mettre sur un feu vif.
6	Beurre.	1/6 du poids des œufs.	Ajouter par petits morceaux.
7	. . . .	. . . .	Remuer le tout avec la cuiller de bois jusqu'à ce que les œufs épaisissent.
8	Sel, poivre. . . .	. . . .	Saupoudrer en continuant à remuer tout le temps de la cuisson.
9	. . . .	. . . .	Servir sur un plat chauffé d'avance.

377.—ŒUFS FRITS.

	NOMS.	PROPORTIONS.	PRÉPARATIONS ET CUISSON.
1	Beurre	. . . .	Faire fondre dans un poêlon sur un feu vif et le laisser roussir.
2	Œufs.	. . . .	Casser un à un, au-dessus de la poêle, en les faisant tomber avec précaution. (Serrer les bords de chaque œuf en le cassant, pour qu'il ne s'étale pas.)
3	Sel.	. . . .	Saupoudrer.
4	. . . .	. . . .	Quand ils sont d'une belle couleur, les retirer avec l'écumoire et les dresser sur le plat à servir.
5	Echalote	hacher fin	Mêler ensemble et jeter dans le beurre resté au fond de la poêle.
6	Pain rassis. . .	émietter.	

ŒUFS FRITS (*Suite*).

ORDRE des opérations	NOMS.	PROPORTIONS	PRÉPARATIONS ET CUISSON.
7	Sel.	. . . .	Saupoudrer de nouveau en remuant.
8	Eau.	quelq. goutt.	Ajouter à volonté.
9	Vinaigre	1 filet.	
10	. . . .	. . . .	Verser la sauce sur le plat et servir chaud.

378. — ŒUFS AU LAIT (*Entremets sucré*).

1	Lait	1/2 litre.	Faire bouillir dans une casserole.
2	Sucre en poudre	. . . .	Mêler au lait quand il est bouillant.
3	Fleur d'oranger, ou vanille en poudre.	. . . .	
4	. . . .	. . . .	Retirer la casserole sur le bord du fourneau.
5	Œufs.	4 ou 5.	Casser dans un plat creux (allant au feu), les battre vivement avec 2 fourchettes.
6	. . . .	. . . .	Quand le lait ne bout plus, le verser peu à peu sur les œufs battus en tournant vivement avec une cuiller.
7	Eau	. . . .	Faire bouillir dans une marmite basse.
8	. . . .	. . . .	Quand l'eau est bien bouillante, poser le plat d'œufs à faire cuire ainsi au bain-marie.
9	. . . .	. . . .	Recouvrir le plat avec le four de campagne ou avec un couvercle en tôle chargé de charbons ardents.

ŒUFS AU LAIT (*Suite*).

ORDRE des opérations	NOMS.	PROPORTIONS	PRÉPARATIONS ET CUISSON.
10	. . . .	. . . .	Laisser cuire sans arrêt, à feu vif, dessus et dessous, pendant 3/4 d'heure.
11	. . . .	. . . .	Surveiller la cuisson pour empêcher le dessous de brûler.
12	. . . .	. . . .	Quand les œufs ont pris une belle consistance, retirer le plat du feu.
13	Sucre en poudre	. . . .	Semer dessus.
14	. . . .	. . . .	Passer une pelle, rougie au feu, par-dessus le sucre, pour le caraméliser.
15	. . . .	. . . .	Laisser refroidir.
16	. . . .	. . . .	Servir dans le plat de cuisson.

379. — ŒUFS AU MIROIR *ou* SUR LE PLAT.

1	Beurre frais. . .	. . . .	Étaler au fond d'une tourtière ou d'un plat allant au feu.
2	Sel fin, poivre	. . . .	Semer dessus.
3	Œufs frais . . .	. . . .	Casser un à un au-dessus du plat (avec précaution pour ne pas crever le jaune et en les espaçant régulièrement).
4	Sel, poivre. . .	. . . .	Semer de nouveau.
5	Beurre en petits morceaux . . .	. . . .	Ajouter à volonté.
6	Persil.	hacher fin.	Id.
7	Ciboule.		
8	. . . .	. . . .	Mettre le plat sur des cendres chaudes pendant 10 min.
9	. . . .	. . . .	Servir de suite. *Nota.* — Plat élégant et de bon usage, recommandé en fonte de fer, où sont ménagés des creux ronds, revêtus d'émail de faïence.

380. — OMELETTE AUX FINES HERBES.

1	Persil.	Hacher fin et mêler ensemble.
2	Laurier.	
3	Civette	
4	Cresson (à volonté).	
5	Œufs frais . . .	Casser dans un saladier.
6	. . . .	Les battre avec deux fourchettes, ou avec un paquet de brins d'osier blanc.
7	Sel, poivre. . .	Ajouter en battant.
8	Beurre en petits morceaux . . .	
9	Eau fraîche. . .	Id. Id. (pour faciliter le mélange des blancs et des jaunes).
10	. . . .	Ajouter de même les fines herbes hachées, et battre encore.
11	. . . .	Laisser reposer ensuite un instant.
12	Beurre.	Faire fondre dans la poêle sur un feu clair.
13	. . . .	Dès que le beurre est fondu, y verser les œufs préparés.
14	. . . .	Pendant la cuisson, remuer la poêle par la queue, en lui donnant de petites secousses pour empêcher les œufs de s'attacher.
15	. . . .	Quand l'omelette est prise, la soulever avec la fourchette ou la pointe d'un couteau.
16	Beurre en petits morceaux . . .	Glisser en dessous, à volonté.
17	. . . .	Laisser prendre une belle couleur.
18	. . . .	Retourner l'omelette en la pliant sur elle-même, en chausson.
19	. . . .	Chauffer le plat à servir.
20	. . . .	Quand l'omelette est cuite à point, la glisser sur le plat en inclinant la poêle.
21	. . . .	Servir de suite, pas trop cuite, mais brûlante.

Nota. — En supprimant les fines herbes, on a une omelette au naturel.

381. — OMELETTE AU RHUM (*Entremets sucré*).

1	Œufs.	Casser en séparant les blancs et les jaunes (à mettre dans deux bols différents).
2	. . . .	Battre d'abord les blancs.
3	. . . .	Battre les jaunes à part.
4	Sucre en poudre.	
5	Zeste de citron râpé.	Ajouter aux jaunes en les battant.
6	. . . .	Mêler ensuite le tout aux blancs déjà battus, puis rebattre encore le tout ensemble.
7	Lait	Ajouter, à volonté, en battant.
8	. . . .	Verser dans la poêle et laisser cuire.
9	Sucre râpé . . .	Semer dessus à la fin de la cuisson et plier l'omelette en deux.
10	. . . .	Saupoudrer de nouveau de sucre râpé.
11	. . . .	Chauffer un plat long.
12	. . . .	Incliner la poêle pour glisser l'omelette sur le plat.
13	Rhum	Verser par-dessus abondamment et servir.
14	. . . .	Mettre le feu au rhum (sur la table) et laisser brûler jusqu'à ce que le rhum s'éteigne.
15	. . . .	Faire passer de suite alors aux convives.

382. — OMELETTE SOUFFLÉE.

ORDRE des opérations	NOMS.	PROPORTIONS.	PRÉPARATIONS ET CUISSON.
1	Œufs.	6.	Casser au-dessus de deux bols en faisant tomber séparément les blancs et les jaunes.
2	Les six jaunes .	. . . .	
3	Sucre en poudre	4 cuillerées.	Battre ensemble avec 2 fourchettes.
4	Zeste de citron, ou fleur d'oranger, ou vanille en poudre. . .	. . . .	

OMELETTE SOUFFLÉE (Suite).

ORDRE des opérations	NOMS.	PROPORTIONS.	PRÉPARATIONS ET CUISSON.
5	Les six blancs .	. . . .	Battre en neige à part, puis les réunir aux jaunes.
6	Beurre	1/4.	Mettre dans la poêle sur un feu clair.
7	. . . .	. . . .	Quand le beurre est fondu, y mêler les œufs battus.
8	. . . .	. . . .	Remuer l'omelette pour que le dessous ne s'attache pas.
9	. . . .	. . . .	Quand l'omelette a bu tout le beurre, pencher la poêle pour la faire glisser sur un plat allant au feu.
10	Beurre en petits morceaux . . .	. . . .	Glisser en dessous de l'omelette en la soulevant avec précaution.
11	. . . .	. . . .	Poser le plat sur un feu de cendres rouges.
12	. . . .	. . . .	Recouvrir avec le four de campagne ou avec un couvercle chargé de braise allumée.
13	. . . .	. . . .	Le soulever de temps à autre pour surveiller l'omelette et l'empêcher de brûler.
14	. . . .	. . . .	La laisser bien gonfler.
15	Sucre en poudre	. . . .	Saupoudrer alors abondamment.
16	. . . .	. . . .	Remettre le four de campagne pour faire glacer le sucre.
17	. . . .	. . . .	Servir l'omelette brûlante dans son plat.

383. — ŒUFS A LA NEIGE.

ORDRE des opérations	NOMS.	PROPORTIONS	PRÉPARATIONS ET CUISSON.
1	Œufs frais . . .	6.	Casser au-dessus de 2 plats creux, en faisant tomber séparément le blanc et le jaune.
2	. . . .	. . . .	(Prendre soin de se mettre dans un lieu frais.)
3	. . . .	. . . .	Battre les blancs avec deux fourchettes ou avec un fouet d'osier, jusqu'à ce qu'ils viennent en neige.
4	Sucre en poudre	60 grammes	Ajouter en battant.
5	Fleur d'oranger, ou vanille. . .	. . . .	
6	. . . .	. . . .	Quand les blancs sont devenus assez fermes pour supporter le poids d'un œuf, les laisser reposer.
7	Lait frais. . . .	1 litre.	Faire bouillir dans une casserole sur un feu vif pendant 1/4 d'heure.
8	Fleur d'oranger, ou vanille. . .	. . . .	
9	Sucre en poudre	. . . .	
10	. . . .	. . . .	Retirer alors la casserole du feu.
11	. . . .	. . . .	Prendre une grande cuillerée des blancs en neige, à mouler en forme d'un gros œuf avec une autre cuiller, puis jeter dans le lait.
12	. . . .	. . . .	Recommencer ainsi jusqu'à ce que tous les blancs d'œufs soient employés.
13	. . . .	. . . .	Remettre ensuite la casserole sur le feu, et laisser cuire 2 minutes.

ŒUFS A LA NEIGE (*Suite*).

ORDRE des opérations	NOMS.	PRÉPARATIONS ET CUISSON.
14	. . . .	Prendre les blancs avec l'écumoire et les retourner dans la crème.
15	. . . .	Laisser cuire encore 2 minut.
16	. . . .	Retirer alors les blancs à prendre avec l'écumoire, et les faire égoutter à mesure au-dessus du lait, puis les dresser en pyramide dans un plat creux.
17	. . . .	Verser le lait (resté au fond de la casserole) doucement sur les jaunes d'œufs (gardés à part) et tourner sans arrêt avec la cuiller de bois et toujours du même côté, pour bien lier la crème.
18	. . . .	Quand cette crème jaune a suffisamment épaissi en la tournant pendant 1/4 d'h. environ, la verser sur les blancs de suite, sinon elle tournerait.
19	. . . .	Servir froid.

384. — ŒUFS POCHÉS.

1	Eau	. . . . . .	Faire bouillir dans une casserole à remplir aux 3/4.
2	Sel.	. . . . . .	
3	Vinaigre	1 verre . . .	Laisser bien bouillir.
4	Œufs très-frais .	. . . . . .	Casser un à un au-dessus de l'eau en les faisant tomber de très-près pour ne pas crever le jaune.
5			

ŒUFS POCHÉS (*Suite*).

ORDRE des opérations	NOMS.	PROPORTIONS.	PRÉPARATIONS ET CUISSON.
6	. . . .	. . . .	Avec l'écumoire rapprocher le blanc du jaune pour former enveloppe.
7	. . . .	. . . .	Laisser une minute dans l'eau, doit suffire à les faire prendre.
8	Eau froide . . .	. . . .	Verser dans une autre casserole.
9	. . . .	. . . .	Avec l'écumoire, retirer les œufs de l'eau bouillante en les prenant avec précaution, un à un, dans l'ordre où ils ont été mis sur le feu (pour qu'ils aient une égale cuisson) et les plonger à mesure dans l'eau froide préparée, puis les retirer et les déposer sur un linge blanc en double.
10	. . . .	. . . .	Laisser égoutter.
11	. . . .	. . . .	Parer, égaliser les bords.
12	. . . .	. . . .	Servir seuls ou sur quelque purée de chicorée, d'oseille, d'épinards ou de tomates (au choix).

385. — ŒUFS AUX SAUCISSES.

1	Beurre		Mettre dans un plat allant au feu.
2	Saucisses longues		Ranger autour du plat et le mettre sur le feu.
3	. . . .		Laisser fondre le beurre.
4	Œufs		Casser au milieu, avec précaution, en prenant garde de crever le jaune.

ŒUFS AUX SAUCISSES (*Suite*).

5	Sel, poivre	Semer par-dessus.
6	. . . .	Laisser cuire dans la graisse des saucisses.
7	Jus de citron. . .	Ajouter, à volonté, au moment de servir.
8	. . . .	Servir chaud, dans le plat de cuisson.

386. — *Renseignements pour savoir si les œufs sont frais.*

Prendre un œuf dans sa main.

Le placer devant une lumière, dans un lieu obscur : s'il est transparent, il est frais ; — s'il est piqué, il est vieux pondu ; — s'il est opaque, terne, s'il a une tache, il est gâté.

Nota. — Pour employer les œufs, avoir soin, *avant de les mêler ensemble, de les casser séparément* un à un, dans un bol, d'où on les rejette dans le plat commun, après s'être assuré de leur fraîcheur. (On ne risque pas ainsi de tout gâter.)

Les œufs ne se réchauffent qu'au bain-marie.

387. — *Manière de produire des œufs de toutes grosseurs.*

1	Œufs : 6. Casser au dessus de deux bols, en faisant tomber séparément le blanc et le jaune.
2	Mettre les jaunes dans une vessie bien nettoyée.
3	Attacher, bien serré, avec une ficelle, en donnant une forme oblongue.
4	Plonger alors la vessie dans une terrine d'eau bouillante et laisser durcir les jaunes d'œufs qu'elle renferme.
5	Retirer ensuite et couper la ficelle.
6	Verser les blancs liquides (gardés à part) dans une autre vessie, qui soit plus grande que la première.
7	Y introduire les jaunes durcis.
8	Ficeler l'ouverture.
9	Plonger dans l'eau bouillante pour faire durcir les blancs à leur tour.
10	Retirer la vessie : essuyer l'œuf et le servir entier ou en tranches, sur une purée au choix (oseille, épinards, etc.).

388. — *Renseignements pour conserver les œufs.*

Du 1er août au 15 septembre :
Ponte abondante et moment de faire provision d'œufs pour l'hiver.
De la position des œufs dépend, en partie, leur bonne conservation.

1 Les placer la pointe en l'air dans un tonneau mis dans un lieu frais (à l'exception de la cave).
2 Recouvrir un lit d'œufs avec un lit de cendre ou de sciure de bois, ou de sable, ou de son.
3 Recommencer à placer un lit d'œufs, puis à le recouvrir jusqu'à ce que le tonneau soit rempli.
4 Fermer le tonneau avec un couvercle à enfoncer dedans.
5 En hiver, quand on veut se servir des œufs, les faire tremper 2 heures dans l'eau froide.
6 *Nota.* — A mesure qu'on découvre les œufs pour en prendre, avoir soin de recouvrir ceux qui restent avec le sable ou la cendre (au choix) pour intercepter l'air. Ils se conservent ainsi très-bien tout l'hiver.

CHAPITRE DOUZIÈME

SAUCES ET ASSAISONNEMENTS

TABLE DES RECETTES

———

389. — SAUCES : *Assaisonnements divers,*

Bouquet simple.	Persil. Ciboules.		
Bouquet garni .	Persil. . . . . Ciboules . . . . Laurier. . . . . Thym. . . . . . Ail.		A replier en deux et à lier avec un gros fil.
Les quatre épices	Poivre . . . . Laurier. . . . . Cannelle . . . . Clous de girofle.	10 gramm. Id. Id. 5 gramm.	A piler et mêler ensemble, puis à garder dans une bouteille bien bouchée.
Id. autre mélange	Poivre blanc . . Girofle . . . . Muscade . . . . Gingembre . . .	125 gramm. 8 Id. 8 Id. 30 Id.	Id.
Autres assaisonnements employés.	Cresson Piment. Passe-pierre. Sarriette. Basilic. Hysope. Thym. Sauge. Câpres. Concombres. Cornichons. Estragon. Echalotes. Cerfeuil.		

390. — AYOLI ou SAUCE A L'AIL.

ORDRE des opérations	NOMS.	PROPORTIONS	PRÉPARATIONS ET CUISSON.
1	Ail.	. . . .	Éplucher, émincer, et piler ou écraser dans un bol.
2	Jaune d'œuf . .	. . . .	Délayer avec l'ail.
3	Huile d'olives. .	. . . .	Verser goutte à goutte par dessus, en tournant toujours du même côté avec une cuiller.
4	. . . .	. . . .	Quand la sauce est bien liée, la servir dans une saucière ou la verser sur un plat à recouvrir.

391. — EAU A L'AIL.

ORDRE des opérations	NOMS.	PROPORTIONS	PRÉPARATIONS ET CUISSON.
1	Ail. . . . . . . ,	1 gousse.	Éplucher, émincer et écraser dans un bol.
2	Eau	1 cuillerée.	Mêler en écrasant.
3	. . . .	. . . . . .	Passer cette sauce au tamis et s'en servir pour assaisonnement de sauces.

392. — SAUCE BÉCHAMEL AU GRAS.

ORDRE des opérations	NOMS.	PROPORTIONS	PRÉPARATIONS ET CUISSON.
1	Beurre.	. . . .	Manier en boulette à mettre dans une casserole.
2	Farine	. . . .	
3	Crème ou lait ayant déjà bouilli	. . . .	Ajouter peu à peu d'une main, en délayant de l'autre avec la cuiller de bois.
4	. . . .	. . . .	Mettre sur le feu, et faire bouillir en tournant sans arrêt pendant 10 minutes.

SAUCE BÉCHAMEL AU GRAS (*Suite*).

ORDRE des opérations	NOMS.	PROPORTIONS	PRÉPARATIONS ET CUISSON.
5	Jus ou gelée. . .	quelq. cuill.	
6	Graisse de veau.	à volonté.	Ajouter et mêler peu à peu en continuant à tourner.
7	Beurre en petits morceaux . . .	. . . .	
8	Sel, poivre. . .	. . . .	Semer en assaisonnement.
9	. . . .	. . . .	Tenir cette sauce au bain-marie pour y faire réchauffer différents plats : volailles, poissons et autres. *Nota*. — Cette sauce doit être épaisse et d'un blanc d'ivoire.

393. — SAUCE BLANCHE *ou* SAUCE AU BEURRE.

1	Fleur de farine.	1/2 cuillerée	Mettre dans une casserole.
2	Eau froide ou tiède, ou lait déjà bouilli.	1 verre.	Verser peu à peu d'une main, en tournant de l'autre main avec la cuiller de bois.
3	. . . .	. . . . . .	Bien délayer, sans laisser de grumeaux.
4	. . . .	. . . . . .	Mettre la casserole sur le feu.
5	Beurre frais en petits morceaux	. . . . . .	Incorporer peu à peu à la sauce, en tournant sans arrêt.
6	Sel.	. . . . . .	Saupoudrer en continuant à tourner pour faire fondre le beurre.
7	. . . .	. . . . . .	Faire mijoter 1/2 heure et réduire sans laisser bouillir (sinon la sauce tournerait en huile ou en colle)

SAUCE BLANCHE *ou* SAUCE AU BEURRE (*Suite*).

ORDRE des opérations	NOMS.	PROPORTIONS	PRÉPARATIONS ET CUISSON.
8	Crème déjà bouillie.	1 cuillerée.	Délayer dans un bol à part, puis mêler peu à peu à la sauce, pour liaison, en tournant toujours du même côté.
9	Œuf	1 jaune.	
10	Sel.	1 pincée.	
11	Jus de citron ou Vinaigre. . . .	1 filet.	Ajouter à volonté.
12	. . . .	. . . .	Servir cette sauce dans la saucière, ou sur un plat à recouvrir.

394. — SAUCE BLONDE.

1	Beurre		Faire fondre dans une casserole, sur un feu doux, et le laisser roussir légèrement.
2	Farine		Y semer alors d'une main, en tournant de l'autre main avec la cuiller de bois.
3	. . . .		Bien mêler.
4	Bouillon bouillant.		Verser peu à peu, en continuant à tourner et remuer doucement.
5	. . . .		Faire bouillir à feu très-doux pendant 20 minutes en tournant sans arrêt.
6	. . . .		Cette sauce s'emploie pour les ragoûts, les vol-au-vent, etc.

395. — BEURRE FONDU.
Pour sauces, fritures, crêpes, beignets.

1	Beurre frais . .		Tasser dans un vase de terre ou de ferblanc de préférence à tout autre, pour éviter le vert de gris.
2	Eau		Verser dans un chaudron à remplir à moitié.
3	. . . .		Y plonger le vase où est le beurre, puis mettre sur un feu clair, à chauffer ainsi au bain-marie.

BEURRE FONDU (*Suite*).

4	. . . .	Laisser bouillir doucement environ 2 heures, en prenant soin que le beurre ne noircisse pas.
5	. . . .	Écumer à mesure qu'une mousse se forme au-dessus. *Nota.* — Le beurre diminue beaucoup en fondant.
6	. . . .	Quand il est devenu limpide, présentant une nappe unie, le retirer du feu, bouillant, et le laisser reposer.
7	. . . .	Préparer des pots de grès pouvant contenir seulement 2 ou 3 livres de beurre (pour n'avoir pas à entamer une trop grande provision à la fois).
8	. . . .	Frotter l'intérieur des pots avec du persil, pour donner bon goût au beurre.
9	. . . .	Avant que le beurre soit froid, le verser doucement dans ces pots de grès où il doit être conservé. *Nota.* — Le résidu du fond des pots est bon à mettre à part pour accommodements divers.
10	. . . .	Laisser le beurre se figer à découvert.
11	Eau salée. . . .	Verser ensuite par-dessus pour mieux le conserver.
12	. . . .	Recouvrir chaque pot avec du gros papier ou du parchemin mouillé.
13	. . . .	Les placer dans un lieu frais et obscur.
14	. . . .	Poser sur chaque pot quelque poids lourd : une tuile ou une brique, pour préserver le beurre de l'attaque des souris.
15	. . . .	Avec ces préparations et ces précautions, le beurre se conserve bon au moins un an.

396. — SAUCE AU BEURRE NOIR.

ORDRE des opérations	NOMS.	PROPORTIONS.	PRÉPARATIONS ET CUISSON.
1	Beurre.	1/4.	Faire fondre dans la poêle sur un feu bien clair.
2	Sel, poivre. . .	. . . .	Saupoudrer, en remuant avec la cuiller de bois.
3	. . . .	. . . .	Continuer à remuer jusqu'à ce que le beurre devienne d'un brun foncé (en prenant soin qu'il ne brûle pas).
4	Persil.	quelq. brins.	Y jeter à frire.
5	Petites civettes.	à hacher fin.	
6	Vinaigre	1 cuillerée.	Ajouter en tournant vivement la sauce pour bien mêler le tout.
7	. . . .	. . . .	Verser cette sauce bouillante sur un plat de poisson, tels que raie ou morue, etc. *Nota.* — Faire égoutter la poêle qui a servi et la bien essuyer de suite, pour l'empêcher de prendre la rouille.

397. — SAUCE BLANQUETTE.

ORDRE des opérations	NOMS.	PROPORTIONS.	PRÉPARATIONS ET CUISSON.
1	Beurre	gros comme un œuf.	Faire fondre dans une casserole sur un feu doux.
2	Farine	1 cuillerée.	Mêler de suite au beurre, sans le laisser roussir, en tournant avec la cuiller de bois.
3	Eau bouillante .	2 verres.	Y verser peu à peu, en continuant à remuer doucement.
4	Sel, poivre . . .	. . . .	Saupoudrer.
5	Persil.	attacher en bouquet ou	Ajouter.
6	Ciboule.	hacher fin à volonté.	

SAUCE BLANQUETTE (*Suite*).

ORDRE des opérations	NOMS.	PROPORTIONS	PRÉPARATIONS ET CUISSON.
7	. . . .	. . . .	Faire mijoter à petit feu.
8	. . . .	. . . .	Faire réchauffer dans cette sauce des viandes blanches déjà cuites, telles que dessertes de veau, de volailles, etc.
9	Petits oignons bl.	. . . .	Ajouter à volonté et faire cuire dans la sauce.
10	Champignons. .	. . . .	
11	Fonds d'artich. .	. . . .	

398. — SAUCE, *dite* BRAISE.

1	Lard mince coupé en morceaux	. . . .	A ranger au fond d'une casserole dite braisière ou d'une marmite basse.
2	Parures de viandes	. . . .	
3	Pièce de viande (au choix). . .	. . . .	Mettre à revenir avec le lard sur un bon feu.
4	. . . .	. . . .	Retourner la viande, puis la retirer quand elle a pris couleur.
5	Beurre	. . . .	Ajouter alors au lard resté dans la casserole qui est sur le feu.
6	Farine	. . . . . .	Saupoudrer et mêler.
7	Sel, poivre . . .	. . . . . .	Laisser fondre en remuant avec la cuiller de bois.
8	. . . .	. . . .	
9	Oignons piqués de clous de girofle.	. . . .	Ajouter.
10	Carottes en tranches.	. . . .	

SAUCE, *dite* BRAISE (*Suite*).

ORDRE des opérations	NOMS.	PROPORTIONS	PRÉPARATIONS ET CUISSON.
11	Persil.	quelq. bran-	
12	Thym.	ches attach.	
13	Ciboule.	en bouquet.	Ajouter.
14	Laurier.		
15	Eau-de-vie . . .	1 verre.	
16	Eau chaude ou vin blanc ou bouillon. . .	1 verre.	Verser à volonté pour achever d'arroser le tout.
17	. . . .	. . . .	Couvrir la casserole ou la marmite avec un grand papier beurré, puis, avec le couvercle, pour empêcher toute évaporation.
18	. . . .	. . . .	Laisser cuire ainsi 4 heures sur un feu doux bien entretenu.
19	. . . .	. . . .	Retirer alors le bouquet.
20	. . . .	. . . .	Dégraisser.
21	. . . .	. . . .	Dresser la viande sur le plat à servir.
22	. . . .	. . . .	Verser le jus par-dessus, au travers d'une passoire.
23	. . . .	. . . .	*Nota.* — Cette sauce se garde, à condition de n'y point laisser les légumes qui la feraient aigrir.

399. — CARAMEL.

	NOMS.	PROPORTIONS	PRÉPARATIONS ET CUISSON.
1	Sucre blanc. . .		Faire fondre dans un poêlon en cuivre non étamé, sur un feu doux.
2	. . . .		Tourner, agiter avec une cuiller, jusqu'à ce que le sucre devienne d'une bonne couleur brune.

CARAMEL (*Suite*).

3	. . . .	Retirer alors le poêlon du feu.
4	Eau ou bouillon (quantité égale à celle du sucre qui est fondu).	Ajouter peu à peu, en mêlant avec la cuiller.
5	Sel.	Remuer jusqu'à parfait mélange.
		Nota. — On emploie ce caramel pour colorer le bouillon, les sauces, le dessus d'un fricandeau, les purées de légumes secs, etc.

400. — FARCE A GARNIR LES VOLAILLES ROTIES.

1	Chair à saucisses	
2	Foie de la volaille à garnir. . . .	
3	Jaunes d'œufs, durs ou battus.	Hacher fin séparément, puis mêler.
4	Marrons grillés et épluchés . .	
5	Mie de pain mitonnée dans du bouillon. . . .	Ajouter.
6	Sel, poivre. . .	Saupoudrer.
7	Truffes (à volonté).	Hacher fin d'abord.
8	. . . .	Bien amalgamer cette farce dans une casserole, puis la faire cuire à moitié, environ 1/2 heure.
9	Beurre	
10	Bouillon (quelques gouttes) .	Ajouter.
11	. . . .	Bien mêler encore, puis remplir la bête à rôtir (oie, dinde, poulet), qui sera délicieuse avec cette préparation.

401. — CORNICHONS CONFITS (*première méthode*).

1	Cornichons frais récoltés	Choisir bien verts et de grosseur moyenne.
2	. . . .	Couper des deux bouts.
3	. . . .	Frotter avec une brosse ou avec un linge rude pour nettoyer parfaitement.
4	. . . .	Les étaler à mesure sur un linge blanc.
5	Sel gris.	Semer dessus abondamment.
6	. . . .	Relever les quatre coins du linge, et secouer pendant plusieurs minutes pour que le sel les pénètre bien partout.
7	. . . .	Les suspendre dans le linge au-dessus d'une terrine, et laisser reposer 12 ou 15 heures. *Nota.* — L'eau de la végétation s'écoulera peu à peu.
8	. . . .	Les ranger ensuite dans des bocaux en verre ou dans des pots de grès.
9	Oignons blancs.	
10	Echalotes. . . .	
11	Estragon	
12	Pourpier	Parsemer sur les cornichons.
13	Pimprenelle. . .	
14	Passe-pierre. . .	
15	Piment.	
16	Vinaigre blanc froid.	Verser dessus, à tout baigner.
17	Parchem. mouillé.	Mettre en couvercle, et le bien ficeler.
18	. . . .	Laisser infuser ainsi pendant un mois.
19	. . . .	Les cornichons doivent être devenus alors très-verts, très-fermes et très-bons.

402. — CORNICHONS CONFITS (*deuxième méthode*).

1	Cornichons frais récoltés	Choisir bien verts et de grosseur moyenne.
2	. . . .	Couper la queue.
3	. . . .	Frotter avec une brosse ou avec un linge rude pour nettoyer parfaitement.
4	. . . .	Les jeter à mesure dans une terrine.
5	Sel gris.	Saupoudrer abondamment.

CORNICHONS CONFITS (*Suite*).

6	Eau fraîche. . .	Verser dessus à tout couvrir.
7	. . . .	Laisser tremper 24 heures.
8	. . . .	Les jeter ensuite sur un tamis.
9	. . . .	Laisser égoutter, puis essuyer dans un linge blanc.
10	. . . .	Les ranger dans des pots de faïence ou de grès.
11	Vinaigre bouill! .	Verser par-dessus.
12	. . . .	Couvrir de parchemin.
13	. . . .	Laisser infuser encore 24 heures (les cornichons deviennent alors jaunes).
14	. . . .	Retirer le vinaigre en le versant doucement dans une casserole.
15	. . . .	Remettre à bouillir sur un feu vif.
16	. . . .	Quand il est bouillant, y jeter les cornichons.
17	. . . .	Remuer pendant 5 minutes sur le feu (les cornichons redeviennent alors verts).
18	. . . .	Faire égoutter et refroidir.
19	. . . .	Ranger enfin les cornichons dans les vases où l'on doit les conserver : vases de grès ou bocaux en verre.
20	Petits oignons bl.	
21	Estragon	
22	Laurier.	Ajouter par-dessus, mêler avec les cornichons.
23	Passe-pierre. . .	
24	Clous de girofle.	
25	Poivre long. . .	
26	Vinaigre froid. .	Ajouter pour bien remplir les pots.
27	. . . .	Recouvrir bien fermé avec du parchemin mouillé et ficelé.
28	. . . .	Conserver dans un lieu frais et obscur.

28

403. — COURT-BOUILLON AU BLEU

pour faire cuire les poissons gros et plats qui se servent avec leurs écailles.

ORDRE des opérations	NOMS.	PROPORTIONS.	PRÉPARATIONS ET CUISSON.
1	Eau.	quantités égales.	Faire bouillir dans une poissonnière.
2	Vinaigre ou vin rouge		
3	Sel, poivre. . .	. . . .	
4	Clous de girofle.	. . . .	
5	Persil.	quelq. branches attach. en bouquet.	Ajouter.
6	Thym.		
7	Laurier. . . .		
8	Oignons. . . .	en tranches.	
9	Carottes . . .		
10	Ail	à volonté.	
11	. . . .	. . . . . .	Laisser bouillir 1 heure.
12	. . . .	. . . . . .	Mettre alors, par-dessus tout cela, le poisson préparé, et laisser cuire jusqu'à ce que le court-bouillon ait réduit aux 3/4 environ.
13	. . . .	. . . . . .	Quand le poisson est cuit, retirer du feu la poissonnière.
14	Eau froide . . .	1 verre.	Verser dessus, et laisser le poisson reposer dans le court-bouillon jusqu'au moment de le servir.
15	. . . .	. . . . . .	*Nota.* — Ce court-bouillon se passe et se garde pour y faire réchauffer les restes du poisson (on y ajoute seulement du vin).

404. — PATE A ENVELOPPER LES PIÈCES A FRIRE.

Pièces à frire : Restes de volaille, de gibier, pieds de mouton, cervelles, toutes sortes de poissons, de légumes, de fruits, etc.
(Préparer cette pâte 2 ou 3 heures avant de s'en servir pour la laisser reposer).

ORDRE des opérations	NOMS.	PROPORTIONS	PRÉPARATIONS ET CUISSON.
1	Farine	1 litre.	Mêler peu à peu, dans un saladier, en tournant avec la cuiller de bois, jusqu'à faire une pâte coulante, légère et sans grumeaux.
2	Jaunes d'œufs. .	6.	
3	Sel ou sucre . .	. . . . . .	
4	Eau-de-vie ou vin blanc	1 petit verre.	
5	Huile d'olives. .	2 cuillerées.	
6	Eau	1 cuillerée.	Ajouter si la pâte est trop épaisse.
7	Blancs d'œufs. .	2.	Fouetter en neige, puis les incorporer vivement à la pâte.
8	. . . .	. . . . .	Laisser reposer 2 ou 3 heures.
9	. . . .	. . . . .	Y rouler les pièces à frire (la pâte doit s'y attacher si elle a une consistance convenable), et jeter dans la friture.

405. — FRITURE MAIGRE.

1	Huile fine bien pure. . . .	. . . . .	Faire bouillir (friture excellente et prête de suite).
2	Ou : Beurre	1 livre.	Faire fondre dans une casserole, sur un feu très-doux, et entourée de cendres chaudes.
3	. . . .	. . . . .	Laisser cuire ainsi 3 heures, en écumant à mesure que l'écume monte.
4	. . . .	. . . . .	Passer.
5	. . . .	. . . . .	Conserver dans un pot.

406. — FRITURE GRASSE.

ORDRE des opérations	NOMS.	PROPORTIONS.	PRÉPARATIONS ET CUISSON.
1	Graisse de pot-au-feu . . . . . Graisse de veau. Graisse d'oie . . Graisse de rognon de bœuf. . . . Beurre clarifié . Saindoux. . . .	au choix.	Faire fondre dans une casserole, sur un feu très-doux, en tournant avec une cuiller de bois.
2	. . . .	. . . .	Bien écumer jusqu'à ce que la friture devienne très-limpide.
3	Petits croûtons de pain.	. . . .	Y glisser quand elle est bouillante (s'ils sont frits promptement, la friture est au bon point).
4	. . . .	. . . .	Chauffer un linge blanc, à poser sur un pot de verre ou autre.
5	. . . .	. . . .	Y passer la friture, et la garder ainsi sans aucun assaisonnement.
6	. . . .	. . . .	Au moment de s'en servir, la faire bouillir dans la poêle.
7	Huile fine.	. . . .	Ajouter à volonté, pour rendre les pièces frites plus croustillantes.
8	. . . .	. . . .	Quand la friture fume et pétille, elle est assez chaude.
9	Eau	quelq. goutt.	Y mêler alors, puis y jeter les morceaux à frire.
10	. . . .	. . . . . .	*Nota.* — Pour les petites pièces, la friture doit être plus chaude, et moins chaude pour les grandes pièces, qui doivent y cuire plus longtemps (parce qu'elle noirci-

FRITURE GRASSE (*Suite*).

ORDRE des opérations	NOMS.	PROPORTIONS.	PRÉPARATIONS ET CUISSON.
11	. . . .	. . . .	rait alors si elle était trop chauffée. Quand on a retiré les pièces frites, laisser reposer un instant le reste de la friture, puis reverser dans le pot pour s'en servir, en y remettant du saindoux chaque fois.

407. — GRAISSES A CONSERVER POUR LES SAUCES.

1	Graisse de bœuf. Graisse de veau Graisse de porc. Graisse de dinde. Graisse d'oie . .	au choix.	Faire fondre dans une casserole, sur un feu très-doux, en remuant avec la cuiller de bois.
2	Laurier.		
3	Thym.	un bouquet.	
4	Civettes. . . .		Ajouter.
5	Carottes. . . .	en tranches.	
6	Clous de girofle.		
7	Sel.	1 gde cuill.	
8	. . . .	. . . . . .	Laisser bouillir pendant 4 heures.
9	. . . .	. . . . . .	Retirer alors le bouquet.
10	. . . .	. . . . . .	Mettre un linge chauffé d'avance sur un pot où l'on gardera la graisse, et la faire passer en la versant doucement.
11	. . . .	. . . . . .	Laisser refroidir.
12	. . . .	. . . . . .	Couvrir le pot et le tenir dans un lieu sec et frais.

GRAISSES A CONSERVER POUR LES SAUCES (*Suite*).

ORDRE des opérations	NOMS.	PROPORTIONS.	PRÉPARATIONS ET CUISSON.
13	. . . .	. . . .	S'en servir pour assaisonner toutes sortes de sauces et de légumes.
14	. . . .	. . . .	Faire rebouillir de temps en temps au bain-marie pour la conserver fraîche.

408. — SAUCE HOLLANDAISE POUR LE POISSON.

1	Beurre	125 gramm.	Faire fondre dans une casserole, sur un feu doux, en tournant avec la cuiller de bois.
2	Farine	1 cuillerée.	Semer sur le beurre en remuant.
3	Sel, poivre. . .	1 pincée.	
4	Eau tiède. . . .	1 cuillerée.	Verser peu à peu, en continuant à tourner sans arrêt.
5	. . . .	. . . .	Tourner, jusqu'à ce que la sauce ait pris la consistance désirée.
6	. . . .	. . . .	Retirer alors la casserole sur le bord du fourneau.
7	Jaunes d'œufs. .	2.	
8	Jus de citron ou filet de vinaigre	. . . .	Délayer à part dans un bol.
9	. . . .	. . . .	Mêler doucement cette liaison d'œufs à la sauce, en tournant avec la cuiller.
10	. . . .	. . . .	Ne plus laisser bouillir, sinon la sauce tournerait.
11	. . . .	. . . .	La verser, épaisse, sur le poisson à couvrir.

409. — SAUCE POUR LE HOMARD.

ORDRE des opérations	NOMS.	PROPORTIONS.	PRÉPARATION ET CUISSON.
1	Moutarde. . . .	1 cuill. à café.	Délayer ensemble dans un bol.
2	Jaune d'œuf. . .	1.	
3	Sel.	1 pincée.	
4	Huile d'olives. .	. . . .	Y verser goutte à goutte d'une main en tournant de l'autre avec la cuiller de bois, et toujours dans le même sens.
5	Vinaigre	quelq. goutt.	Ajouter de même (à volonté).
6	. . . .	. . . . . .	Servir dans la saucière ou en recouvrir des restes de homard. *Nota.* — Cette sauce doit être épaisse.

410. — SAUCE A L'HUILE ET AU VINAIGRE
(pour les artichauds à la poivrade).

	NOMS.	PROPORTIONS.	PRÉPARATION ET CUISSON.
1	Œufs durs . . .	2.	Ecraser dans un bol.
2	Vinaigre	1 cuillerée.	Mêler peu à peu aux œufs en délayant avec la cuiller de bois.
3	Sel, poivre . . .	. . . . . .	
4	Persil.		Ajouter en continuant à tourner doucement, et toujours du même côté.
5	Cerfeuil. . . .	à hacher fin.	
6	Ciboule.		
7	Echalote		
8	Huile d'olives. .	2 cuillerées.	Verser, goutte à goutte, de même.
9	. . . .	. . . . . .	Quand la sauce est bien liée, sans être trop épaisse, la servir dans la saucière.

411. — SAUCE ITALIENNE.

ORDRE des opérations	NOMS.	PROPORTIONS.	PRÉPARATIONS ET CUISSON.
1	Persil.	. . . .	
2	Echalotes. . . .	. . . .	Hacher fin et mêler ensemble.
3	Champignons. .	. . . .	
4	Truffes.	. . . .	
5	Beurre.	gros comme une noix.	Faire fondre dans une casserole sur un feu doux.
6	. . . .	. . . .	Y jeter les assaisonnements hachés, et laisser revenir en remuant avec la cuiller de bois.
7	Vin blanc. . . .	1/2 verre.	Ajouter doucement en continuant à tourner la sauce.
8	Bouillon ou jus.	1/2 tasse.	
9	Sel, poivre . . .	1 pincée.	
10	. . . .	. . . .	Faire bouillir 1/2 heure en tournant toujours.
11	. . . .	. . . .	Servir dans la saucière en accompagnement d'une pièce de viande.

412. — GRAND JUS.

ORDRE des opérations	NOMS.	PROPORTIONS.	PRÉPARATIONS ET CUISSON.
1	Beurre	une couche épaisse.	Etaler au fond d'une grande casserole.
2	Lard	250 gramm.	Couper en tranches minces, à poser sur le beurre.
3	Jambon cru. . .	500 gramm.	
4	Bœuf.	1 kilog.	Couper en tranches épaisses, à poser sur le lard et le jambon.
5	Os, débris de volaille, gibier, etc.	. . . .	Ajouter à volonté.
6	. . . .	. . . .	Mettre la casserole ainsi garnie sur un feu vif d'abord,

GRAND JUS (*Suite*).

ORDRE des opérations	NOMS.	PROPORTIONS.	PRÉPARATIONS ET CUISSON.
7	. . . .	. . . .	Laisser les viandes s'attacher au fond de la casserole, tout en prenant soin de ne pas laisser brûler (en les soulevant de temps en temps par dessous avec la fourchette).
8	Consommé . . .	1 cuill. à pot.	Verser ensuite par-dessus le tout et ralentir le feu.
9	. . . .	. . . .	Piquer les viandes avec les pointes de la fourchette pour en faire sortir le jus.
10	Bouillon bouillant.	1 litre.	Ajouter.
11	Persil.	quelques	
12	Thym.	branches	
13	Laurier.	(attachées en	
14	Ciboule.	bouquet.	
15	. . . .	. . . .	Laisser bouillir doucement 4 ou 5 heures, en écumant à mesure que l'écume monte à la surface.
16	. . . .	. . . .	Oter alors le bouquet et les viandes.
17	. . . .	. . . .	Dégraisser, passer le jus à travers une serviette mouillée.
18	. . . .	. . . .	*Nota.* — Ce jus se conserve dans un vase de faïence pour servir à colorer les potages et les coulis.
19	. . . .	. . . .	Les viandes retirées sont encore bonnes à être mises dans un pot-au-feu pour lui donner un bon goût.

413. — CLARIFICATION DU JUS (*Préparations*).

1	Jus dégraissé et passé	Verser encore chaud dans une casserole.
2	Blancs d'œufs. .	Battre à part pour les amalgamer peu à peu au jus.
3	. . . .	Remuer et tourner sur le feu jusqu'à ce que le jus soit prêt à bouillir.
4	. . . .	Retirer alors la casserole du feu et laisser reposer un moment.
5	. . . .	Etendre une serviette mouillée sur les quatre coins d'une chaise retournée sur une autre.
6	. . . .	Mettre un vase en faïence en dessous de la serviette, sur laquelle on verse le jus à faire passer. (Il devient une gelée transparente et délicieuse.)

414. — JUS MAIGRE.

ORDRE des opérations	NOMS.	PROPORTIONS	PRÉPARATIONS ET CUISSON.
1	Beurre.	une couche épaissse.	Etaler au fond d'une casserole sur un feu doux.
2	Carottes.		
3	Navets	couper en tr.	Et placer par-dessus le beurre.
4	Oignons.		
5	Poireaux		
6	Bouillon maigre	. . . .	Verser à tout couvrir.
7	Sel, poivre. . .	. . . .	
8	Champignons. .	coupés minc.	
9	Ail.	à volonté.	
10	Persil.	quelques	Ajouter.
11	Thym.	branches attachées en bouquet.	
12	Laurier.		
13	Ciboule.		
14	. . . .	. . . .	Faire bouillir une heure.
15	. . . .	. . . .	Retirer alors le bouquet.
16	. . . .	. . . .	Passer au tamis.
17	. . . .	. . . .	Garder le jus dans un vase de faïence.

415. — LIAISON POUR LES SAUCES.

ORDRE des opérations	NOMS.	PROPORTIONS	PRÉPARATIONS ET CUISSON.
1	Œufs très-frais .	1 ou 2.	Casser au-dessus de 2 grands bols.
2	. . . .	. . . .	Transvaser le jaune d'une moitié de la coquille dans l'autre, jusqu'à ce qu'on l'ait débarrassé du germe. (Tout le blanc tombe ainsi dans le bol.)
3	. . . .	. . . .	Verser alors le jaune dans le second bol et recommencer de même pour chaque œuf à casser.
4	Eau froide ou tiède.	1 cuillerée.	Verser goutte à goutte sur le jaune en délayant douce- ment avec une fourchette.
5	Sauce ou potage à lier	quelq. cuill.	Ajouter peu à peu en délayant de même jusqu'à ce que le mélange soit parfait.
6	Vinaigre	1 filet.	Ajouter id. à volonté et bien mêler.
7	Fines herbes . .	à hacher fin.	
8	. . . .	. . . .	Retirer du feu la sauce à lier, et attendre qu'elle ne bouille plus.
9	. . . .	. . . .	Y mêler alors doucement la liaison préparée en tournant avec la cuiller.
10	. . . .	. . . .	Remettre le tout sur le feu un instant, en remuant toujours pour faire épaissir au point désiré.
11	. . . .	. . . .	Mais ne pas laisser bouillir, sinon la sauce tournerait.
12	. . . .	. . . .	Servir à l'instant où l'on voit commencer l'ébullition.

416. — SAUCE MAITRE-D'HOTEL SUR LE PLAT.

ORDRE des opérations	NOMS.	PROPORTIONS	PRÉPARATIONS ET CUISSON.
1	Beurre frais. . . .	. . . .	Mêler, pétrir en boulette, à mettre sur un plat chaud.
2	Sel, poivre. . . .	. . . .	
3	Persil haché. . . .	1 forte pincée	
4	Echalote hachée.	. . . .	
5	Vinaigre ou jus de citron. . . .	quelq. goutt.	
6	. . . .	. . . .	Poser dessus le mets à servir : légumes cuits à l'eau, — poissons grillés, — bifteaks, etc. *Nota.* — La chaleur du plat suffit à faire fondre la sauce.

417. — SAUCE MAITRE-D'HOTEL LIÉE DANS LA CASSEROLE.

	NOMS	PROPORTIONS	PRÉPARATIONS
1	Farine.	1 cuillerée.	Délayer ensemble dans une casserole sur le feu.
2	Eau	1 verre.	
3	Beurre	. . . . . .	
4	Persil.	haché fin.	
5	Ciboule.	. . . . . .	
6	Sel, gros poivre.	. . . . . .	
7	. . . .	. . . . . .	Tourner avec la cuiller de bois jusqu'à ce que l'ébullition commence.
8	Jus de citron . .	. . . . . .	Ajouter à volonté.
9	. . . .	. . . . . .	Et verser sur le mets à servir, viande ou légumes.

418. — MARINADE CRUE.

1	Vinaigre ou huile	1 tiers.	Mêler dans une terrine.
2	Eau.	2 tiers.	

MARINADE CRUE (*Suite*).

ORDRE des opérations	NOMS.	PROPORTIONS.	PRÉPARATIONS ET CUISSON.
3	Oignons.	en tranches	
4	Ail.	1 gousse.	
5	Persil.		Ajouter.
6	Thym.	attachés en	
7	Laurier.	bouquet.	
8	Ciboule.		
9	. . . .	. . . .	Mettre la pièce à mariner par-dessus tout cela.
10	. . . .	. . . .	*Nota.* — Laisser tremper plus ou moins longtemps. Pour un rôti de bœuf : toute une nuit. — Pour de petites pièces, quelques heures suffisent. — Retourner la pièce plusieurs fois dans la marinade. — Pour les légumes : supprimer l'ail et l'oignon. — Pour le poisson : supprimer le vinaigre.

419. — MARINADE CUITE.

1	Beurre.	. . . .	Faire fondre dans une casserole sur un feu doux.
2	Oignons. . . .	en tranches.	Y mettre à roussir.
3	Carottes		
4	Vinaigre blanc. .	. . . . . .	
5	Eau.	quantité double de celle du vinaigre.	Verser par dessus.
6	Sel, gros poivre.	1 pincée.	Ajouter.
7	Ail.	1 gousse.	

MARINADE CUITE (*Suite*).

ORDRE des opérations	NOMS.	PROPORTIONS.	PRÉPARATIONS ET CUISSON.
8	Thym.	quelques branches attachées en bouquet.	Ajouter.
9	Laurier.		
10	Basilic		
11	Persil.		
12	Ciboules.		
13	. . . .	. . . .	Laisser cuire.
14	. . . .	. . . .	Passer au tamis.
15	. . . .	. . . .	Faire tremper dans cette marinade toute espèce de viandes et volailles à attendrir.

420. — SAUCE MAYONNAISE.

ORDRE des opérations	NOMS.	PROPORTIONS.	PRÉPARATIONS ET CUISSON.
1	Jaunes d'œufs crus.	2	Mêler dans un grand bol en battant vivement avec deux fourchettes, jusqu'à en faire une pâte bien liée.
	ou 1 jaune cru. .	. . . .	
	et 1 jaune dur. .	. . . .	
2	Sel , poivre. . .	. . . .	
3	Jus de citron ou vinaigre. . . .		
4	Huile d'olives. .	2 cuillerées.	Verser goutte à goutte d'une main, en continuant à battre de l'autre main sans s'arrêter.
5	. . . .	. . . .	Continuer à battre ainsi environ pendant 1/4 d'heure pour bien lier le mélange.
6	Eau.	1 cuill. à café	Ajouter goutte à goutte (quand la mayonnaise est bien prise et épaisse) pour que l'huile ne se sépare pas de l'œuf.
7	. . . .	. . . .	Verser sur un poisson froid ou sur des restes de poisson, tels que : truites, carpes, turbots, — ou sur une volaille froide, — sur des restes de volaille à masquer ou autres viandes blanches.

421. —SAUCE OMNIBUS.

ORDRE des opérations	NOMS.	PROPORTIONS.	PRÉPARATIONS ET CUISSON.
1	Bouillon.....	1/2 litre.	Mêler ensemble dans une cas-
2	Vin blanc....	1 verre.	serole sur des cendres chau-
3	Laurier.....	1 feuille.	des et laisser infuser 6
4	Sel, poivre....	....	heures.
5	Jus de citron...	....	
6	....	....	Retirer la feuille de laurier.
7	....	....	Cette sauce peut ensuite ser- vir à arroser tout ce qu'on veut.

422. — SAUCE AU PAUVRE HOMME.

1	Echalotes....	5 ou 6	Hacher fin et mêler dans une casserole.
2	Persil......	quelques feuilles.	
3	Jus de rôti.... ou Bouillon.... ou Eau chaude..	....	Verser dessus.
4	Sel, poivre. ..	....	Ajouter.
5	....	....	Faire bouillir 1/4 d'heure sur un feu doux jusqu'à ce que les échalotes soient bien cuites.
6	Vinaigre.....	1 cuillerée	Ajouter à volonté. ...
7	....	....	Faire réchauffer dans cette sauce des restes de bœuf, de mouton, de veau, ou de vo- laille (viandes déjà rôties).

423. — SAUCE PIQUANTE AU MAIGRE.

ORDRE des opérations.	NOMS.	PROPORTIONS.	PRÉPARATIONS ET CUISSON.
1	Beurre	60 grammes	Faire fondre dans la poêle sur un feu doux,
2	Farine..	1/2 cuillerée.	Y mêler en tournant avec la cuiller de bois.
3	Persil..		
4	Echalote.. . . .	hacher très-	
5	Estragon	fin.	Et mêler de même.
6	Cerfeuil.		
7	Eau tiède. . . .	1 verre.	Verser peu à peu en tournant toujours du même côté.
8	. . . .	. . . .	Laisser cuire pendant 1/4 d'h. sur un feu doux, en continuant à remuer sans arrêt.
9	Vinaigre.. . . .	1 cuillerée.	Ajouter au moment de servir en mêlant bien. — Cette sauce est bonne à recouvrir un poisson ou des légumes.

424. — SAUCES PIQUANTES DIVERSES.

Première méthode.

1	Beurre		Faire fondre dans la poêle sur un feu doux.
2	Farine		Semer dedans.
3	. . . .		Laisser roussir un peu le beurre.
4	Bouillon	quelq. cuill.	Verser doucement d'une main en tournant de l'autre avec la cuiller de bois.
5	Echalotes. . . .	1 ou 2.	Hacher fin et jeter dans la sauce.
6	Eau.	. . . .	Ajouter si la sauce réduit trop.
7	Vinaigre	quelq. goutt.	Mettre au moment de s'en servir.

SAUCES PIQUANTES DIVERSES (*Suite*).

ORDRE des opérations	NOMS.	PROPORTIONS	PRÉPARATIONS ET CUISSON.
		Deuxième méthode.	
1	Vinaigre à l'estragon.	1 verre.	Mettre dans une casserole et faire bouillir sur un bon feu jusqu'à ce que tout le vinaigre soit évaporé.
2	Echalotes.	à hacher fin.	
3	Persil.	quelq. branches attach. en bouquet.	
4	Thym.		
5	Laurier.		
6	Gros poivre. . . .	. . . . .	
7	Bouillon ou jus.	3 cuillerées.	Verser alors dans la casserole.
8	. . . .	. . . .	Laisser réduire à découvert.
9	. . . .	. . . .	Poser une passoire sur un grand bol.
10	. . . .	. . . .	Y verser le contenu de la casserole.
11	. . . .	. . . .	Laisser passer la sauce.
12	. . . .	. . . .	Mettre ensuite le bol dans une casserole d'eau chaude pour tenir la sauce au bain-marie, jusqu'au moment de la servir.
		Troisième méthode.	
1	Vin blanc ou vinaigre. . . .	1 verre.	Mêler dans une casserole, faire bouillir ensemble et réduire de moitié.
2	Bouillon	id.	
3	Persil.		
4	Thym.		
5	Laurier.	à hacher fin.	Ajouter à la sauce.
6	Echalotes. . . .		
7	Sel, poivre. . .	. . . . . .	
8	. . . .	. . . .	Laisser bouillir quelques minutes.
9	Jus de citron. .	. . . . . .	Ajouter au moment de servir.

SAUCES PIQUANTES DIVERSES (*Suite*).

ORDRE des opérations	NOMS.	PROPORTIONS.	PRÉPARATIONS ET CUISSON.
	Quatrième méthode.		
1	Beurre.	. . . . . .	Fondre dans une casserole sur un feu doux.
2	Farine	. . . . .	Mêler au beurre en tournant avec la cuiller de bois.
3	Vinaigre	1/4 de verre.	
4	Bouillon	1 grande cuiller à pot.	
5	Sel, poivre . . .		Ajouter.
6	Echalotes. . . .	à hacher fin.	
7	Cornichons . . .		
8	. . . .	. . . . . .	Laisser bouillir 1/4 d'heure à feu très-doux.
9	Jus de citron . .	. . . . . .	Ajouter à volonté.
	Cinquième méthode.		
1	Beurre..	. . . . . .	Manier ensemble, en faire une boule à mettre dans une casserole sur le feu.
2	Farine.	. . . . .	
3	Jus ou bouillon.	. . . . . .	Y mettre peu à peu en délayant sur le feu avec la cuiller de bois.
4	Vinaigre ou jus de citron.	. . . . . .	Ajouter au moment de servir.

425. — SAUCE RAVIGOTE.

	NOMS.	PROPORTIONS.	PRÉPARATIONS ET CUISSON.
1	Cerfeuil.		
2	Persil.		
3	Estragon	1 poignée.	Mêler dans une terrine.
4	Pimprenelle. . .		
5	Eau bouillante .	. . . . . .	Verser dessus pour blanchir.
6	. . . .	. . . . .	Bien presser le tout dans l'eau.
7	. . . .	. . . . . .	Jeter l'eau qui a servi.

SAUCE RAVIGOTE (*Suite*).

ORDRE des opérations	NOMS.	PROPORTIONS	PRÉPARATIONS ET CUISSON.
8	Eau froide . . .	- - - - - -	Verser ensuite sur les herbes.
9	- - - - - - -	- - - - - -	Puis les égoutter en les roulant dans un linge blanc.
10	- - - - - - - - -	- - - - - -	Hacher très-fin.
11	- - - - - - -	- - - - - -	Mettre le tout dans une casserole sur le feu.
12	Bouillon bien dé-graissé.	2 ou 3 cuill.	Verser par-dessus.
13	Sel, poivre . . .	- - - - - -	Ajouter.
14	Beurre	30 grammes.	Manier ensemble : pétrir en boulettes à jeter dans la
15	Farine	1/2 cuillerée.	sauce au moment de servir.
16	- - - - - - - -	- - - - - -	Bien délayer avec la cuiller de bois pour faire fondre le beurre.
17	- - - - - - - -	- - - - - -	Retirer du feu dès que le beurre est fondu.
18	Vinaigre	1 cuill. à café.	Ajouter au moment de servir.

426. — SAUCE RÉMOLADE.

1	Echalotes. . . .	- - - - - -	
2	Persil.	- - - - - -	Hacher très-fin séparément,
3	Estragon	- - - - - -	puis mêler le tout dans un
4	Cerfeuil.	- - - - - -	grand bol.
5	Ciboule.	- - - - - -	
6	Civette	- - - - - -	
7	Sel, poivre, câpres.	- - - - - -	Semer dessus en assaisonnement.
8	Moutarde. . . .	1 cuillerée.	Mettre dans un bol à part.
9	Huile d'olives. .	2 cuillerées.	Verser goutte à goutte sur la moutarde en délayant doucement avec la cuiller de bois.

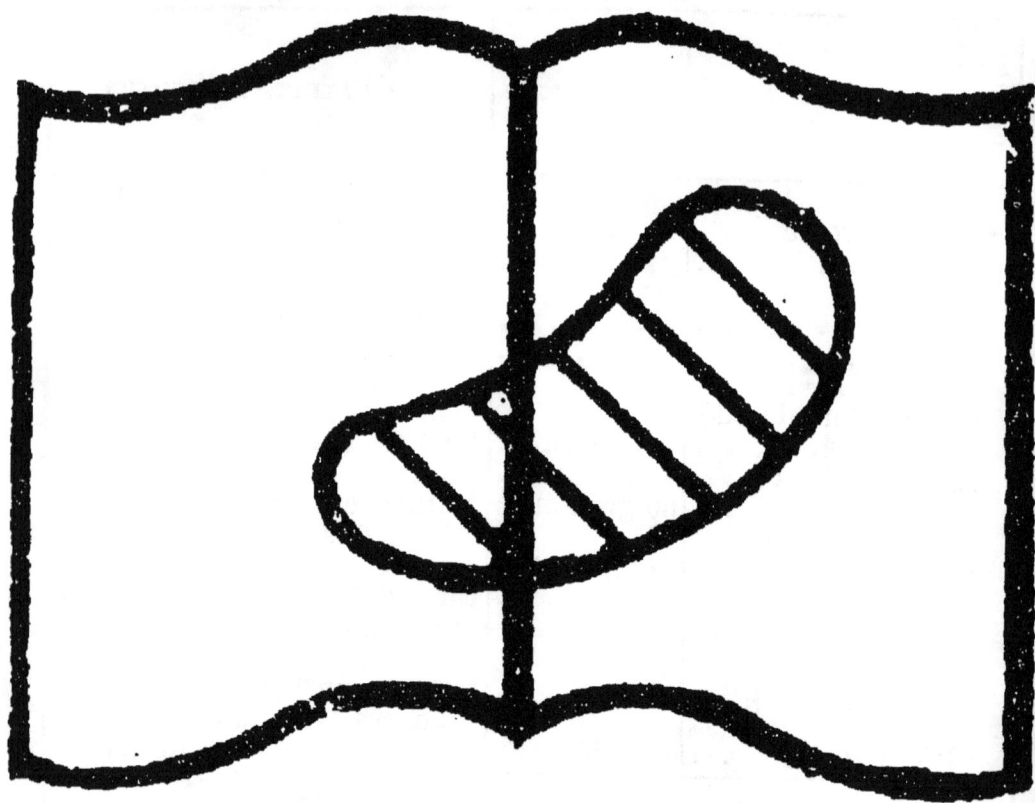

Illisibilité partielle

SAUCE RÉMOLADE (*Suite*).

ORDRE des opérations	NOMS.	PROPORTIONS.	PRÉPARATIONS ET CUISSON.
10	. . . .	. . . .	Y mêler les fines herbes hachées en commençant à délayer et tourner avec la cuiller.
11	Jaune d'œuf. . .	1	Battre, puis mêler de même (à volonté).
12	. . . .	. . . .	Cette sauce doit être un peu épaisse. — Servir dans la saucière ou en recouvrir des restes de volaille froide, d'anguille, etc.

427. — SAUCES : *Renseignements divers.*

Fécule de pommes de terre.	A employer plus avantageusement que la farine pour les sauces. Elle a plus de consistance et ne nécessite pas de laisser réduire aussi longtemps, ce qui économise temps et charbon.
Liaison de jaunes d'œufs.	A mêler aux sauces, seulement au moment de servir : ne se réchauffe qu'au bain-marie, sinon les œufs tournent.
Pour dégraisser une sauce	Retirer la casserole sur le bord du fourneau : jeter quelques gouttes d'eau froide dans la sauce : la graisse se sépare aussitôt et on l'enlève alors très-facilement avec la cuiller.
Pour épaissir une sauce trop claire. .	Délayer de la farine et de l'eau froide dans un bol : y mêler peu à peu quelques cuillerées de la sauce à épaissir en tournant avec la cuiller de bois, puis reverser le tout dans la casserole où est le reste de la sauce.

SAUCES : *Renseignements divers (Suite).*

Pour les grandes sauces.	Choisir la viande la plus fraîche tuée, comme étant celle qui rend le plus de jus.
Pour les viandes qui ont été marinées. .	Passer leur marinade, et en mêler un peu au jus de la cuisson.

428. — SAUCE ROBERT.

ORDRE des opérations	NOMS.	PROPORTIONS.	PRÉPARATIONS ET CUISSON.
1	Oignons.	5 ou 6.	Hacher fin.
2	Beurre	50 grammes.	Faire fondre dans une casserole sur un feu doux.
3	. . . .	. . . .	Y mettre les oignons hachés à revenir.
4	Farine.	1 cuillerée.	Semer dessus peu à peu en tournant avec la cuiller de bois.
5	Eau ou bouillon.	1 verre.	Verser peu à peu, de même, en continuant à tourner toujours du même côté.
6	. . . .	. . . .	Laisser réduire la sauce à découvert sur un feu doux pendant 20 minutes.
7	. . . .	. . . .	Retirer ensuite la casserole sur le bord du fourneau.
8	Moutarde. . . .	1 cuillerée.	Mêler dans un bol à part en versant le vinaigre goutte à goutte sur la moutarde.
9	Vinaigre	id.	
10	. . . .	. . . .	Bien remuer avec la cuiller de bois, puis mêler le tout à la sauce, à servir dans une saucière en accompagnement de porc frais, ou de dinde, ou de poisson.

429. — ROUX BLOND.

ORDRE des opérations	NOMS.	PROPORTIONS.	PRÉPARATIONS ET CUISSON.
1	Beurre ou graisse		Faire fondre dans une casserole jusqu'à ébullition.
2	Farine ou fécule de pommes de terre	même volume que celui du beurre.	Semer alors en tournant vivement avec la cuiller de bois pour empêcher de brûler.
3	. . . .		Continuer à tourner sans arrêt jusqu'à voir devenir le contenu de la casserole d'un beau blond.
4	Eau ou bouillon. ou sauce d'un ragoût.		Y verser alors doucement d'une main en continuant à tourner de l'autre main avec la cuiller, et toujours du même côté.
5	Sel, poivre.		Ajouter.
6	. . . .		Mettre à réchauffer dans cette sauce toutes sortes de restes de viandes.

430. — ROUX BLANC.

	NOMS.	PROPORTIONS.	PRÉPARATIONS ET CUISSON.
1	Beurre	. . . . .	Faire fondre dans une casserole sur un feu très-doux.
2	Farine ou fécule de pommes de terre.	volume égal à celui du beurre.	Y mêler en remuant vivement.
3	Bouillon.	. . . . .	Verser aussitôt (avant que le beurre n'ait eu le temps de roussir).

ROUX BLANC (*Suite*).

ORDRE des opérations	NOMS.	PROPORTIONS	PRÉPARATIONS ET CUISSON.
4	. . . .	. . . . . .	Oter les charbons du feu, et n'y laisser que des cendres chaudes.
5	. . . .	. . . . . .	Couvrir la casserole et la remettre sur les cendres chaudes pendant 1/2 heure, en agitant de temps en temps. *Nota.* — Ce roux s'emploie pour les sauces sans couleur.

431. — SOUBISE ou SAUCE AUX OIGNONS.

1	Oignons blancs .	12.	Eplucher, tailler, en les jetant à mesure dans un bol.
2	Eau bouillante .	. . . . . .	Verser dessus à tout couvrir.
3	Sel, poivre . . .	. . . . . .	Saupoudrer.
4	. . . .	. . . . . .	Laisser tremper 10 minutes.
5	. . . .	. . . . . .	Faire égoutter sur une passoire.
6	Beurre	. . . . . .	Faire fondre dans une casserole sur un feu doux en tournant sans arrêt avec la cuiller de bois.
7	. . . .	. . . . . .	Mettre les oignons à frire dans le beurre.
8	Jus ou gelée de viande.	. . . . . .	Ajouter peu à peu en continuant à mêler et remuer avec la cuiller.
9	Crème bouillante	. . . . . .	
10	Sucre en poudre	1 pincée.	Ajouter id. à volonté.
11	. . . .	. . . . . .	Laisser réduire la sauce à découvert jusqu'à ce qu'elle soit un peu épaisse (et sans cesser de tourner pour empêcher le fond de s'attacher à la casserole).
12	. . . .	. . . . . .	Passer à l'étamine.
13	. . . .	. . . . . .	Et tenir chaud au bain-marie.

432. — SAUCE TARTARE.

ORDRE des opérations	NOMS.	PROPORTIONS	PRÉPARATIONS ET CUISSON.
1	Cerfeuil. . . .	. . . .	Hacher fin et mêler dans un bol.
2	Estragon	. . . .	
3	Echalote	. . . .	
4	Sel, poivre. . .	. . . .	Saupoudrer.
5	Moutarde. . . .	1 cuill. à café.	Délayer dans un autre bol, puis y mêler les fines herbes hachées.
6	Vinaigre. . . .	1 cuill. à café.	
7	Jaune d'œuf . .	. . . .	Ajouter peu à peu en tournant toujours du même côté.
8	Huile fine . . .	double quantité que la moutarde.	Ajouter goutte à goutte en continuant à tourner jusqu'à consistance convenable.
9	Vinaigre ou bouillon, ou jus. . .	1 filet.	Ajouter id. si la sauce paraît trop épaisse.
10	. . . .	. . . .	Servir dans la saucière.

433. — SAUCE TOMATE.

	NOMS.	PROPORTIONS	PRÉPARATIONS ET CUISSON.
1	Tomates	8.	A choisir bien mûres.
2	. . . .	. . . .	Les couper en quartiers à mettre au fond d'une casserole.
3	Sel, poivre. . .		
4	Laurier sauce. .	1/2 feuille.	
5	Oignon.	à couper en tranches minces.	Jeter sur les tomates.
6	Persil.	à attacher en bouquet.	
7	Thym.		
8	Eau.	. . . .	Verser à tout baigner.
9	Vinaigre	1 filet.	Ajouter à volonté.
10	. . . .	. . . .	Mettre la casserole sur un feu doux.

SAUCE TOMATE (*Suite*).

ORDRE des opérations	NOMS.	PROPORTIONS.	PRÉPARATIONS ET CUISSON.
11	. . . .	. . . .	Remuer sans arrêt avec la cuiller de bois pendant un quart d'heure.
12	. . . .	. . . .	Poser une passoire sur un grand bol.
13	. . . .	. . . .	Y mettre les tomates en les prenant avec l'écumoire.
14	. . . .	. . . .	Les écraser avec un pilon pour en faire sortir et passer tout le jus.
15	Beurre.	125 gramm.	Faire fondre dans une casserole sur un feu doux.
16	Farine. . . .	1 cuillerée. (à volonté).	Semer dessus en remuant avec la cuiller de bois.
17	Sel, poivre. . .	. . . . . .	Saupoudrer.
18	. . . .	. . . . . .	Laisser roussir le beurre un instant.
19	. . . .	. . . . . .	Y mêler alors doucement le jus des tomates et bien lier la sauce en tournant sans arrêt sur un feu doux.
20	. . . .	. . . . . .	Laisser réduire à découvert.
21	Bouillon	quelq. gout.	Ajouter si la sauce est trop épaisse.
22	. . . .	. . . . . .	Servir dans la saucière. *Nota.* — Cette sauce se réchauffe au bain-marie.

434. — SAUCE AUX TRUFFES.

	NOMS.	PROPORTIONS.	PRÉPARATIONS ET CUISSON.
1	Truffes	1.	Hacher très-fin, d'abord séparément, puis mêler le tout ensemble dans une casserole.
2	Champignons. .	2.	
3	Ail (à volonté) .	1/2 gousse.	
4	Persil.	. . . . . .	
5	Ciboule.	. . . . . .	

SAUCE AUX TRUFFES (*Suite*).

ORDRE des opérations	NOMS.	PROPORTIONS	PRÉPARATIONS ET CUISSON.
6	Huile fine ou beurre fondu, tiède.	. . . . . .	Verser par-dessus le tout.
7	. . . .	. . . . . .	Mettre la casserole sur le feu et remuer avec la cuiller de bois.
8	Bouillon ou consommé. . . .	1 verre.	Ajouter peu à peu, en continuant à tourner toujours du même sens.
9	Vin blanc ou Madère.	id.	
10	Sel, poivre . . .	. . . . . .	Saupoudrer.
11	. . . .	. . . . . .	Laisser réduire la sauce à découvert sur un feu doux pendant 20 minutes.
12	. . . .	. . . . . .	Retirer alors la casserole du feu.
13	. . . .	. . . . . .	Dégraisser et servir.

435. — SAUCE VINAIGRETTE.

1	Sel, poivre . . .		
2	Vinaigre	1 cuillerée.	Battre ensemble dans un bol.
3	Moutarde (à volonté)	1 pointe.	
4	Cerfeuil. . . .		
5	Estragon . . .		
6	Echalote	hacher tr.-fin	Et ajouter dans la sauce.
7	Civette		
8	Cornichon . .		
9	Huile d'olives. .	2 ou 3 cuill.	Verser sur le tout.
10	. . . .	. . . . . .	Puis bien remuer et mêler.
11	. . . .	. . . . . .	Servir dans la saucière ou sur un plat de tête de veau, ou de fraise de veau, etc.

466. — SAUCE POUR TOUS METS.

ORDRE des opérations	NOMS.	PROPORTIONS.	PRÉPARATIONS ET CUISSON.
1	Beurre	. . . .	Faire fondre dans une casserole sur un feu doux.
2	Farine	. . . .	Y mêler en tournant avec la cuiller de bois.
3	Oignons.	2.	Ajouter en continuant à tourner.
4	Bouillon	2 verres.	
5	Vin blanc	1 verre.	
6	Ciboule.	. . . . . .	
7	Thym	. . . . . .	
8	Laurier.	. . . . . .	Hacher fin, mêler, et ajouter id. dans la sauce.
9	Estragon	. . . . . .	
10	Persil.	. . . . . .	
11	Zeste de citron.	. . . . . .	
12	Sel, poivre . . .	. . . . . .	Saupoudrer.
13	. . . .	. . . . . .	Bien mêler en remuant.
14	. . . .	. . . . . .	Laisser mijoter 2 heures au moins.
15	. . . .	. . . . . .	Passer au tamis et garder.
16	Jus de citron . .	. . . . . .	Ajouter, à volonté, au moment de s'en servir.
17	. . . .	. . . . . .	Cette sauce est bonne sur toutes sortes de préparations.

CHAPITRE TREIZIÈME

PATISSERIE AU SUCRE & GÂTEAUX

TABLE DES RECETTES

---

437. — BEIGNETS DE POMMES

ORDRE des opérations	NOMS.	PROPORTIONS.	PRÉPARATIONS ET CUISSON.
1	Belles pommes de reinette. . .	. . . .	Peler et couper en quartiers, ou en ôter le cœur avec une videlle et couper en tranches minces, à ranger dans un plat creux.
2	Sucre en poudre.	. . . .	
3	Ecorce de citron râpée	. . . .	Verser sur les morceaux de pommes et laisser tremper.
4	Eau-de-vie . . .	1 petit verre.	

Pâte à frire à préparer.

5	Fleur de farine.	1 gde cuill.	Mettre dans un plat creux.
6	Eau tiède. . . .	. . . .	Verser dessus goutte à goutte, en délayant avec la cuiller de bois.
7	. . . .	. . . .	Faire un bon trou au milieu de ce commencement de pâte.
8	Eau-de-vie . . .	1 cuillerée	Mettre successivement dans le creux de la farine, en tournant et mêlant avec la cuiller.
9	Œuf (bl. et jaune)	battus d'abord séparément.	
10	Sel.	1 pincée.	
11	. . . .	. . . .	Manier, délayer, jusqu'à ce que la pâte soit bien lisse.
12	Beurre frais. . .	. . . .	Faire fondre dans la poêle, sur un feu doux, jusqu'à ce qu'il ait pris une belle couleur blonde, et soit bien coulant.
13	. . . .	. . . .	Prendre alors, avec l'écumoire, un morceau de pomme, à plonger 1° dans la pâte préparée, puis 2° à glisser dans la friture bouillante. — Agiter sans arrêt.

BEIGNETS DE POMMES (*Suite*).

ORDRE des opérations	NOMS.	PROPORTIONS.	PRÉPARATIONS ET CUISSON.
			— Tourner le beignet avec l'écumoire, pour lui faire prendre couleur des deux côtés.
14	. . . .	. . . .	Mettre à égoutter sur un plafond ou sur un grand plat, recouvert d'un linge plié.
15	. . . .	. . . . . .	Recommencer la même opération pour chaque morceau de pomme à mettre en beignet.
16	Sucre en poudre	. . . .	Semer sur le tout.
17	. . . .	. . . . . .	Remettre un instant sur le feu le plafond ainsi chargé, en le recouvrant avec le four de campagne pour glacer le sucre.
18	. . . .	. . . . . .	Chauffer le plat à servir et y dresser les beignets à servir de suite, pour être mangés très-chauds.

438. — BISCUIT DE SAVOIE.

1	Jaunes d'œufs. .	5.	
2	Zeste de citron râpé sur du sucre.	. . . .	Battre ensemble dans une terrine avec une cuiller de buis.
3	Sucre (frotté avec le citron, puis râpé)	250 gramm.	
4	Farine ou fécule de pommes de terre.	60 grammes.	Ajouter peu à peu en battant.
5	Fleur d'oranger pràlinée.	à hacher fin.	

BISCUIT DE SAVOIE (*Suite*).

ORDRE des opérations	NOMS.	PROPORTIONS.	PRÉPARATIONS ET CUISSON.
6	Blancs d'œufs. .	5.	Battre à part dans une autre terrine avec un fouet d'osier blanc.
7	. . . .	. . . .	Les fouetter jusqu'à les voir devenir en neige épaisse.
8	. . . .	. . . .	Les mêler alors vivement aux jaunes en fouettant le tout.
9	Beurre	. . . .	Mettre dans un moule, et en frotter tout le pourtour.
10	Sucre en poudre ou farine . . .	. . . .	Saupoudrer tout le beurre.
11	. . . .	. . . .	Verser la pâte préparée (jusqu'à moitié du moule seulement, pour ménager la place à l'augmentation de volume que la cuisson doit produire).
12	. . . .	. . . . : . .	Mettre ensuite le moule sur un feu très-doux en dessous, et le recouvrir avec un four de campagne à charger d'un feu vif en dessus.
13	. . . .	. . . .	Surveiller la cuisson en soulevant de temps en temps le four de campagne. *Nota.* — Le biscuit doit rester mou et d'une élasticité délicate.
14	. . . .	. . . .	Quand le dessus devient jaune et ferme, retirer du feu.
15	. . . .	. . . .	Sortir doucement le biscuit du moule, et le dresser sur un plat.
16	. . . .	. . . .	Servir froid.

439. — GATEAU FRANÇAIS.

ORDRE des opérations	NOMS.	PROPORTIONS	PRÉPARATIONS ET CUISSON.
1	Blancs d'œufs. .	6.	Battre dans un bol avec deux fourchettes pendant 20 minutes.
2	Sucre en poudre	125 gramm.	
3	Farine.		Ajouter en battant.
4	Beurre frais. . .	125 gramm.	Faire fondre dans une casserole, sur un feu doux, sans le laisser bouillir.
5	. . . .	. . . . . .	Quand le beurre est tiède et coulant, le mêler peu à peu à la pâte déjà préparée, en tournant toujours du même sens.
6	Eau de fleur d'oranger.	1 cuillerée.	Ajouter de même.
7	. . . .	. . . . . .	Bien lier la pâte sans grumeaux.
8	Beurre	. . . . . .	Etaler dans un moule.
9	Sucre en poudre	. . . . . .	Semer sur le beurre.
10	. . . .	. . . . . .	Verser la pâte préparée de manière à remplir les 3/4 du moule.
11	. . . .	. . . . . .	Mettre sur un feu doux et recouvrir avec le four de campagne, et laisser cuire 1 heure 12, ou mettre au four du boulanger, à la chaleur du pain retiré.

440. — GATEAU MOUSSELINE.

1	Œufs.	5.	Casser au-dessus de 2 plateaux, en faisant tomber séparément les blancs et les jaunes.
2	Sucre râpé . . .	5 cuillerées.	Mêler aux jaunes en tournant avec la cuiller de bois.

GATEAU MOUSSELINE (*Suite*).

ORDRE des opérations	NOMS.	PROPORTIONS	PRÉPARATIONS ET CUISSON.
3	Fécule de pommes de terre. .	3 cuillerées.	Ajouter peu à peu, en tournant toujours du même sens.
4	Vanille ou citron, ou fleur d'oranger.	. . . .	
5	. . . .	. . . .	Battre les 5 blancs d'œufs dans un grand bol à part, jusqu'à ce qu'ils viennent en neige.
6	. . . .	. . . .	Les mêler ensuite vivement à la pâte préparée, en bien amalgamant le tout
7	Beurre fondu tiède.	. . . .	Étaler dans un moule avec un pinceau.
8	. . . .	. . . .	Verser la pâte dans le moule.
9	. . . .	. . . .	Mettre le moule sur le fourneau.
10	. . . .	. . . .	Recouvrir avec le four de campagne.
11	. . . .	. . . .	Mettre des cendres chaudes tout autour.
12	. . . .	. . . .	Laisser cuire à feu doux pendant 3/4 d'heure, ou mettre au four du boulanger (à la chaleur du pain retiré).

441. — GATEAU DE PLOMB.

1	Fleur de farine .	1 litre.	Mettre en tas sur un tour en pâtisserie.
2	. . . .	. . . .	Creuser au milieu un trou dit « fontaine. »
3	Sel.	30 gramm.	
4	Sucre râpé . . .	60 —	Mêler dans le creux de la farine, puis pétrir le tout.
5	Beurre.	500 —	
6	Œufs (blancs et jaunes) . . .	5.	

GATEAU DE PLOMB (*Suite*).

ORDRE des opérations	NOMS.	PROPORTIONS	PRÉPARATIONS ET CUISSON.
7	. . . .	. . . .	« Fraiser » la pâte, c'est-à-dire fouler avec le poing, comprimer avec la main.
8	Lait	quelq. goutt.	Verser dans la pâte en la pétrissant.
9	Eau	id.	Asperger si la pâte est trop ferme.
10	. . . .	. . . .	Rassembler, puis laisser reposer 1/2 heure.
11	. . . .	. . . .	Commencer ensuite à étaler la pâte avec un rouleau de bois trempé dans la farine.
12	. . . .	. . . .	(Passer légèrement le rouleau, en commençant par le bord, pour abaisser la pâte, s'appelle donner un tour).
13	Beurre.	1 couche.	Étaler sur la pâte.
14	. . . .	. . . .	Replier la pâte en trois, dans la longueur.
15	. . . .	. . . .	Puis recommencer à abaisser et à étaler avec le rouleau.
16	. . . .	. . . .	Refaire quatre fois cette opération en sens différent.
17	. . . .	. . . .	A la dernière fois, conserver une forte épaisseur au gâteau, lui donner une bonne forme, puis le poser sur un plafond (ou plaque en tôle).
18	Jaune d'œuf. . . .	. . . .	Étaler avec un pinceau sur tout le dessus du gâteau pour le dorer.
19	. . . .	. . . .	Mettre au four et laisser cuire 1/2 heure.

442. — GATEAU DE POMMES DE TERRE.

ORDRE des opérations	NOMS.	PROPORTIONS.	PRÉPARATIONS ET CUISSON.
1	Pommes de terre jaunes.	. . . .	Faire cuire sous la cendre.
2	. . . .	. . . .	Les éplucher et les mettre à mesure dans un plat creux.
3	. . . .	. . . .	Les écraser avec la cuiller de bois.
4	Beurre frais.	. . . .	Y mêler (la chaleur des pommes de terre cuites fait fondre le beurre).
5	Sucre en poudre	. . . .	
6	Sel.	quelq. grains	Ajouter en délayant et en tournant toujours du même côté.
7	Lait ou crème .	2 cuillerées.	
8	Fleur d'oranger pràlinée ou Zeste de citron râpé.	. . . . . .	
9	Jaunes d'œufs. .	6 par livre de pàte.	Ajouter de même, en travaillant bien la pàte.
10	Blancs d'œufs. .	3 battus en neige.	
11	. . . .	. . . .	Quand tout est bien amalgamé, laisser reposer et refroidir.
12	Sucre.	60 grammes.	Mettre dans un poêlon, sur un feu vif.
13	Eau	quelq. goutt.	
14	. . . .	. . . .	Laisser venir le sucre en caramel foncé.
15	. . . .	. . . .	Mettre un moule sur un autre fourneau allumé, et, avec un pinceau, y étaler le caramel à laisser s'attacher au fond.
16	. . . .	. . . .	Puis verser dedans toute la composition préparée.
17	. . . .	. . . .	Mettre le moule chargé ainsi dans une grande casserole, à moitié remplie d'eau (pour faire cuire le gàteau au bain-marie).

GATEAU DE POMMES DE TERRE (*Suite*).

ORDRE des operations	NOMS.	PROPORTIONS.	PRÉPARATIONS ET CUISSON.
18			Remettre sur le feu, et laisser cuire 1 heure.
19			Renverser ensuite sur un grand plat et servir chaud.

443. — GATEAU DE RIZ.

	NOMS.	PROPORTIONS.	PRÉPARATIONS ET CUISSON.
1	Riz Caroline	250 gramm.	Mettre dans un plat creux.
2	Eau chaude		Verser dessus et le bien laver.
3			Changer l'eau plusieurs fois.
4	Eau froide		Verser en dernier, puis faire égoutter sur une passoire.
5			Mettre le riz égoutté dans une casserole, sur le feu.
6	Lait (déjà bouilli)	1 litre.	Verser peu à peu, en tournant avec la cuiller de bois.
7			Laisser crever le riz bien épais (ajouter un peu de lait à mesure qu'il épaissit).
8	Sel		Ajouter successivement en continuant à remuer.
9	Sucre en poudre	125 gramm.	
10	Beurre	gros comme un œuf.	
11	Zeste de citron ou Vanille, ou Fleur d'oranger.		Mettre en parfum.
12			Laisser bien cuire, puis retirer le parfum qui a été mis.
13			Verser le riz dans un plat creux et laisser refroidir.
14	Œufs	4.	Casser au-dessus de deux bols, en séparant avec soin les blancs et les jaunes.

GATEAU DE RIZ (*Suite*).

ORDRE des opérations	NOMS.	PROPORTIONS.	PRÉPARATIONS ET CUISSON.
15	—	les 4 jaunes.	Mêler au riz, en bien remuant avec la cuiller.
16	—	les 4 blancs.	Battre en neige d'abord, puis les mêler de même à tout le reste.
17	Beurre		Faire fondre sur un feu doux, et, quand il est tiède, en enduire le fond et le pourtour d'un moule avec un pinceau.
18	Sucre en poudre		Semer partout sur le beurre.
19			Verser le riz préparé (en ayant soin de ne remplir le moule qu'aux 3/4, pour laisser la place au gâteau de monter pendant la cuisson.
20			Faire cuire au four 1/2 heure, ou sous le four de campagne 3/4 d'heure.
21			Surveiller la cuisson ; quand le riz a pris une couleur suffisante, le renverser sur le plat à servir.

444. — CRÈME A VERSER AUTOUR DU GATEAU DE RIZ

1	Jaunes d'œufs.	4.	Délayer dans un bol.
2	Crème	1/2 litre.	Y mêler peu à peu, en tournant avec la cuiller de bois.
3	Sucre en poudre	125 gramm.	
4	Même parfum que celui choisi pour le gâteau		Ajouter en continuant à remuer et bien mêler.
5			Verser le tout dans une casserole, à mettre sur un feu doux.

CRÈME A VERSER AUTOUR DU GATEAU DE RIZ (*Suite*).

ORDRE des opérations	NOMS.	PROPORTIONS.	PRÉPARATIONS ET CUISSON.
6	. . . .	. . . . . .	Tourner avec une cuiller tout le temps de la cuisson, jusqu'à ce que la crème soit bien liée, puis la verser autour du gâteau.
7	. . . . . .	. . . . . .	Servir chaud ou froid.

445. — GATEAU DE SAVOIE.

1	Œufs.	8.	Casser au-dessus de deux bols, en séparant avec soin les blancs et les jaunes.
2	—	les 8 blancs.	Battre en neige ferme.
3	—	les 8 jaunes.	Battre dans un autre bol à part.
4	Sucre en poudre	1 cuillerée.	Mêler aux jaunes en battant.
5	Fécule	id.	
6	. . . .	. . . . .	Y incorporer ensuite les huit blancs, déjà battus en neige.
7	Beurre	. . . . .	Faire fondre sur un feu doux, et, quand il est tiède, en enduire le fond et le tour d'une casserole, avec le bout d'un pinceau.
8	. . . . . .	. . . . .	Verser dessus la composition préparée.
9	. . . . . .	. . . . .	Recouvrir avec le four de campagne chargé de braise allumée.
10	. . . . . .	. . . . .	Laisser cuire 3/4 d'heure à feu doux.
11	. . . . . .	. . . . .	Renverser sur le plat à servir.
12	. . . . . .	. . . . .	Laisser reposer et refroidir.

446. — NOUGAT.

1	Amandes douces 500 grammes.	En ôter la première écorce et les jeter à mesure dans une terrine.
2	Eau bouillante.	Verser dessus à tout couvrir.
3	. . . .	Laisser tremper 5 minutes.
4	. . . .	Faire égoutter.
5	. . . .	Puis, les retirer une à une, en ôtant la pelure qui tombe sous le doigt en frottant un peu, et les étaler à mesure sur un linge blanc pour les faire sécher.
6	. . . .	Couper chaque amande en deux, ou en filets, dans la longueur.
7	. . . .	Étendre les morceaux d'amandes sur une plaque d'office.
8	. . . .	Mettre au four, à feu très-doux, la plaque chargée ainsi.
9	. . . .	Laisser prendre aux amandes une belle teinte jaune égale, puis les retirer du four quand elles ont bien séché.
10	Sucre en poudre (200 grammes).	Mettre dans un poêlon d'office sur un feu doux.
11	. . . .	Remuer avec la cuiller de bois jusqu'à ce qu'il soit bien fondu et d'un brun caramel.
12	Eau (quelques gouttes)	Jeter en agitant vivement.
13	. . . .	Retirer le poêlon du feu.
14	. . . .	Y verser les amandes chaudes, et bien amalgamer, en remuant avec la cuiller sucre et amandes.
15	Huile fine ou beurre fondu. .	Prendre avec un pinceau, e en enduire tout le dedans d'un moule.
16	. . . .	Verser une partie des amandes au fond du moule.
17	Citron coupé en 2.	Avec une moitié tenue dans chaque main, faire monter les amandes le long des parois du moule, ce qui en même temps parfumera le gâteau. — Faire vite pour ne pas laisser refroidir.
18	. . . .	Appuyer le dos du citron sur les amandes, pour bien les égaliser en couche mince et unie.

NOUGAT (*Suite*).

19	. . . .		Reverser dans le moule d'autres amandes à faire remonter et à ranger de même.
20	. . . .		Bien garnir tout le moule également, puis laisser refroidir.
21	. . . .		Retourner ensuite le moule sur un plat avec précaution. — Le nougat se détache prêt à être servi.

447. — PLUM-PUDDING EN TIMBALE.

ORDRE des opérations	NOMS.	PROPORTIONS.	PRÉPARATIONS ET CUISSON.
1	Farine	125 gramm.	Mettre en tas sur une table de cuisine.
2	. . . .		Faire un grand trou au milieu.
3	Beurre	125 gramm.	
4	Sel fin		Mêler peu à peu à la farine,
5	Œuf	1.	en pétrissant le tout en-
6	Eau	1/4 de verre.	semble.
7	Graisse ou sain-doux		
8	. . . .		Faire une grosse boule de cette pâte, à mettre sur une serviette blanche.
9	. . . .		Aplatir avec un rouleau trempé dans la farine (pour que le rouleau ne s'attache pas à la pâte).
10	. . . .		Replier la pâte et l'aplatir trois ou quatre fois très-mince.
11	Beurre frais . .		Faire fondre dans une casserole, sur un feu doux, et, avec le bout d'un pinceau, en enduire légèrement le fond et le tour d'un moule.

PLUM-PUDDING EN TIMBALE (*Suite*).

ORDRE des opérations	NOMS.	PROPORTIONS.	PRÉPARATIONS ET CUISSON.
12	. . . .	. . . .	Étaler ensuite la pâte préparée (si elle dépasse les bords du moule, la couper au ras).
13	Raisin sec (de Corinthe ou de Malaga).	250 gramm.	Éplucher, égrener avec soin et en ôter tous les pépins avec le bout d'un cure-dents.
14	. . . .	. . . .	Mettre à mesure, dans un saladier, les grains épluchés.
15	Œufs entiers . .		
16	Eau-de-vie ou Madère	1/2 verre.	
17	Graisse ou moelle de bœuf. . . .	125 gramm. à hacher fin.	
18	Sel fin.	5 grammes.	Mêler peu à peu successivement au raisin déjà mis dans le saladier. — Pétrir, amalgamer le tout en pâte bien liée.
19	Sucre en poudre	60 grammes.	
20	Fleur d'oranger ou Zeste de citron râpé . . .	. . . .	
21	Clous de girofle écrasés	. . . .	
22	Angélique confite		
23	Écorces de cédrats, d'oranges	à hacher fin.	
24	Lait ou crème .	2 verres.	
25	. . . .	. . . . . .	Verser ensuite cette composition dans le moule, déjà garni de pâte.
26	. . . .	. . . . . .	Recouvrir le tout avec des rognures de pâte.
27	. . . .	. . . . . .	Faire cuire 1/2 heure au bain-marie, c'est-à-dire le moule dans une grande casserole à moitié remplie d'eau. — Ou faire cuire au four. — Ou

PLUM-PUDDING EN TIMBALE *(Suite)*.

ORDRE des opérations	NOMS.	PROPORTIONS.	PRÉPARATIONS ET CUISSON.
28	. . . .	. . . .	sous le four de campagne. Quand le plum-pudding est cuit au point, mettre un plat sur le moule, puis le renverser avec précaution sur le plat.

448. — CRÈME A SERVIR AVEC LE PLUM-PUDDING.

1	Œufs.	6.	Casser au-dessus de deux bols, pour séparer les blancs et les jaunes.
2	Les 6 jaunes . .	. . . .	Mêler ensemble, en remuant avec la cuiller de bois, puis verser dans la casserole.
3	Sucre râpé . . .	1/2 livre.	
4	Rhum	1/2 verre.	
5	Madère.	1/4 de verre.	
6	Beurre.	125 gramm.	
7	. . . .	. . . .	Mettre cette casserole dans une autre plus grande, et à moitié remplie d'eau, pour faire chauffer au bain-marie.
8	. . . .	. . . .	Tourner la crème sans arrêt, sur le feu, et toujours du même sens.
9	Les 6 blancs d'œufs battus en neige	. . . .	Incorporer à la crème dès qu'elle commence à épaissir, et en continuant à tourner.
10	. . . .	. . . .	Quand la crème est bien blanche et bien liée, en arroser le plum-pudding. — Ou, la verser autour dans un plat creux.—Ou, la servir à part, à volonté.

449. — BREAD-PUDDING *ou* PUDDING AU PAIN.

ORDRE des opérations	NOMS.	PROPORTIONS.	PRÉPARATIONS ET CUISSON.
1	Mie de pain mollet.	. . . .	Couper en tranches minces.
2	Beurre.	. . . .	Fondre tiède, puis, avec un pinceau, en enduire tout l'intérieur d'un moule.
3	. . . .	. . . .	Appliquer les tranches de pain sur le beurre.
4	Raisin de Corinthe	. . . .	Égrener, laver avec soin et en retirer les pépins avec le bout d'un cure-dents.
5	. . . .	. . . .	Mettre un lit de ces grains de raisin par-dessus le pain.
6	Sucre en poudre		Saupoudrer id.
7	. . . .	. . . .	Recommencer ainsi à mettre un lit de tranches de pain (arrosé de beurre fondu), un lit de raisin de Corinthe (saupoudré de sucre), jusqu'à ce que le moule soit à moitié rempli.
8	Œufs.	4.	Battre à part dans un grand bol.
9	Lait	3/4 de litre.	Y mêler peu à peu, en délayant doucement avec la cuiller de bois.
10	Sucre en poudre	375 gramm.	Ajouter en remuant toujours,
11	Sel.	1 pincée.	
12	. . . .	. . . .	Verser ce mélange sur le dernier lit de pain dans le moule.
13	. . . .	. . . .	Mettre le moule, ainsi garni, dans une casserole à moitié remplie d'eau (pour faire chauffer au bain-marie).

BREAD-PUDDING *ou* PUDDING AU PAIN (*Suite*).

ORDRE des opérations	NOMS.	PROPORTIONS.	PRÉPARATIONS ET CUISSON.
14	. . . .	. . . .	Recouvrir avec le four de campagne.
15	. . . .	. . . .	Laisser 1/2 heure sur le feu, en surveillant la cuisson, pour que le pudding ne brûle pas.
16	. . . .	. . . .	Dès qu'il est assez cuit, mettre un plat (posé à l'envers) sur le moule, puis renverser le moule avec précaution. Le pudding se détache et se trouve dressé prêt à être servi, avec ou sans sauce.

450. — CROQUETTES DE RIZ.

ORDRE des opérations	NOMS.	PROPORTIONS.	PRÉPARATIONS ET CUISSON.
1	Riz	125 gramm.	Mettre dans une casserole.
2	Lait	. . . .	Verser dessus à tout couvrir, et mettre la casserole sur le feu.
3	Beurre	gros comme un œuf.	Ajouter quand le riz est à moitié cuit.
4	Sel	1 pincée.	
5	Sucre en poudre	125 gramm.	
6	. . . .	. . . .	Bien mêler le tout en remuant avec la cuiller de bois.
7	. . . .	. . . .	Recouvrir avec le four de campagne pour la fin de la cuisson, et laisser le riz absorber tout le lait.
8	. . . .	. . . .	Quand le riz est bien cuit, retirer la casserole du feu.
9	Jaunes d'œufs . .	6.	Délayer dans un bol à part.

CROQUETTES DE RIZ (*Suite*).

ORDRE des opérations	NOMS.	PROPORTIONS.	PRÉPARATIONS ET CUISSON.
10	Eau de fleur d'oranger, ou Vanille, ou Zeste de citron râpé.	au choix.	Ajouter en parfum, puis mêler le tout avec le riz, en délayant avec la cuiller de bois.
11	Blancs d'œufs. .	3.	Battre en neige, et incorporer id. dans le riz.
12	. . . .	. . . .	Quand le riz est bien lié, en prendre avec une cuiller, et former des petits tas, en boules rondes, à laisser refroidir.
13	Mie de pain rassis	. . . .	Émietter fin dans un plat creux.
14	Œuf entier. . .	blanc et jaune	Battre dans un bol à part.
15	. . . .	. . . .	Tremper alors chaque croquette préparée dans la mie de pain, puis dans l'œuf, puis une seconde fois dans la mie de pain, et les ranger à mesure sur un couvercle de casserole.
16	Beurre	. . . .	Faire bouillir dans la poêle pour friture.
17	. . . .	. . . .	Quand la friture est bouillante, y glisser les croquettes.
18	. . . .	. . . .	Les agiter dans la friture.
19	. . . .	. . . .	Les retourner jusqu'à ce qu'elles aient pris une belle couleur des deux côtés.
20	Sucre en poudre	. . . .	Répandre dessus.
21	. . . .	. . . .	Les dresser sur un plat, en les posant du côté du sucre.
22	Sucre en poudre	. . . .	Semer de nouveau par-dessus les croquettes et servir.

31

451. — SOUFFLÉ DE POMMES DE TERRE.

ORDRE des opérations	NOMS.	PROPORTIONS.	PRÉPARATIONS ET CUISSON.
1	Lait	1/2 litre.	Faire bouillir, puis retirer du feu et laisser tiédir.
2	Fécule de pommes de terre. .	4 ou 5 grandes cuillerées	
3	Sucre en poudre	200 gramm.	
4	Beurre	gros comme un œuf.	Mêler ensemble dans une autre casserole, et bien délayer avec la cuiller de bois.
5	Jaunes d'œufs. .	4.	
6	Vanille en poudre, ou Fleur d'oranger, ou Zeste de citron râpé .	1 pincée (au choix).	
7	. . . .	. . . .	Ajouter ensuite, peu à peu, le lait tiédi, en continuant à tourner (toujours du même côté).
8	. . . .	. . . .	Remuer jusqu'à voir venir le tout en bouillie épaisse.
9	. . . .	. . . .	Laisser reposer et refroidir.
10	Jaunes d'œufs. .	4.	Battre dans un bol, puis les mêler peu à peu à la pâte.
11	Blancs d'œufs. .	6.	Fouetter en neige d'abord, puis ajouter de même à tout le reste.
12	. . . .	. . . .	Verser cette préparation dans un plat creux allant au feu.
13	. . . .	. . . .	Mettre le plat sur un feu modéré et recouvrir avec le four de campagne.
14	. . . .	. . . .	Laisser cuire environ 20 minutes. — Le soufflé doit s'enfler, monter et prendre couleur sans brûler.

SOUFFLÉ DE POMMES DE TERRE (*Suite*).

ORDRE des opérations	NOMS.	PROPORTIONS.	PRÉPARATIONS ET CUISSON.
15	. . . .	. . . .	Surveiller la cuisson en soulevant de temps en temps le four de campagne.
16	Sucre en poudre	. . . .	Semer dessus, à la fin de la cuisson, et servir de suite, sinon le soufflé tombe et s'aplatit.

CHAPITRE QUATORZIÈME

CRÈMES

TABLE DES RECETTES

———

452. — CRÈME BLANC MANGER.

ORDRE des opérations	NOMS.	PROPORTIONS.	PRÉPARATIONS ET CUISSON.
1	Amandes amères	250 gramm.	Eplucher en ôtant la première écorce, et les jeter à mesure dans un saladier.
2	Amandes douces	125 »	
3	Eau bouillante..	. . . .	Verser dessus et laisser tremper.
4	. . . .	. . . .	Enlever ensuite la pellicule en les essuyant avec un linge blanc.
5	. . . .	. . . .	Jeter les amandes à mesure dans un mortier.
6	. . . .	. . . .	Les piler en pâte fine.
7	Eau froide.. . . .	1 cuillerée	Verser goutte à goutte en pilant, pour empêcher de tourner en huile.
8	Sucre en poudre.	125 gramm.	Ajouter peu à peu en remuant et tournant avec la cuiller de bois (toujours du même côté).
9	Crème..	1 verre.	
10	Eau de fleur d'oranger.	1 cuillerée	
11	Colle de poisson.	délayée dans un peu d'eau.	
12	. . . .	. . . .	Quand le tout est bien amalgamé, verser dans un moule.
13	Glace pilée.. . .	. . . .	Mettre autour du moule et laisser prendre la crème.
14	. . . .	. . . .	Au moment de servir, tremper le moule dans une casserole d'eau chaude (pour détacher la crème).
15	. . . .	. . . .	Poser le plat à servir à l'envers sur le moule, et renverser lestement.

453. — CRÈME BRULÉE ou CRÈME AU CARAMEL.

ORDRE des opérations	NOMS.	PROPORTIONS	PRÉPARATIONS ET CUISSON.
1	Sucre.	60 grammes.	Mettre ensemble sur le feu jusqu'à ce que le sucre ait pris une belle couleur blonde de caramel.
2	Eau..	1 cuillerée	
3	. . . .	. . . .	Retirer alors la casserole du feu.
4	Lait.	1/2 litre.	Faire bouillir ensemble dans une autre casserole.
5	Sucre en poudre.	125 gramm.	
6	. . . .	. . . .	Verser ensuite le lait, peu à peu, sur le caramel, en tournant avec la cuiller de bois.
7	Jaunes d'œufs. .	3.	Mêler dans un grand bol et battre avec 2 fourchettes.
8	Œuf entier.. . .	1.	
9	. . . .	. . . .	Ajouter à la crème les œufs battus, en les mêlant peu à peu avec la cuiller (en tournant toujours du même côté).
10	. . . .	. . . .	Verser cette crème bien liée dans un plat creux (ou dans des petits pots), à mettre dans une casserole remplie à moitié d'eau bouillante.
11	. . . .	. . . .	Et laisser prendre ainsi au bain-marie 1/2 heure environ sur le feu.

454. — CRÈME RENVERSÉE AU CARAMEL.

1	Sucre.	125 grammes	Mettre ensemble sur le feu dans un poêlon d'office.
2	Eau..	1 verre.	
3	. . . .	. . . .	Laisser réduire le sucre en caramel foncé.
4	Eau.	1 verre.	Y mêler alors en tournant avec la cuiller de bois.

CRÈME RENVERSÉE AU CARAMEL (*Suite*).

ORDRE des opérations	NOMS.	PROPORTIONS	PRÉPARATIONS ET CUISSON.
5	Lait ou crème.	1/2 litre.	Faire bouillir dans une autre casserole en tournant jusqu'à faire bien épaissir.
6			Retirer ensuite la casserole du feu.
7	Jaunes d'œufs.	6.	Délayer dans un saladier.
8			Y mêler peu à peu le lait bouilli en tournant avec la cuiller, toujours du même côté.
9			Ajouter, de même, le sucre en caramel.
10	Colle de poisson, fondue d'avance dans un peu d'eau.	30 grammes.	Ajouter id.
11			Quand la crème est bien liée et bien unie, en remplir un moule d'entremets.
12			Mettre un couvercle sur le moule.
13	Glace pilée.		Mettre sur le couvercle et tout autour du moule.
14			Au moment de servir : tremper le moule dans de l'eau très-chaude pour en détacher la crème.
15			Puis poser le plat à servir, à l'envers, sur le moule.
16			Et renverser lestement.

455. — CRÈME AU CAFÉ.

ORDRE des opérations	NOMS.	PROPORTIONS.	PRÉPARATIONS ET CUISSON.
1	Lait ou crème. .	1/2 litre.	Faire bouillir 1/4 d'heure dans une casserole.
2	Essence de café, ou Café à l'eau très-fort. . . .	3 cuillerées.	Ajouter quand le lait est bouillant.
3	Sucre en poudre.	250 gramm.	Mêler id. en remuant doucement.
4	. . . .	. . . . . .	Retirer la casserole du feu pour ne pas laisser bouillir.
5	Jaunes d'œufs. .	4 ou 5.	Battre ensemble dans un grand bol.
6	Œuf entier . . .	1.	
7	. . . .	. .	Y verser peu à peu quelques cuillerées de la crème bouillie, en tournant avec la cuiller.
8	. . . .	. . . . . .	Puis reverser le tout dans la casserole qui est hors du feu et bien mêler.
9	. . . .	. . . . . .	Remettre un instant sur le feu en tournant sans arrêt avec la cuiller de bois, jusqu'à ce que la crème commence à épaissir.
10	. . . .	. . . . . .	Verser alors le tout dans un plat creux ou dans des petits pots, à mettre dans une casserole remplie à moitié d'eau bouillante (pour faire prendre la crème au bain-marie).
11	. . . .	. . . . . .	Recouvrir avec le four de campagne chargé de braise allumée. (La crème doit prendre en 1/4 d'heure.)
12	. . . .	. . . . . .	Laisser refroidir pour servir.

456. — CRÈME RENVERSÉE AU CHOCOLAT.

ORDRE des opérations	NOMS.	PROPORTIONS	PRÉPARATIONS ET CUISSON.
1	Crème..	1/2 litre.	Faire bouillir, puis retirer la casserole du feu.
2	Jaunes d'œufs. .	6.	Délayer ensemble dans un sa-
3	Sucre en poudre.	250 grammes	ladier.
4	. . . .	. . . .	Mêler peu à peu le tout avec la cuiller.
5	. . . .	. . . .	Remettre la casserole sur un feu doux.
6	. . . .	. . . .	Tourner avec la cuiller de bois tout le temps de la cuisson, jusqu'à épaisseur convenable.
7	. . . .	. . . .	Retirer du feu.
8	Chocolat.. . . .	125 grammes	Faire fondre dans une autre casserole sur un feu doux.
9	Eau..	1 verre.	
10	Colle de poisson.	30 grammes.	Faire fondre à part sur le feu.
11	Eau..	1 verre.	
12	. . . .	. . . .	Quand la colle de poisson est fondue, la mêler peu à peu au chocolat préparé.
13	. . . .	. . . .	Ajouter peu à peu, de même, la crème déjà faite, en tournant d'une main avec la cuiller de bois.
14	. . . .	. . . .	Verser le tout dans un moule d'entremets.
15	Glace pilée. . .	. . . .	Placer autour du moule jusqu'à ce que la crème soit prise.
16	. . . .	. . . .	Pour démouler la crème, tremper le moule dans une casserole d'eau très-chaude.
17	. . . .	. . . .	Poser le plat à servir, à l'envers, sur le dessus de la crème.
18	. . . .	. . . .	Renverser lestement le moule et le plat.
19	. . . .	. . . .	La crème se trouve dressée prête à servir.

157. — CRÈME AU CHOCOLAT.

ORDRE des opérations	NOMS.	PROPORTIONS.	PRÉPARATIONS ET CUISSON.
1	Chocolat à la vanille.......	90 grammes ou 2 tablettes	Râper ou gratter avec un couteau au-dessus d'un grand saladier.
2	Jaunes d'œufs..	5.	Battre avec 2 fourchettes (dans
3	Blanc d'œuf...	1.	un bol à part).
4	Sucre en poudre	250 gramm.	Mêler en battant.
5	....	....	Puis verser peu à peu le tout sur le chocolat, en délayant bien.
6	Crème ou lait..	1 litre.	Faire bouillir, puis verser bouillant, peu à peu, sur le chocolat en tournant doucement avec la cuiller et toujours du même côté.
7	....	....	Quand le mélange est complet, verser le tout dans un plat creux allant au feu.
8	....	....	Laisser reposer pendant deux heures avant de faire cuire.
9	....	....	Mettre alors le plat sur un feu de cendres chaudes ou au bain-marie (sur une casserole remplie à moitié d'eau bouillante).
10	....	....	Recouvrir le plat de crème avec un four de campagne chargé d'un feu vif.
11	....	....	Laisser cuire environ 1 heure sans remuer le plat (sinon la crème se fendillerait).
12	....	....	Quand la crème est bien prise, retirer le plat du feu.
13	....	....	Laisser refroidir et reposer.
14	....	....	*Nota.* — Ce plat se prépare avantageusement la veille du jour où l'on doit le servir.

458. — CRÈME ÉCONOMIQUE.

ORDRE des opérations	NOMS.	PROPORTIONS.	PRÉPARATIONS ET CUISSON.
1	Fécule de pommes de terre. .	1 gde cuiller.	Délayer en pâte dans un plat creux allant au feu.
2	Jaunes d'œufs. .	3.	
3	Lait, déjà bouilli	. . . . . .	Y mêler peu à peu d'une main, en tournant de l'autre main avec la cuiller de bois pour bien lier le mélange.
4	Sucre en poudre	. . . . . .	
5	Eau de fleur d'oranger.	. . . . . .	Ajouter de la même manière.
6	. . . .	. . . . . .	Mettre ensuite le plat sur le feu en tournant sans arrêt pendant 5 min. de cuisson.
7	. . . .	. . . . . .	Puis retirer le plat du feu.
8	. . . .	. . . . . .	Laisser refroidir et servir.

459. — CRÈME A LA FLEUR D'ORANGER.

1	Lait	1 litre.	Faire bouillir dans une casserole.
2	Sucre cassé. . .	250 gramm.	Jeter dans le lait quand il est bouillant. . .
3	Jaunes d'œufs. .	6.	
4	Blancs d'œufs. .	2.	Délayer ensemble dans un plat creux.
5	Eau de fleur d'oranger.	3 cuillerées.	
6	. . . .	. . . . . .	Y verser peu à peu le lait bouillant, en mêlant avec la cuiller de bois.
7	. . . .	. . . . . .	Mettre ensuite le plat sur une marmite d'eau bouillante placée sur le feu (pour faire prendre au bain-marie) et recouvrir avec le four de campagne.

CRÈME A LA FLEUR D'ORANGER (*Suite*).

ORDRE des opérations	NOMS.	PROPORTIONS	PRÉPARATIONS ET CUISSON.
8	. . . .	. . . . . .	Laisser environ 1/2 heure.
9	. . . .	. . . . . .	Glacer le dessus de la crème, à volonté, avec une pelle rougie au feu.
10	. . . .	. . . . . .	Servir la crème froide dans le plat où elle a cuit.

460. — CRÈME FOUETTÉE.

1	Crème épaisse .	1 litre.	Mêler dans un plat creux et battre avec un fouet d'osier jusqu'à ce que le tout devienne une belle mousse ferme.
2	Sucre en poudre	125 grammes	
3	Gomme adragante. . . . . ou Blanc d'œuf battu	5 grammes. 1.	
4	Eau de fleur d'oranger, ou Zeste d'orange râpé, ou Café à l'eau, ou Chocolat à l'eau.	au choix.	Ajouter en battant pour parfumer la crème. *Nota.* — Par un temps froid, la crème vient plus vite en neige.
5	. . . .	. . . . . .	Laisser reposer 5 minutes la crème fouettée.
6	. . . .	. . . . . .	Faire égoutter sur un panier à fromage.
7	. . . .	. . . . . .	Puis, avec l'écumoire, en prendre des portions à dresser en pyramide dans un plat creux ou sur un compotier.

461. — CRÈME A LA VANILLE.

ORDRE des opérations	NOMS.	PROPORTIONS.	PRÉPARATIONS ET CUISSON.
1	Lait	1 litre.	Faire bouillir dans une casserole.
2	Sucre cassé. . .	250 gramm.	Ajouter au lait, à laisser bouillir 1/4 d'heure.
3	Vanille.	1 morceau.	
4	. . . .	. . . .	Retirer ensuite le lait du feu, et en retirer le morceau de vanille (bon à resservir).
5	Jaunes d'œufs. .	5 ou 6.	Mêler dans un plat creux et battre avec 2 fourchettes.
6	Blancs d'œufs. .	1 ou 2.	
7	. . . .	. . . .	Y mêler peu à peu le lait bouilli en tournant doucement et toujours du même côté, avec la cuiller de bois.
8	. . . .	. . . .	Mettre le plat sur une marmite d'eau bouillante, placée sur le feu, pour faire prendre la crème au bain-marie et recouvrir avec le four de campagne chargé de braise allumée.
9	. . . .	. . . .	Laisser environ 1/2 heure.
10	. . . .	. . . .	Servir la crème froide dans le plat où elle a cuit.

CHAPITRE QUINZIÈME

DESSERT

FRUITS, COMPOTES, CONFITURES, ETC.

TABLE DES RECETTES

462. — MARRONS BOUILLIS.

ORDRE des opérations	NOMS.	PROPORTIONS.	PRÉPARATIONS ET CUISSON.
1	Marrons, au naturel, non épluchés.	. . . . . .	Mettre dans un pot de terre.
2	Eau	. . . . . .	Verser dessus à tout recouvrir.
3	Sel.	. . . . . .	Semer id.
4	. . . .	. . . . . .	Recouvrir avec un linge mouillé pour éviter l'évaporation.
5	. . . .	. . . . . .	Mettre sur le feu.
6	. . . .	. . . . . .	Laisser bouillir 1/2 heure.
7	. . . .	. . . . . .	Faire égoutter, puis essuyer.
8	. . . .	. . . . . .	Servir dans une serviette (pliée en fichu sur une assiette) pour les conserver au chaud.

463. — MARRONS ROTIS.

1	Marrons	. . . . . .	Fendre en travers l'écorce (du côté rebondi).
2	. . . .	. . . . . .	Les ranger (sans trop les presser) dans une poêle percée de trous.
3	Sel.	. . . . . .	Saupoudrer.
4	. . . .	. . . . . .	Mettre la poêle sur un feu vif et clair.
5	. . . .	. . . . . .	Secouer, remuer, faire sauter la poêle pendant 1/2 heure de cuisson.
6	. . . .	. . . . . .	Servir dans une serviette pliée en double fichu sur un plat.

MARRONS ROTIS (*Autre manière*)

ORDRE des opérations	NOMS.	PROPORTIONS.	PRÉPARATIONS ET CUISSON.
1	Marrons	. . . . . .	Préparer en ôtant l'écorce.
2	. . . .	. . . . . .	Les ranger (sans trop les presser ni remplir) dans une brûloire à café.
3	. . . .	. . . . . .	Tourner, remuer sur un feu vif pendant 1/4 d'heure de cuisson.
4	Sucre.	. . . . . .	Mettre ensemble dans une poêle sur un feu doux.
5	Eau	très-peu.	
6	. . . .	. . . . . .	Bien remuer le sucre avec la spatule pour le faire fondre sans le laisser brûler.
7	. . . .	. . . . . .	Quand le sucre est fondu, y mettre les marrons.
8	. . . .	. . . . . .	Laisser frémir doucement 1/4 d'heure.
9	. . . .	. . . . . .	Quand les marrons sont bien chargés de sucre, les ranger sur une assiette.
10	Sucre en poudre	. . . . . .	Ajouter par-dessus.
11	Jus de citron. .	. . . . . .	Id., à volonté.
12	. . . .	. . . . . .	Servir très-chaud.

464. — POMMES A L'ANGLAISE.

1	Belles reinettes.	3 ou 4.	Couper en quartiers.
2	Sucre concassé .	. . . . . .	Mettre dans une casserole sur le feu.
3	Eau	quelq. cuill.	Verser sur le sucre pour le faire fondre, et remuer sans arrêt avec la spatule pour empêcher de s'attacher au fond de la casserole.

POMMES A L'ANGLAISE (*Suite*).

ORDRE des opérations	NOMS.	PROPORTIONS.	PRÉPARATIONS ET CUISSON.
4	. . . .	. . . .	Quand le sucre est bien fondu, y mettre les quartiers de pommes à cuire.
5	Beurre	. . . .	Mettre à fondre dans une autre casserole à part.
6	Croûtons ou mie de pain rassis.	à découper en crêtes de coq.	Faire frire dans le beurre.
7	Autres belles reinettes	. . . .	Préparer avec une videlle de ferblanc à y pousser pour façonner des petits bâtons de pommes.
8	. . . .	. . . .	Ajouter ces petits bâtons dans la même friture.
9	. . . .	. . . .	Dresser les quartiers de pommes sur un plat à servir.
10	. . . .	. . . .	Placer entre chaque quartier un des croûtons en forme de crête.
11	Gelée de groseilles.	. . . .	Disposer en décoration sur chaque quartier de pomme.
12	. . . .	. . . .	Ranger les petits bâtons debout au milieu des pommes.
13	. . . .	. . . .	Laisser réduire le sirop.
14	. . . .	. . . .	Verser le sirop réduit sur le tout.
15	. . . .	. . . .	Et servir chaud.

465. — POMMES AU BEURRE (*Entremets*).

ORDRE des opérations	NOMS.	PROPORTIONS.	PRÉPARATIONS ET CUISSON.
1	Petites pommes de reinette...		Préparer en creusant le milieu avec une videlle de ferblanc, et prendre soin de ne rien endommager.
2	Mie de pain rassis		Couper en tranches proportionnées à la grandeur des pommes.
3			Faire griller ces tranches de pain.
4	Beurre		Faire fondre dans la poêle ou dans une tourtière, sur un feu doux (ou encore dans un plat creux allant au feu).
5			Quand le beurre est fondu, y mettre les tranches de pain grillé.
6			Placer les pommes sur le pain.
7	Sucre en poudre		Semer dans chaque creux de pomme.
8	Beurre	1 petit morc.	Poser par-dessus le sucre.
9			Recouvrir avec le four de campagne à charger de feu très-doux pour que le pain ne brûle pas.
10			Renouveler le beurre et le sucre pendant la cuisson.

466. — POMMES AU BEURRE ET AUX CONFITURES.

1	Pommes de reinette		Éplucher, peler, creuser le milieu avec une videlle en ferblanc.

POMMES AU BEURRE ET AUX CONFITURES (*Suite*).

ORDRE des opérations	NOMS.	PROPORTIONS	PRÉPARATIONS ET CUISSON.
2	Sucre.	. . . .	Faire fondre dans la poêle sur un feu doux, en remuant avec la spatule pour empêcher de brûler.
3	. . . .	. . . .	Y mettre les pommes à cuire aux trois quarts, puis les retirer du feu.
4	Confiture de marmelade d'abricots	. . . .	Mêler ensemble et en mettre une couche au fond d'un plat creux allant au feu.
5	Beurre et marmelade de pommes	. . . . . .	
6	. . . .	. . . .	Placer les pommes par-dessus.
7	Beurre frais. . .	gros comme une noisette.	Introduire dans le vide fait au milieu de chaque pomme.
8	Sucre en poudre	. . . .	Ajouter en achevant de remplir le creux.
9	. . . .	. . . .	Employer les restes de marmelade à remplir les intervalles entre les pommes.
10	Sucre en poudre	. . . .	Semer sur le tout.
11	. . . .	. . . .	Mettre le plat ainsi préparé sur un feu de cendres chaudes.
12	. . . .	. . . .	Recouvrir avec le four de campagne chargé de charbons ardents.
13	1 Cerise confite.	. . . .	Dresser à volonté au-dessus de chaque trou fait avec le vide-pommes.
14	. . . .	. . . .	Servir chaud dans le plat où les pommes ont été cuites.

467. — COMPOTE D'ABRICOTS.

ORDRE des opérations	NOMS.	PROPORTIONS.	PRÉPARATIONS ET CUISSON.
1	Abricots	. . . .	A choisir pas trop mûrs.
2	. . . .	. . . .	Les couper en deux (ou les laisser entiers, en retirant le noyau par une petite incision à faire avec la pointe d'un couteau).
3	. . . .	. . . .	S'ils restent entiers, les piquer avec une épingle pour que le sucre y puisse bien pénétrer pendant la cuisson.
4	Sucre.	125 grammes	Faire bouillir dans la poêle.
5	Eau.	1 verre.	
6	. . . .	. . . .	Y mettre les abricots.
7	. . . .	. . . .	Laisser rebouillir. — Ecumer,
8	. . . .	. . . .	Quand les abricots sont bien cuits, les dresser dans un compotier.
9	. . . .	. . . .	Laisser réduire un moment le sirop resté dans la poêle, puis le verser sur les abricots.
10	. . . .	. . . .	Servir froid.

468. — COMPOTE DE POIRES AU VIN.

	NOMS.	PROPORTIONS.	PRÉPARATIONS ET CUISSON.
1	Poires de Rousselet.	. . . . . .	
2	Poires de Saint-Germain. . . .	. . . . . .	
3	Poires de Doyenné.	. . . . . .	Espèces d'hiver à prendre au choix.
4	Poires de blanquette.	. . . . . .	
5	Poires de Martinsec	. . . . . .	
6	Poires de Catillac	. . . . . .	

COMPOTE DE POIRES AU VIN (*Suite*).

ORDRE des opérations	NOMS.	PROPORTIONS.	PRÉPARATIONS ET CUISSON.
7	Poires choisies .	6 ou 8.	Laisser entières ou partager en 2, en 4, à volonté.
8	. . . .	. . . .	Peler, enlever le cœur et les pépins, couper la moitié de la queue.
9	. . . .	. . . .	Mettre les poires dans une casserole de cuivre étamé.
10	Eau..	1 verre.	Verser dessus.
11	Cannelle	1 petit morc.	
12	Clous de girofle.	2.	Ajouter.
13	Sucre.	250 gramm.	
14	. . . .	. . . .	Mettre la casserole sur des cendres chaudes, et laisser bien fondre le sucre.
15	. . . .	. . . .	(Laisser le couvercle sur la casserole.)
16	Vin rouge . . .	1 verre.	Ajouter à moitié de la cuisson.
17	. . . .	. . . .	Quand les poires sont bien cuites et d'un beau rouge, les dresser debout dans un compotier.
18	. . . .	. . . .	Retirer du sirop la cannelle et les clous de girofle.
19	. . . .	. . . .	Laisser réduire un instant, puis verser sur les poires.
20	. . . .	. . . .	Servir chaud ou froid, à volonté.

469. — COMPOTE DE POIRES A L'EAU.

1	Poires de Rousselet.	. . . .	
2	Poires de Saint-Germain. . . .	. . . .	Espèces d'hiver à prendre au choix.
3	Poires de Doyenné.	. . . .	

COMPOTE DE POIRES A L'EAU (*Suite*).

ORDRE des opérations	NOMS.	PROPORTIONS	PRÉPARATIONS ET CUISSON.
4	Poires de blanquette.		
5	Poires de Martin sec		Espèces d'hiver à prendre au choix.
6	Poires de Catillac.		
7	. . . .		Laisser les poires entières ou les couper en 2 ou 4, à volonté.
8	. . . .		Supprimer la moitié de la queue, la peau et les pépins.
9	Sucre.	250 gramm.	Faire fondre et bouillir dans une casserole de cuivre étamé.
10	Eau.	1 verre.	
11	. . . .	. . . . . .	Écumer.
12	. . . .	. . . . . .	Y plonger ensuite les poires préparées.
13	Citron	1 tranche.	Ajouter pour conserver la blancheur des poires et du sirop.
14	Cannelle	1 morceau.	Mettre en parfum.
15	. . . .	. . . . . .	Quand les poires sont bien cuites, les dresser debout dans un compotier.
16	. . . .	. . . . . .	Retirer le citron et la cannelle du sirop.
17	. . . .	. . . . . .	Laisser réduire un instant le sirop sur un feu vif.
18	. . . .	. . . . . .	Puis le verser sur les poires.
19	. . . .	. . . . . .	Servir chaud ou froid, à volonté.

470. — COMPOTE DE POIRES A L'EAU-DE-VIE.

ORDRE des opérations	NOMS.	PROPORTIONS.	PRÉPARATIONS ET CUISSON.
1	Poires d'Angle-terre ou de Rous-selet.	6	Peler et couper en quartiers.
2	. . . .	. . . . . .	Enlever le cœur et les pépins.
3	. . . .	. . . . . .	Mettre à mesure ces quartiers de poires dans une casserole.
4	Sucre cassé.	250 gramm.	Ajouter.
5	Eau-de-vie . . .	1 petit verre.	
6	Eau	. . . . . .	Verser par-dessus à tout bai-gner.
7	. . . .	. . . . . .	Faire mijoter à feu doux 1 heure au moins.
8	. . . .	. . . . . .	Dresser ensuite les poires sur un compotier.
9	. . . .	. . . . . .	Verser le jus au milieu.
10	. . . .	. . . . . .	Servir chaud ou froid à volonté.

471. — COMPOTE DE PRUNEAUX.

ORDRE	NOMS.	PROPORTIONS.	PRÉPARATIONS ET CUISSON.
1	Pruneaux de Tours	500 gramm.	A choisir beaux.
2	. . . .	. . . . . .	Les mettre dans un plat creux.
3	Eau froide . . .	. . . . . .	Verser dessus et les bien la-ver.
4	. . . .	. . . . . .	Faire égoutter sur une pas-soire et jeter l'eau qui a servi.
5	. . . .	. . . . . .	Mettre les pruneaux dans une casserole.
6	Eau froide. . . .	1 verre.	Verser par-dessus.
7	Vin rouge . . .	id.	
8	Sucre.	125 gramm.	Ajouter.
9	Cannelle	1 petit morc.	
10	. . . .	. . . . . .	Faire cuire 1 heure.

COMPOTE DE PRUNEAUX (*Suite*).

ORDRE des opérations	NOMS.	PROPORTIONS	PRÉPARATIONS ET CUISSON.
11	. . . .	. . . .	Dresser alors les pruneaux sur un compotier, en les prenant avec l'écumoire.
12	. . . .	. . . .	Si le sirop paraît clair, le laisser réduire un instant sur un feu vif.
13	. . . .	. . . .	Puis le verser sur les pruneaux.
14	. . . .	. . . .	Servir chaud ou froid, à volonté.

472. — CHARLOTTE DE POMMES (*Entremets sucré*).

	NOMS.	PROPORTIONS	PRÉPARATIONS ET CUISSON.
1	Reinettes de Rouen.		
2	ou Reinettes grises.	au choix.	Espèces recommandées.
3	ou Pommes de court pendu. .		
4	. . . .	. . . .	Peler, couper en quartiers.
5	. . . .	. . . .	Enlever les pépins et le cœur.
6	. . . .	. . . .	Emincer le reste, à mettre à mesure dans une casserole avec un peu d'eau.
7	Sucre.		
8	Jus de citron. .		
9	ou Vanille en morceaux . . .	parfum au choix.	Ajouter, et mettre la casserole sur un feu doux.
10	ou Cannelle en poudre.		
11	. . . .	. . . .	Couvrir la casserole et laisser réduire le tout en marmelade, sans remuer, pendant 90 minutes environ.

CHARLOTTE DE POMMES (*Suite*).

ORDRE des opérations	NOMS.	PROPORTIONS.	PRÉPARATIONS ET CUISSON.
12 13	Sucre en poudre Marmelade d'a-bricots.	à volonté.	Ajouter et mêler avec l'écu-moire vers la fin de la cuisson.
14	. . . .	. . . .	Laisser refroidir.
15	Beurre	. . . .	Faire fondre dans une autre casserole sur un feu doux.
16	Mie de pain rassis	. . . .	Tailler en tranches minces, régulières, en forme de parts de gâteau, pour les rappro-cher en rond parfait.
17	. . . .	. . . .	Tremper les tranches de pain dans le beurre fondu, puis les placer à mesure au fond d'un moule à charlotte ou d'une casserole en fer émaillé
18	Autre mie de pain rassis	. . . . . .	Tailler en carrés longs égaux, à ranger autour de la casse-role ou du moule.
19	. . . .	. . . . . .	Arroser avec le reste du beurre fondu.
20	. . . .	. . . .	Verser la marmelade refroidie.
21	. . . .	. . . .	Faire un creux au milieu avec la spatule pour introduire la marmelade d'abricots (si l'on n'en a point mêlé aux pom-mes).
22	Mie de pain rassis	. . . .	Tailler en tranches minces, comme les premières, pour en recouvrir le dessus de la charlotte.
23	. . . .	. . . .	Poser le moule ou la casserole sur un feu doux, entouré de cendres chaudes.
24	. . . .	. . . .	Recouvrir avec le four de campagne.

CHARLOTTE DE POMMES (*Suite*).

ORDRE des opérations.	NOMS.	PROPORTIONS.	PRÉPARATIONS ET CUISSON.
25	. . . .	. . . .	Ou faire cuire au four, à volonté.
26	. . . .	. . . .	Au four, dans un moule, faire cuire 20 minutes.
27	. . . .	. . . .	Au feu, dans une casserole, laisser 1 heure.
28	. . . .	. . . .	Surveiller la cuisson.
29	. . . .	. . . .	Au moment de servir, recouvrir le moule avec un plat d'entremets.
30	. . . .	. . . .	Renverser sens dessus dessous pour dresser la charlotte sur le plat.
31	. . . .	. . . .	Enlever le moule et servir chaud.

473. — CHARLOTTE RUSSE (*Entremets sucré*).

1	Beurre	. . .	Faire fondre sur un feu doux.
2	. . . .	. . . .	En arroser le dedans et le tour intérieur d'un moule ou d'une casserole en fer émaillé
3	Biscuits à la cuiller.		Ranger très-serrés, tout autour du moule.
4	Marmelade de pommes. . . .	. . . .	Verser dans le milieu à tout remplir.
5	. . . .	. . . .	Avec le manche d'une cuiller de bois, écarter un peu la marmelade au milieu du moule.
6	Gelée de groseilles.	. . . . .	Introduire dans ce vide.

CHARLOTTE RUSSE (*Suite*).

Ordre des opérations	NOMS.	PROPORTIONS.	PRÉPARATIONS ET CUISSON.
7	. . . .	. . . . . .	Mettre le moule ainsi préparé au four doux, ou sur le feu, recouvert d'un four de campagne.
8	. . . .	. . . . . .	Laisser chauffer quelques minutes.
9	. . . .	. . . . . .	Retirer du feu ou du four.
10	. . . .	. . . . . .	Recouvrir le moule avec un plat d'entremets.
11	. . . .	. . . . . .	Renverser alors le moule sens dessus dessous pour dresser la charlotte sur le plat.
12	. . . .	. . . . . .	Enlever le moule.
13	. . . .	. . . . . .	Laisser refroidir pour servir.

474. — MARMELADE DE POMMES (*Entremets sucré*).

Ordre des opérations	NOMS.	PROPORTIONS.	PRÉPARATIONS ET CUISSON.
1	Pommes de reinettes	12.	Couper en quartiers.
2	. . . .	. . . . . .	Peler, supprimer le cœur et les pépins.
3	. . . .	. . . . . .	Émincer chaque quartier au-dessus d'une casserole à moitié remplie d'eau.
4	Sucre en poudre	250 gramm.	Ajouter.
5	Cannelle	parfum	
6	ou Citron. . . .	au	
7	ou Vanille . . .	choix.	
8	Beurre	gros comme un œuf.	
9	. . . .	. . . . . .	Couvrir la casserole et la mettre sur des cendres chaudes.
10	. . . .	. . . . . .	Poser sur le couvercle quelques charbons ardents.

MARMELADE DE POMMES (*Suite*).

ORDRE des opérations	NOMS.	PROPORTIONS.	PRÉPARATIONS ET CUISSON.
11	. . . .	. . . .	Laisser cuire ainsi feu dessus dessous pendant 20 minutes sans y toucher.
12	. . . .	. . . .	Remuer alors avec la spatule en bois pour réduire le tout en marmelade.
13	. . . .	. . . .	Mettre une passoire sur une autre casserole, et y faire passer la marmelade en écrasant.
14	. . . .	. . . .	Remettre sur le feu, et tourner sans arrêt jusqu'à ce que la marmelade soit épaissie et tout le liquide évaporé.
15	. . . .	. . . .	Dresser en montagne sur un plat d'entremets.
16	. . . .	. . . .	Égaliser la surface avec un couteau.
17	Sucre en poudre	. . . .	Semer dessus.
18	. . . .	. . . .	Passer par-dessus, à volonté, un fer rougi au feu, pour y tracer des arabesques.
19	. . . .	. . . .	Servir froid.

475. — MARMELADE DE POMMES (2ᵉ *méthode*).

1	Reinette de Rouen	. . . .	Pommes d'un goût relevé, les meilleures espèces à choisir.
2	Reinette grise. .	. . . .	
3	Pomme de Court pendu.	. . . .	
4	. . . .	. . . .	Les peler, les couper en quartiers.
5	. . . .	. . . .	Retirer le cœur et les pépins.
6	Eau fraîche. . .	. . . .	Verser dans une terrine.

MARMELADE DE POMMES (*Suite*).

ORDRE des opérations	NOMS.	PROPORTIONS.	PRÉPARATIONS ET CUISSON.
7	Jus de citron . .	quelq. goutt.	Mêler à l'eau.
8	. . . .	. . . .	Y jeter les morceaux de pomme pour les empêcher de noircir.
9	. . . .	. . . .	Égoutter ensuite sur un tamis, puis sur un linge, pour essuyer chaque quartier.
10	. . . .	. . . .	Couper en tranches minces transversales, pour faciliter la cuisson.
11	. . . .	. . . .	Peser le fruit ainsi préparé.
12	. . . .	. . . .	Mettre dans une casserole.
13	. . . .	. . . .	Faire cuire ainsi à sec, jusqu'à ce que les pommes commencent à fondre, et remuer sans arrêt avec la spatule, pour empêcher le fruit de s'attacher au fond de la casserole.
14	Sucre en poudre	moitié du poids du fruit pesé.	Ajouter à la fin de la cuisson.
15	Cannelle	quelq. petits morceaux.	Mettre en parfum (à volonté), puis retirer avec l'écumoire pour que le goût ne soit pas trop fort.
16	Eau-de-vie . . .	1 cuillerée	Ajouter à volonté.
17	. . . .	. . . .	Servir dans un compotier.

476. — *Renseignements pour donner aux pommes de reinette le goût d'ananas.*

1	Reinettes blanches.	Choisir bien saines, et avec la peau lisse.
2	. . . .	Les essuyer soigneusement avec un linge fin sans les froisser.
3	Fleurs de sureau, bien sèches . .	Étendre en lit au fond d'une caisse de sapin.
4	. . . .	Mettre un lit de pommes par-dessus le sureau, puis recommencer de même : un lit de sureau, un lit de pommes, jusqu'à remplir toute la caisse.
5	. . . .	(Les pommes ne doivent pas se toucher).
6	. . . .	Remplir à mesure les vides qui restent entre les pommes avec des fleurs de sureau.
7	. . . .	Terminer par un lit épais de sureau.
8	. . . .	Fermer la caisse avec son couvercle.
9	. . . .	Coller du papier sur tous les joints, pour intercepter l'air qui pourrait y pénétrer.
10	. . . .	Au bout d'un mois, les pommes ont pris un parfum délicieux d'ananas.
11	. . . .	Elles se conservent ainsi jusqu'en juillet et en août *Nota.* Très-bonnes à employer en beignets ou en confitures.

477. — POMMES : *Renseignements pour les conserver.*

D'août à mai, les pommes se conservent bonnes à cuire. — (On peut les garder, pêle-mêle, avec les pommes de terre sans inconvénient.)

Autre manière.

1	Sable séché pendant l'été . . .	Étaler en couche au fond d'un tonneau.
2	. . . .	Mettre un lit de pommes par-dessus.
3	. . . .	Recouvrir avec un lit de sable et recommencer de même jusqu'à remplir le tonneau.
4	. . . .	Gardées dans le coin d'une chambre, les pommes se conservent sans humidité, sans air, avec leur parfum intact jusqu'à mai.

478. — CONFITURES D'ABRICOTS.

ORDRE des opérations.	NOMS.	PROPORTIONS.	PRÉPARATIONS ET CUISSON.
1	Abricots de plein vent.	. . . .	Espèce à choisir, pas trop mûrs.
2	. . . .	. . . .	Couper en deux chaque abricot.
3	. . . .	. . . .	Peler.
4	. . . .	. . . .	Retirer le noyau.
5	. . . .	. . . .	Jeter à mesure ces moitiés préparées dans une casserole.
6	. . . .	. . . .	Mettre la casserole sur un feu très-doux, et remuer avec la cuiller de bois tout le temps de la cuisson, pour empêcher le fond de s'attacher.
7	Eau.	quelq. goutt.	Verser dessus en écrasant avec la cuiller.
8	. . . .	. . . .	Poser un tamis de crin sur une autre casserole.
9	. . . .	. . . .	Quand les abricots sont parfaitement cuits, les verser sur le tamis.
10	. . . .	. . . .	Les faire passer en les écrasant avec la cuiller de bois.
11	. . . .	. . . .	Mettre ensuite sur le feu la casserole où toute la pulpe des abricots a dû passer.
12	. . . .	. . . .	Laisser cuire 1/2 heure, en remuant avec la cuiller de bois tout le temps de la cuisson.
13	. . . .	. . . .	Peser ensuite.
14	Sucre cassé. . .	1 kilo par livre de confitures pesées.	Ajouter alors.
15	. . . .	. . . .	Remettre la casserole sur le feu pour faire fondre le sucre.

CONFITURES D'ABRICOTS (*Suite*).

ORDRE des opérations.	NOMS.	PROPORTIONS.	PRÉPARATIONS ET CUISSON.
16	. . . .	. . . .	Bien remuer, écumer.
17	Cannelle	quelq. morc.	Ajouter à volonté.
18	. . . .	. . . .	Dès que les abricots ont jeté quelques bouillons, les retirer du feu. — Écumer.
19	. . . .	. . . .	En remplir des pots de verre.
20	Amandes des noyaux.	. . . .	Ajouter à volonté sur le dessus.
21	. . . .	. . . .	Laisser refroidir et reposer à découvert pendant 24 heures.
22	. . . .	. . . .	Recouvrir ensuite les pots avec du fort papier.
23	. . . .	. . . .	Ficeler.
24	. . . .	. . . .	Garder dans un lieu sec.

479. — CONFITURES D'ABRICOTS EN MARMELADE.

	NOMS.	PROPORTIONS.	PRÉPARATIONS ET CUISSON.
1	Abricots	bien mûrs.	Peler, couper en deux.
2	. . . .	. . . .	Oter les noyaux à garder à part.
3	Sucre.	2 kilogs 1/2 par 4 kilogs de fruits.	Concasser gros.
4	. . . .	1 couche de fruits.	Placer alors dans une terrine de grès, en recommençant de même jusqu'à tout employer.
5	. . . .	1 couche de sucre.	
6	Sucre en poudre	. . . .	Répandre par-dessus la dernière couche de fruits.
7	. . . .	. . . .	Laisser reposer 24 heures dans un lieu frais.
8	Les noyaux retirés	. . . .	Casser et en mettre les amandes dans un plat creux.

CONFITURES D'ABRICOTS EN MARMELADE (*Suite*).

ORDRE des opérations	NOMS.	PROPORTIONS.	PRÉPARATIONS ET CUISSON.
9	Eau bouillante .	. . . .	Verser dessus pour en détacher la peau.
10	. . . .	. . . .	Renverser sur une passoire.
11	Eau froide . . .	. . . . . .	Verser dessus.
12	. . . .	. . . .	Éplucher chaque amande en la pressant entre deux doigts (la peau s'enlève d'elle-même).
13	. . . .	. . . .	Couper chaque amande en filets minces.
14	. . . .	. . . .	Mettre les fruits dans une bassine sur un feu doux.
15	. . . .	. . . . . .	Faire cuire 3/4 d'heure, en remuant tout le temps de la cuisson avec la spatule de bois pour empêcher le fond de s'attacher.
16	. . . .	. . . .	Vers la fin de la cuisson, ajouter les filets d'amandes préparés, et bien mêler le tout.
17	. . . .	. . . .	Quand la confiture prise au bout de la cuiller se forme en petit filet, elle est au bon point de cuisson.
18	. . . .	. . . . . .	La verser bouillante dans des pots préparés.
19	. . . .	. . . . . .	Laisser refroidir et reposer à découvert pendant 24 heures.
20	. . . .	. . . . . .	Tailler alors des ronds de papier blanc de la grandeur intérieure des pots.
21	. . . .	. . . . . .	Imbiber le papier d'eau-de-vie et en couvrir chaque pot.
22	. . . .	. . . . . .	Mettre un second papier à attacher avec une ficelle.

480. — CONFITURES DE CERISES.

ORDRE des opérations.	NOMS.	PROPORTIONS.	PRÉPARATIONS ET CUISSON.
1	Cerises anglaises à courte queue.	. . . .	Choisir belles et bien mûres.
2	Id.	3 kilog.	Peser.
3	. . . .	. . . .	Retirer la queue, puis le noyau (avec la pointe d'une épingle, en prenant soin de ne pas déchirer la peau de la cerise).
4	Groseilles rouges	500 gramm.	Égrener à part.
5	. . . .	. . . .	Poser une toile solide sur un saladier.
6	Eau	quelq. goutt.	Verser dessus, puis y renverser les groseilles préparées.
7	. . . .	. . . .	Faire passer le jus en tordant le linge à force de bras.
8	Framboises. . .	250 gramm.	Écraser et passer de même.
9	. . . .	. . . . . .	Mêler le tout.
10	. . . .	. . . . . .	Passer le jus obtenu.
11	. . . .	. . . . . .	Le mettre dans une bassine avec les cerises préparées.
12	Sucre cassé. . .	375 gramm. pour 500 gr. de jus.	Ajouter.
13	. . . .	. . . . . .	Faire bouillir 1/2 heure en remuant sans cesse.
14	. . . .	. . . . . .	Écumer à mesure que monte l'écume.
15	. . . .	. . . . . .	Surveiller le bon point de cuisson (si on fait cuire trop longtemps, les confitures noircissent).
16	. . . .	. . . . . .	Retirer du feu et verser de suite dans des pots de verre ou de faïence.

CONFITURES DE CERISES (*Suite*).

ORDRE des opérations	NOMS.	PROPORTIONS	PRÉPARATIONS ET CUISSON.
17	. . . .	. . . .	Laisser refroidir et reposer jusqu'au lendemain.
18	. . . .	. . . .	Couvrir alors chaque pot avec de fort papier. — Ficeler et garder dans un lieu sec.

481. — CONFITURES DE COINGS EN QUARTIERS.

1	Coings	. . . .	A choisir bien jaunes et bien mûrs.
2	. . . .	. . . .	Les couper en quartiers.
3	. . . .	. . . .	Peler, ôter les pépins.
4	. . . .	. . . .	Peser.
5	Sucre blanc de 1re qualité . . .	poids égal à celui des coings pesés.	Casser en morceaux.
6	Eau	. . . .	Verser dans une bassine sur le feu.
7	. . . .	. . . .	Quand l'eau bout, y jeter les quartiers de coings.
8	. . . .	. . . .	Quand les coings commencent à fléchir sous les doigts, retirer la bassine du feu.
9	. . . .	. . . .	Faire égoutter les coings dans un tamis.
10	Eau froide . . .	. . . .	Verser dessus et laisser égoutter de nouveau.
11	. . . .	. . . .	Mettre le sucre préparé à fondre dans la bassine sur le feu.
12	. . . .	. . . .	Quand le sucre bout, écumer.
13	. . . .	. . . .	Y mettre ensuite les fruits préparés.

CONFITURES DE COINGS EN QUARTIERS (Suite).

ORDRE des opérations	NOMS.	PROPORTIONS	PRÉPARATIONS ET CUISSON.
14			Laisser jeter quelques bouillons.
15			Renverser le tout dans la terrine.
16			Laisser reposer jusqu'au lendemain.
17			Poser alors le tamis sur la bassine.
18			Y faire égoutter les coings.
19			Remettre la bassine sur le feu pour faire bouillir un instant le jus passé.
20			Recommencer 4 fois la même opération.
21			A la dernière cuisson, laisser réduire le sirop.
22	Cochenille		
23	Crème de tartre et d'alun.		Faire bouillir à part.
24	Eau	1 verre.	
25			Passer dans un linge fin.
26			Mêler cette décoction aux confitures pour leur donner une belle couleur.
27			Remplir les pots.
28			Laisser refroidir et reposer à découvert pendant 24 heures.
29			Recouvrir ensuite chaque pot avec un papier blanc trempé dans de l'eau-de-vie, puis un autre à ficeler.
30			Placer et garder dans un lieu frais.

482. — CONFITURES DE COINGS EN GELÉE.

Ordre des opérations	NOMS.	PROPORTIONS	PRÉPARATIONS ET CUISSON.
1	Coings de Portugal	. . . .	Choisir bien mûrs. Couper en quartiers et ôter les pépins.
2	. . . .	. . . .	Peser les fruits ainsi préparés.
3	. . . .	. . . .	Les ranger dans une casserole.
4	Eau	. . . .	Verser dessus à tout recouvrir.
5	Jus de citron. .	. . . .	Ajouter.
6	. . . .	. . . .	Mettre sur feu modéré et laisser jusqu'à parfaite cuisson.
7	Sucre blanc. . .	poids égal au poids des fruits pesés.	Casser en morceaux à jeter au fond d'une soupière.
8	. . . .	. . . .	Poser un tamis sur la soupière.
9	. . . .	. . . .	Quand les coings sont très-amollis et bouillants, les retirer du four.
10	. . . .	. . . .	Les verser sur le tamis.
11	. . . .	. . . .	Laisser passer et écouler le jus.
12	Zeste de citron .	râpé ou coupé en petits morceaux.	Ajouter.
13	. . . .	. . . .	Remettre sur le feu à bouillir jusqu'à ce que la gelée forme la nappe en coulant.
14	. . . .	. . . .	En remplir ensuite des pots de verre.
15	. . . .	. . . .	Laisser refroidir et reposer à découvert pendant 24 heures.
16	. . . .	. . . .	Recouvrir alors chaque pot avec un rond de papier blanc trempé dans de l'eau-de-vie, puis avec un autre grand papier à ficeler autour du pot.

483. — PATE DE COINGS.

ORDRE des opérations	NOMS.	PROPORTIONS.	PRÉPARATIONS ET CUISSON.
1	Marc des confitures faites . .	peser.	Pétrir ensemble.
2	Sucre en poudre	double poids que celui du marc.	
3	. . . .	. . . .	Aplatir la pâte avec un rouleau de bois mouillé.
4	. . . .	. . . .	Couper régulièrement avec un emporte-pièce ou un petit verre à liqueur renversé.
5	. . . .	. . . .	Placer les morceaux sur un fort papier blanc, puis les mettre ainsi à sécher au four, à la chaleur du pain retiré.

484. — CONFITURES DE COINGS EN MARMELADE.

ORDRE des opérations	NOMS.	PROPORTIONS.	PRÉPARATIONS ET CUISSON.
1	Coings bien mûrs	. . . .	Peler et les mettre à mesure dans une bassine.
2	Eau	. . . .	Verser par-dessus à tout baigner.
3	. . . .	. . . .	Mettre la bassine sur le feu.
4	. . . .	. . . .	Quand les coings sont bien cuits, les faire égoutter sur un tamis.
5	. . . .	. . . .	Poser ensuite le tamis sur une terrine (à peser auparavant).
6	. . . .	. . . .	Faire passer la pulpe en écrasant les coings avec un pilon.
7	. . . .	. . . .	Peser cette marmelade (en défalquant le poids connu de la terrine).

CONFITURES DE COINGS EN MARMELADE (Suite).

ORDRE des opérations	NOMS.	PROPORTIONS	PRÉPARATIONS ET CUISSON.
8	Sucre.	même poids que celui des coings.	Faire fondre dans la bassine sur un feu doux, en remuant tout le temps de la cuisson avec l'écumoire pour empêcher qu'il ne brûle.
9	. . . .	. . . .	Quand le sucre est cuit au petit cassé, y verser la marmelade et bien remuer le tout sur le feu.
10	. . . .	. . . .	Quand la confiture s'étend en nappe sur l'écumoire en y formant une sorte de gelée, la cuisson est au bon point.
11	. . . .	. . . .	Remplir alors des pots préparés.
12	. . . .	. . . .	Laisser refroidir et reposer à découvert jusqu'au lendemain.
13	. . . .	. . . .	Couvrir ensuite chaque pot avec un premier papier taillé en rond et imbibé d'eau-de-vie, puis avec un second papier à ficeler autour du pot.

485. — CONFITURES D'ÉPINE-VINETTE EN GELÉE.

	Épine-vinette . .		Fruit qui donne beaucoup de jus : à cueillir vers le 15 octobre. Deux buissons peuvent fournir jusqu'à 8 livres de confitures.
1	. . . .		Égrener dans une bassine.
2	Eau		Verser dessus à tout baigner.
3	. . . .		Faire bouillir 1/4 d'heure.

CONFITURES D'ÉPINE-VINETTE (*Suite*).

4	. . . .	Retirer la bassine du feu.
5	. . . .	Écraser les fruits avec l'écumoire.
6	. . . .	Poser un tamis de crin sur une soupière.
7	. . . .	Y verser les confitures et continuer à les écraser pour faire passer le jus.
8	. . . .	Peser le jus passé.
9	Sucre concassé (un peu plus que le poids du jus passé)	Ajouter au jus.
10	. . . .	Remettre le tout dans la bassine sur le feu.
11	. . . .	Quand une sorte de mousse blanche s'élève en bouillonnant, les confitures sont au bon point de cuisson.
12	. . . .	Retirer la bassine du feu.
13	. . . .	Écumer légèrement.
14	. . . .	Verser dans des pots préparés.
15	. . . .	Laisser refroidir 24 heures à découvert.
16	. . . .	Recouvrir ensuite chaque pot avec un rond de papier blanc trempé dans de l'eau-de-vie, puis avec un autre grand papier à ficeler.

186. — CONFITURES DE FRAMBOISES EN GELÉE.

ORDRE des opérations	NOMS.	PROPORTIONS.	PRÉPARATIONS ET CUISSON.
1	Framboises. . .	2 kilog.	Mêler ensemble sur un linge blanc humide, posé sur une terrine.
2	Groseilles. . . .	500 gramm.	
3	. . . .	. . . .	Faire passer le jus en tordant fortement par les deux bouts (tenus par deux personnes) le linge roulé sur les fruits.
4	. . . .	. . . .	Peser le jus qui a passé.
5	Sucre concassé .	375 gram. par 500 g. de jus.	Mettre dans une terrine.

CONFITURES DE FRAMBOISES EN GELÉE (*Suite*).

ORDRE des opérations	NOMS.	PROPORTIONS	PRÉPARATIONS ET CUISSON.
6	. . . .	. . . .	Faire bouillir.
7	. . . .	. . . .	Écumer.
8	. . . .	. . . .	Y verser et mêler le jus des fruits.
9	. . . .	. . . .	Laisser bouillir 15 ou 20 minutes (sans laisser le temps de noircir).
10	. . . .	. . . .	Prendre une cuillerée de la confiture et la verser sur une assiette : si elle se fige en gelée, la cuisson est au bon point.
11	. . . .	. . . .	Faire passer dans une chausse, sans y toucher, pour ne point troubler la gelée.
12	. . . .	. . . .	Verser dans des pots préparés.
13	. . . .	. . . .	Laisser refroidir à découvert.
14	. . . .	. . . .	Recouvrir ensuite chaque pot avec un rond de papier blanc trempé dans de l'eau-de-vie, puis avec un autre grand papier à ficeler autour du pot.
15	. . . .	. . . .	Garder dans un lieu sec.

487. — CONFITURES DE FRAISES (1re *manière*).

1	Fraises.	bien mûres.	Éplucher et peser.
2	Sucre cassé. . .	poids égal à celui des fraises (à mettre si l'on veut l'un côté de la même balance).	Faire cuire au petit boulet (c'est-à-dire jusqu'à ce que, en trempant le doigt dans l'eau fraîche, puis dans le sucre et refroidi dans la même eau, on puisse en former une boulette qui se casse sous la dent et s'y attache),

34

CONFITURES DE FRAISES (*Suite*).

ORDRE des opérations	NOMS.	PROPORTIONS	PRÉPARATIONS ET CUISSON.
3	. . . .	. . . .	Jeter alors dans le sucre en sirop les fraises épluchées.
4	. . . .	. . . .	Laisser faire 3 bouillons en écumant à mesure.
5	. . . .	. . . .	Mettre dans des pots préparés.
6	. . . .	. . . .	Laisser refroidir à découvert.
7	. . . .	. . . .	Recouvrir ensuite chaque pot avec un premier papier blanc trempé dans de l'eau-de-vie, puis d'un second papier d'enveloppe à entourer d'une ficelle.
8	. . . .	. . . .	Garder ces confitures dans un lieu sec.

2º *manière*.

ORDRE des opérations	NOMS.	PROPORTIONS	PRÉPARATIONS ET CUISSON.
1	Fraises.	bien mûres.	Éplucher et peser.
2	Sucre concassé .	250 gr. par chaq. 500 gr. de fraises.	Peser également.
3	. . . .	1 couche de fraises.	Ranger dans une terrine alternativement.
4	. . . .	1 couche de sucre.	
5	. . . .	. . . .	Laisser macérer 24 heures.
6	. . . .	. . . .	Cuire dans une bassine à découvert, en écumant à mesure que l'écume monte.
7	. . . .	. . . .	Quand la cuisson est au point, verser les confitures dans des pots préparés.
8	. . . .	. . . .	Laisser refroidir à découvert.
9	. . . .	. . . .	Recouvrir ensuite chaque pot avec un premier papier blanc trempé dans l'eau-de-vie ,

CONFITURES DE FRAISES (*Suite*).

ORDRE des opérations	NOMS.	PROPORTIONS	PRÉPARATIONS ET CUISSON.
10	. . . .	. . . .	puis d'un second papier d'enveloppe à entourer d'une ficelle. Garder ces confitures dans un lieu sec.

488. — CONFITURES DE GROSEILLES.

1	. . . .	. . . . . .	Choisir un temps sec comme le plus favorable à la bonne cuisson et à la bonne conservation.
2	Groseilles rouges	bien mûres.	
3	Groseilles blanches.	1/2 des rouges	Egrener dans un saladier.
4	Framboises. . .	1/4 du tout.	Eplucher id. et mêler.
5	. . . .	. . . . . .	En prendre par petites portions, à écraser sur une passoire, à poser sur un autre saladier.
6	. . . .	. . . . . .	Mettre dans une bassine ce qui n'a pas passé.
7	Eau	quelq. goutt.	Verser dessus, et faire crever un instant sur le feu.
8	. . . .	. . . . . .	Passer ce reste de jus dans une toile forte (à mouiller auparavant) et tordre à force de bras.
9	. . . .	. . . . . .	Peser ensuite tout le jus passé.
10	Sucre en morceaux.	Même poids que le jus passé. . .	Mêler au jus.
11	. . . .	. . . . . .	Laisser macérer 2 heures.
12	. . . .	. . . . . .	Mettre alors le tout dans une bassine sur le feu.

CONFITURES DE GROSEILLES (*Suite*).

OU RE des opérations	NOMS.	PROPORTIONS	PRÉPARATIONS ET CUISSON.
13	. . . .	. . . . .	Remuer avec l'écumoire tout le temps de la cuisson.
14	. . . .	. . . . .	Laisser bien bouillir.
15	. . . .	. . . . .	Écumer.
16	. . . .	. . . . .	Faire cuire encore 20 minutes sur un feu modéré.
17	. . . .	. . . . .	En prendre alors quelques gouttes avec une cuiller et laisser retomber : si le jus commence à filer, la confiture est au point.
18	. . . .	. . . . .	Verser dans des pots de verre ou de faïence.
19	. . . .	. . . . .	Laisser reposer à découvert pendant 24 heures.
20	. . . .	. . . . .	Couvrir ensuite chaque pot avec du papier trempé dans de l'eau-de-vie, puis, avec un autre papier fort, à ficeler.
21	. . . .	. . . . .	Garder dans un lieu sec pour empêcher la moisissure.

489.—CONFITURES DE PRUNES MIRABELLES ENTIÈRES

	NOMS.	PROPORTIONS	PRÉPARATIONS ET CUISSON.
1	Mirabelles . . .	. . . . .	A choisir pas trop mûres.
2	. . . .	. . . . .	Fendre à moitié chaque prune pour en retirer le noyau.
3	. . . .	. . . . .	Peser le fruit préparé.
4	Sucre concassé .	poids égal à celui des fruits.	Mettre dans une bassine.
5	Eau	1/2 litre par kil. de sucre.	

CONFITURES DE PRUNES MIRABELLES ENTIÉRES (*Suite*).

ORDRE des opérations	NOMS.	PROPORTIONS	PRÉPARATIONS ET CUISSON.
6	Blanc d'œuf. . .	. . . .	Mêler au sucre pour le clarifier.
7	. . . .	. . . .	Faire bouillir le sucre jusqu'à ce qu'il se forme en petites boules.
8	. . . .	. . . .	Y mettre alors les prunes mirabelles.
9	. . . .	. . . .	Laisser quelques instants sur le feu en remuant sans arrêt, puis retirer.
10	. . . .	. . . .	Transvaser la confiture dans un saladier ou une terrine.
11	. . . .	. . . .	Laisser refroidir et reposer 24 heures.
12	. . . .	. . . .	Remettre ensuite dans la bassine les fruits à faire réduire une 2e fois.
13	. . . .	. . . .	Recommencer toute l'opération du sucre pour en bien pénétrer l'intérieur des fruits.
14	. . . .	. . . .	Avec l'écumoire, retirer doucement les prunes et les mettre dans des pots à remplir à moitié seulement, pour en recouvrir le dessus des fruits avec le sirop de sucre.
15	. . . .	. . . .	Laisser refroidir à découvert 24 heures.
16	. . . .	. . . .	Recouvrir ensuite chaque pot avec un rond de papier blanc trempé dans de l'eau-de-vie, puis avec un autre grand papier à ficeler autour du pot.

490. — CONFITURES DE PRUNES MIRABELLES EN GELÉE

ORDRE des opérations	NOMS.	PROPORTIONS	PRÉPARATIONS ET CUISSON.
1	Mirabelles	. . . . . .	A choisir pas trop mûres.
2	. . . .	. . . . . .	Fendre à moitié chaque prune pour en retirer le noyau.
3	. . . .	. . . . . .	Peser le fruit ainsi préparé.
4	. . . .	. . . . . .	En mettre un tiers dans la bassine et faire cuire sans eau.
5	. . . .	. . . . . .	Quand les prunes sont ramollies, les retirer du feu.
6	. . . .	. . . . . .	Les tordre dans une toile forte au-dessus d'une autre bassine et en tirer tout le jus possible.
7	. . . .	. . . . . .	Peser le jus qui a passé.
8	Sucre concassé .	poids égal à celui du jus.	Mêler au jus.
9	. . . .	. . . . . .	Remettre sur le feu.
10	. . . .	. . . . . .	Écumer sans arrêt jusqu'à ce que tout le liquide soit évaporé.
11	. . . .	. . . . . .	Mettre alors les prunes dans le sucre.
12	. . . .	. . . . . .	Laisser cuire quelques instants.
13	. . . .	. . . . . .	Retirer la bassine du feu.
14	. . . .	. . . . . .	Verser dans des pots préparés.
15	. . . .	. . . . . .	Laisser refroidir 24 heures à découvert.
16	. . . .	. . . . . .	Recouvrir ensuite chaque pot avec un rond de papier blanc trempé dans de l'eau-de-vie, puis avec un autre papier à ficeler autour du pot.

491. — CONFITURES DE PRUNES REINE-CLAUDE.

ORDRE des opérations	NOMS.	PROPORTIONS	PRÉPARATIONS ET CUISSON.
1	Prunes de reine-Claude.	. . . . . .	A choisir bien mûres.
2	. . . .	. . . . .	Couper chaque prune en deux.
3	. . . .	. . . . .	Retirer le noyau.
4	. . . .	. . . . .	Poser les fruits ainsi préparés et les mettre dans une bassine.
5	Sucre concassé .	250 gr. par 500 gram. de prunes.	Ajouter.
6	. . . .	. . . . .	Mettre la bassine sur un feu très-doux d'abord.
7	. . . .	. . . . .	Activer le feu à mesure que le sucre fond, et remuer sans cesse avec l'écumoire pour empêcher les fruits de s'attacher.
8	. . . .	. . . . .	Continuer à remuer ainsi environ pendant 3/4 d'heure, jusqu'à cuisson complète.
9	. . . .	. . . . .	Verser ensuite dans des pots préparés.
10	. . . .	. . . . .	Laisser refroidir et reposer à découvert pendant 24 h.
11	. . . .	. . . . .	Recouvrir chaque pot avec un rond de papier blanc trempé dans de l'eau-de-vie, puis avec un autre grand papier à ficeler autour du pot.
12	. . . .	. . . . .	Garder dans un lieu sec.

492. — CONFITURES DE PRUNES REINE-CLAUDE EN MARMELADE.

ORDRE des opérations	NOMS.	PROPORTIONS.	PRÉPARATIONS ET CUISSON.
1	Prunes mirabelles ou reine-Claude. . . .	. . . .	Choisir pas trop mûres.
2	. . . .	. . . .	Les couper en deux.
3	. . . .	. . . .	Ôter les noyaux à conserver à part.
4	. . . .	. . . . . ; .	Peser le fruit ainsi préparé.
5	Sucre concassé .	250 gr. par 500 g. de fru.	Peser également.
6	. . . .	1 lit de sucre	Étaler au fond d'une terrine.
7	. . . .	1 lit de fruits	Ranger par-dessus le sucre.
8	. . . .	id.	Recommencer de même jusqu'à ce qu'on ait employé tout le fruit.
9	Sucre en poudre	. . . .	Répandre par-dessus la dernière couche de fruits.
10	. . . .	. . . .	Laisser reposer ainsi 12 h. dans un lieu frais, tel que la cave.
11	. . . .	. . . .	Casser les noyaux qui ont été mis à part et en retirer l'amande.
12	Amandes (retirées des noyaux)	. . . .	Jeter à mesure dans une passoire.
13	Eau bouillante .	. . . . . .	Verser dessus pour les émonder.
14	Eau fraîche. . .	. . . . . .	Aussitôt après, id.
15	. . . .	. . . . . .	Enlever alors la peau qui se détache en pressant chaque amande entre les doigts.
16	. . . .	. . . . . .	Couper chaque amande en petits filets.

CONFITURES DE PRUNES REINE-CLAUDE EN MARMELADE (*Suite*).

ORDRE des opérations	NOMS.	PROPORTIONS.	PRÉPARATIONS ET CUISSON.
17	. . . .	. . . . .	Au moment de la cuisson mettre les prunes dans une bassine,
18	. . . .	. . . . .	Faire cuire 3/4 d'heure sur un feu modéré, en remuant sans arrêt avec la spatule.
19	. . . .	. . . . .	Vers la fin de la cuisson, y mêler les filets d'amandes préparés.
20	. . . .	. . . . .	Quand la confiture prise au bout du doigt sur l'écumoire, s'étend en petit filet en relevant le doigt, la cuisson est au bon point.
21	. . . .	. . . . .	Verser alors de suite la confiture dans des pots préparés.
22	. . . .	. . . . .	Enfoncer les amandes avec une épingle longue, et les disposer également.
23	. . . .	. . . . .	Laisser refroidir à découvert.
24	. . . .	. . . . .	Couvrir ensuite chaque pot avec un premier papier blanc (taillé en rond de la grandeur intérieure du pot) imbibé d'eau-de-vie et posé sur la confiture, puis avec un second papier à attacher autour du pot avec une ficelle.
25	. . . .	. . . . .	Garder dans un lieu sec.

493. — CONFITURES DE POIRES.

ORDRE des opérations	NOMS.	PROPORTIONS	PRÉPARATIONS ET CUISSON.
1	Poires de Rous-selet. . . . . ou Angleterre . ou Petite blan-quette.	au choix 50 ou 100.	Espèces très-bonnes à prendre un peu avant maturité complète.
2	. . . .	. . . .	Couper le bout de la queue.
3	. . . .	. . . .	Peler chaque poire avec un couteau d'argent, puis la couper en 4 ou 8 quartiers.
4	. . . .	. . . .	Oter le cœur et les pépins.
5	. . . .	. . . .	Peser le fruit ainsi préparé.
6	. . . .	. . . .	En mettre un lit sur une terrine vernissée.
7	Sucre concassé.	250 gr. par 500 g. de fru.	Mettre à recouvrir le lit de poires.
8	. . . .	. . . .	Recommencer de même jusqu'à employer tout le fruit. 1 lit de poires, 1 lit de sucre, etc.
9	Sucre en poudre	. . . . . .	Répandre sur le tout en dernière couche.
10	. . . .	. . . . . .	Laisser reposer ainsi 24 h.
11	. . . .	. . . . . .	Transvaser ensuite le tout dans une bassine, à mettre sur un feu doux d'abord.
12	. . . .	. . . . . .	Tourner sans arrêt avec la spatule, en prenant soin de ne pas écraser les quartiers de poires.
13	. . . .	. . . . . .	Quand le sucre est bien mêlé, animer le feu, et continuer à remuer pendant 1/2 heure.
14	Vanille.	1/2 bâton;	Ajouter au choix à moitié de la cuisson.
15	ou Citron. . . .	4 zestes ou 1 jus pour 100 poires.	

CONFITURES DE POIRES (*Suite*).

ORDRE des opérations	NOMS.	PROPORTIONS	PRÉPARATIONS ET CUISSON.
16	. . . .	. . . . . .	Quand la cuisson est achevée, retirer les quartiers de poires avec l'écumoire et les placer avec précaution dans des pots préparés.
17	. . . .	. . . . . .	Laisser réduire le sirop sur le feu, écumer, clarifier.
18	. . . .	. . . . . .	Verser le sirop par-dessus les poires.
19	. . . .	. . . . . .	Laisser reposer et refroidir à découvert pendant 24 h.
20	. . . .	. . . . . .	Recouvrir ensuite chaque pot avec un rond de papier blanc trempé dans de l'eau-de-vie, puis avec un autre grand papier à ficeler autour du pot.
21	. . . .	. . . . . .	Garder dans un lieu sec.

494. — CONFITURES DE GELÉE DE POMMES.

	NOMS.	PROPORTIONS	PRÉPARATIONS ET CUISSON.
1	Reinettes blanches. . . . . ou Reinettes grises . . . . . ou Pommes de Court Pendu. . ou Calvilles. . .	espèces à choisir.	(Les pommes douces ne valent rien pour la gelée car elles nécessitent alors beaucoup de citron, ce qui en dénature le goût.
2	. . . .	. . . . . .	Peler avec une lame d'argent.
3	. . . .	. . . . . .	Couper en quartiers.
4	. . . .	. . . . . .	Ôter le cœur et les pépins.
5	. . . .	. . . . . .	Mettre à mesure les quartiers préparés dans une casserole d'eau pour empêcher le fruit de noircir.

CONFITURES DE GELÉE DE POMMES (*Suite*).

ORDRE des opérations	NOMS.	PROPORTIONS	PRÉPARATIONS ET CUISSON.
6	. . . .	. . . .	Retirer ensuite les quartiers de pomme avec l'écumoire, pour les mettre dans une bassine.
7	. . . .	. . . .	Laisser cuire jusqu'à ce que le tout tombe en marmelade.
8	. . . .	. . . .	Retirer du feu et peser le fruit cuit.
9	Sucre concassé.	poids égal à celui des fruits.	Faire fondre sur un feu doux en remuant sans arrêt.
10	Eau	1/2 litre par kil. de sucre.	
11	. . . .	. . . .	Quand le sucre, roulé entre les doigts, se casse, il est cuit au point.
12	. . . .	. . . .	Retirer du feu, écumer.
13	. . . .	. . . .	Mettre un tamis sur le sucre.
14	. . . .	. . . .	Y renverser la marmelade de pommes.
15	. . . .	. . . .	Laisser couler le jus, l'aider à passer en pressant avec la cuiller de bois.
16	. . . .	. . . .	Quand tout a passé, bien mêler en remuant sucre et fruits.
17	. . . .	. . . .	Puis remettre sur le feu.
18	. . . .	. . . .	Faire bouillir à feu vif 1/2 h.
19	. . . .	. . . .	Écumer.
20	. . . .	. . . .	En prendre alors une cuillerée à mettre sur une assiette pour essai.
21	. . . .	. . . .	Si la confiture se fige en se refroidissant, elle est au point voulu.

CONFITURES DE GELÉE DE POMMES (*Suite*).

ORDRE des opérations	NOMS.	PROPORTIONS	PRÉPARATIONS ET CUISSON.
22	. . . .	. . . .	La verser dans des pots préparés.
23	. . . .	. . . .	Laisser reposer et refroidir à découvert pendant 24 h.
24	Zeste de citron confit	. . . .	Ajouter à volonté en décoration.
25	. . . .	. . . .	Recouvrir chaque pot avec un premier papier trempé dans de l'eau-de-vie, puis avec un autre papier à ficeler.
26	. . . .	. . . .	Garder dans un lieu sec

495.—CONFITURES DE RAISINÉ.

1	Raisin noir. . . .	. . . .	Egrener dans un chaudron.
2	. . . .	. . . .	Faire bouillir quelques instants.
3	. . . .	. . . .	Poser un tamis de crin sur un autre chaudron.
4	. . . .	. . . .	Y jeter le raisin.
5	. . . .	. . . .	Faire passer le jus en écrasant le fruit avec une cuiller de bois.
6	. . . .	. . . .	Remettre ce jus à bouillir.
7	. . . .	. . . .	Remuer sur le feu jusqu'à ce ce que le jus ait réduit de moitié.
8	. . . .	. . . .	Ecumer.
9	. . . .	. . . .	En prendre une cuillerée à mettre sur une assiette pour essai.
10	. . . .	. . . .	Si la confiture se fige en refroidissant, elle est au point.

CONFITURES DE RAISINÉ (*Suite*).

ORDRE des opérations	NOMS.	PROPORTIONS.	PRÉPARATIONS ET CUISSON.
11	. . . .	. . . .	Verser dans des pots préparés.
12	. . . .	. . . .	Quand les pots sont remplis, les mettre au four, à la chaleur du pain retiré (four presque éteint), et laisser 24 heures ainsi.
13	. . . .	. . . .	Tailler ensuite les ronds de papier blanc de la grandeur des pots.
14	. . . .	. . . .	Tremper ces papiers dans de l'eau-de-vie et en recouvrir les confitures.
15	. . . .	. . . .	Mettre un second papier à ficeler autour de chaque pot.

496. — CONFITURES. *Renseignements.*

1	. . . .		Faire cuire dans une bassine de cuivre non étamé (mais ne *jamais les y laisser refroidir*, parce que le vert-de-gris s'y formerait.)
2	. . . .		Observer de sucrer suffisamment : s'il n'y a pas assez de sucre, les confitures ne se conservent pas. — S'il y a trop de sucre, elles se *candisent.*
3	. . . .		Verser la confiture bouillante dans les pots à remplir, et laisser refroidir entièrement avant de les couvrir.
4	. . . .		Tailler des ronds de papier blanc de la grandeur intérieure de chaque pot.
5	. . . .		Tremper le papier dans de l'eau-de-vie.
6	. . . .		Mettre sur chaque pot un de ces ronds de papier ainsi imbibé d'eau-de-vie.
7	. . . .		Recouvrir avec un autre papier à ficeler autour du pot.

CONFITURES. *Renseignements (Suite).*

| 8 | . . . . | Ranger et conserver les pots dans un endroit frais et sec. (L'humidité fait moisir les confitures ; la chaleur les fait fermenter et aigrir.) |

Confitures renommées de France :

Groseilles de Bar.
Epine-vinette de Bar, de Dijon.
Raisiné de Dijon, de Perpignan, etc., etc.

497. — CONFITURES DE VERJUS.

ORDRE des opérations	NOMS.	PROPORTIONS.	PRÉPARATIONS ET CUISSON.
1	Verjus de belle grosseur. . . .	. . . .	Egrener.
2	. . . .	. . . .	Fendre chaque grain sur le côté et enlever les pepins avec le bout d'un cure-dent.
3	. . . .	. . . . . .	Les mettre à mesure dans un plat creux.
4	. . . .	. . . . . .	Peser quand il est préparé.
5	Eau bouillante .	. . . . . .	Verser dedans et laisser blanchir quelques minutes.
6	. . . .	. . . . . .	Renverser ensuite sur un tamis.
7	. . . .	. . . . . .	Laisser égoutter et refroidir.
8	Sucre concassé.	poids égal à celui du verjus pesé.	Mettre dans une bassine sur un feu doux.
9	Eau.	quelq. cuill.	Verser dessus pour faire fondre plus facilement.
10	. . . .	. . . . . .	Bien remuer pour empêcher le sucre de s'attacher au fond de la bassine.

CONFITURES DE VERJUS (Suite).

ORDRE des opérations	NOMS.	PROPORTIONS	PRÉPARATIONS ET CUISSON.
11	. . . .	. . . .	Quand le sucre est complète-ment fondu, y mêler les grains de verjus.
12	. . . .	. . . .	Laisser cuire 1/4 d'heure.
13	Zeste de citron.	coupé en fi-lets minces.	Ajouter à volonté vers la fin de la cuisson.
14	. . . .	. . . .	Laisser bouillir quelques der-niers instants.
15	. . . .	. . . .	Verser dans des pots préparés.
16	. . . .	. . . .	Laisser refroidir et reposer 24 heures.
17	Papier blanc . .	taillé en ronds de la grandeur in-térieure des pots.	Tremper dans de l'eau-de-vie et en couvrir chaque pot de confitures.
18	. . . .	. . . .	Mettre un second papier à fi-celer autour de chaque pot.

498. — CERISES A L'EAU-DE-VIE.

	NOMS.	PROPORTIONS	PRÉPARATIONS ET CUISSON.
1	Cerises précoces.	. . . .	A cueillir à la fin de mai. Choisir les plus belles.
2	. . . .	. . . .	Les piquer en tous sens avec une grosse aiguille, afin que l'eau-de-vie puisse bien y pénétrer.
3	. . . .	. . . .	Couper la moitié de la queue.
4	. . . .	. . . .	Jeter les cerises à mesure dans un bocal.
5	Eau-de-vie fine .	. . . .	Verser dessus à tout baigner.

CERISES A L'EAU-DE-VIE (*Suite*).

ORDRE des opérations	NOMS.	PROPORTIONS.	PRÉPARATIONS ET CUISSON.
6	Cannelle	enfermer	
7	Girofle	dans un petit	A ajouter à volonté.
8	Coriandre.	sac.	
9	. . . .	. . . . .	Boucher hermétiquement le bocal avec un couvercle de verre ou avec un fort papier, pour empêcher l'eau-de-vie de s'évaporer.
10	. . . .	. . . . .	Laisser reposer un mois sans y toucher.
11	Sucre en poudre	250 gr. par litre d'eau-de-vie.	Ajouter alors.
12	. . . .	. . . . .	A mesure qu'on prend des cerises, remettre de l'eau-de-vie sucrée sur celles qui restent dans le bocal.

499. — PRUNES A L'EAU-DE-VIE.

1	Prunes de Reine-Claude. . . . . ou Perdrigones . ou Mirabelles. .		Bonnes à prendre fraîches au mois de juillet.
2	. . . .	. . . . .	Les choisir belles, mais encore vertes et dures, la peau et la queue bien lisses.
3	. . . .	. . . . .	Couper la queue à moitié de sa hauteur.
4	. . . .	. . . . .	Piquer chaque prune en plusieurs endroits avec une épingle.
5	. . . .	. . . . .	Les mettre à mesure dans une terrine.
6	Eau bouillante .		Verser dessus.
7	. . . .	. . . . .	Les renverser aussitôt sur un tamis.
8	Eau froide. . . .		Verser dessus.
9	. . . .	. . . . .	Laisser égoutter.

35

PRUNES A L'EAU-DE-VIE (*Suite*).

10	. . . .	Ranger ensuite dans un bocal à remplir à moitié.
11	Sirop de sucre clarifié.	Verser par-dessus.
12	Eau-de-vie fine .	Ajouter à tout remplir et recouvrir les prunes.
13	. . . .	Boucher le bocal.
14	. . . .	Laisser reposer, macérer ainsi 6 semaines sans y toucher.
15	. . . .	Les prunes sont bonnes alors à être servies après le repas.

500. — FLEUR D'ORANGER EN SOUFFLÉS (*Dessert*).

ORDRE des opérations	NOMS.	PROPORTIONS.	PRÉPARATIONS ET CUISSON.
1	Fleur d'oranger.	. . . .	Préparer en épluchant les pétales à hacher gros.
2	Blancs d'œufs. .	2.	Délayer ensemble dans une terrine jusqu'à en faire une pâte maniable.
3	Sucre en poudre	2 cuillerées.	
4	. . . .	. . . .	Ajouter à cette pâte la fleur d'oranger hachée, et continuer à pétrir.
5	. . . .	. . . .	Avec du papier blanc, faire de petites caisses plissées tout autour (de la grandeur d'une pièce de 20 sous et d'un centimètre de haut).
6	. . . .	. . . .	Avec un couteau d'argent couper alors en petits morceaux la pâte préparée.
7	. . . .	. . . .	En remplir les petites caisses de papier à moitié seulement.
8	. . . .	. . . .	Façonner, parer le dessus de la pâte.

FLEUR D'ORANGER EN SOUFFLÉS (*Suite*).

ORDRE des opérations	NOMS.	PROPORTIONS	PRÉPARATIONS ET CUISSON.
9	. . . .	. . . .	Mettre les petites caisses sur une tourtière.
10	. . . .	. . . . . .	Placer la tourtière ainsi chargée sur un feu de cendres chaudes.
11	. . . .	. . . .	Poser le four de campagne par-dessus la tourtière (feu modéré).
12	. . . .	. . . . . .	Quand les petits soufflés sont légèrement montés, et de belle couleur, retirer du feu.
13	. . . .	. . . .	Laisser bien refroidir, puis ranger les petites caisses par couches, au fond d'une boîte de sapin, en séparant chaque couche par une feuille de papier blanc.
14	. . . .	. . . .	Ces bonbons se conservent ainsi plusieurs mois.

501. — GROSEILLES PERLÉES (*Dessert*).

1	Groseilles mûres	. . . . . .	Choisir les plus belles grappes.
2	Blancs d'œufs. .	2.	Battre dans un grand bol.
3	Eau	1/2 verre.	Mêler aux blancs en les battant.
4	. . . .	. . . . . .	Y tremper ensuite les grappes de groseilles à déposer à mesure sur un grand papier blanc.
5	Sucre en poudre	. . . . . .	Verser par-dessus, les rouler dans le sucre pour que les grains en soient tout recouverts.
6	. . . .	. . . . . .	Laisser sécher sur le papier, où le sucre se cristallise autour de chaque grain.

502. — ORANGES GLACÉES (*Dessert*).

ORDRE des opérations	NOMS.	PRÉPARATIONS ET CUISSON.
1	Belles oranges .	Peler d'abord et en retirer tout le cotonneux de dessus.
2	. . . .	Séparer en quartiers, en prenant soin de ne pas crever la peau.
3	. . . .	Passer une aiguille enfilée au centre solide du quartier, et nouer le fil en anneau pour le suspendre à un crochet de fil de fer en forme de S.
4	. . . .	Suspendre ainsi chaque quartier (les fils de fer suspendus à une ficelle tendue d'un mur à l'autre).
5	Sucre.	Faire cuire au grand cassé, c'est-à-dire jusqu'à ce qu'il devienne d'un beau blond dans la poêle.
6	. . . .	(Avoir soin que le sucre ne soit pas trop cuit, ce qui nuirait à l'opération.)
7	. . . .	Prendre alors chaque quartier par le haut du crochet et le tremper dans le sucre bouillant.
8	. . . .	Retirer de suite et suspendre le crochet à une ficelle bien tendue d'un mur à l'autre.
9	. . . .	Recommencer de même pour chaque quartier d'orange à glacer.

503. — ORANGES EN SALADE.
(*A préparer à table même, au dessert.*)

	NOMS		PRÉPARATIONS
1	Belles oranges .	. . . .	Couper en rondelles sans ôter l'écorce.
2	. . . .	. . . .	Enlever les pépins.
3	. . . .	. . . .	Dresser les ronds en couronne dans un compotier.
4	Poires tendres de Saint-Germain ou autre espèce.	. . . .	Couper en tranches et entremêler avec les ronds d'oranges (à volonté).

ORANGES EN SALADE (*Suite*).

ORDRE des opérations	NOMS.	PROPORTIONS.	PRÉPARATIONS ET CUISSON.
5	Eau-de-vie, ou Rhum.		Mêler et verser pour arroser le tout.
6	Eau	. . . . . .	
7	Sucre.	. . . . . .	
8	Orange.	1 coupée en 2	Presser au-dessus du compotier pour en ajouter le jus.
9	. . . .	. . . . . .	Faire passer cette friandise après le café.

504. — CONSERVES DE FRUITS EN BOUTEILLES.
(*Prunes, abricots, etc.*)

1	Mirabelles . . . ou Reine-Claude ou Abricots. . .	. . . .	Choisir un de ces fruits pas trop mûrs.
2	. . . .	. . . . . .	Avec une épingle piquer la peau en divers endroits.
3	. . . .	. . . . . .	Mettre les fruits dans une bassine.
4	Eau	. . . . . .	Verser par-dessus à tout couvrir.
5	. . . .	. . . . . .	Mettre sur le feu à frémir un instant, remuer avec précaution.
6	. . . .	. . . . . .	Retirer la bassine du feu.
7	. . . .	. . . . . .	Faire égoutter les fruits sur un tamis.
8	Eau froide. . .	. . . . . .	Verser dessus pour les raffermir.
9	. . . .	. . . . . .	Les ranger ensuite bien régulièrement dans des bouteilles ou bocaux (à large goulot) à remplir à moitié.
10	Amandes émondées.	. . . . . .	Introduire et mêler aux fruits.

CONSERVES DE FRUITS EN BOUTEILLES (*Suite*).

ORDRE des opérations	NOMS.	PROPORTIONS.	PRÉPARATIONS ET CUISSON.
11	Sucre.	. . . .	Casser en morceaux dans un vase et peser.
12	Eau filtrée . . .	1 litre par 500 g. de suc.	Verser dessus et laisser fondre.
13	. . . .	. . . .	Quand tout le sucre a fondu dans l'eau, verser cette eau sucrée dans les bouteilles, par-dessus les fruits, en ayant soin de ne remplir qu'aux 3/4.
14	. . . .	. . . .	Boucher bien hermétiquement chaque bouteille avec un bouchon de liége.
15	. . . .	. . . .	Ficeler avec un fil de fer roulé autour du bouchon et de la bouteille.
16	. . . .	. . . .	Ranger alors les bouteilles debout dans un grand chaudron.
17	. . . .	. . . .	Remplir les intervalles avec des brins de paille pour préserver les bouteilles de tout frottement pendant la cuisson.
18	Eau	. . . .	Verser par-dessus le tout jusqu'à 6 centimètres environ de la cordelière qui attache le goulot des bouteilles.
19	. . . .	. . . .	Mettre le chaudron sur le feu.
20	. . . .	. . . .	Laisser reposer dans le chaudron jusqu'au lendemain.
21	. . . .	. . . .	Retirer alors les bouteilles.
22	. . . .	. . . .	Les bien essuyer.
23	. . . .	. . . .	Goudronner les bouchons.
24	. . . .	. . . .	Ranger et garder dans un lieu tempéré.

505. — CUISSON DU SUCRE. *Renseignements.*

ORDRE des opérations	NOMS.	PROPORTIONS	PRÉPARATIONS ET CUISSON.
1	Sucre blanc, opaque, sec, dur. . .	. . . .	Le plus beau et le mieux raffiné à choisir.
2	. . . .	. . . .	Le casser en morceaux à mettre dans un poêlon ou dans une bassine en cuivre rouge non étamé.
3	Eau	1 verre par 500 g. de suc.	Verser dessus, et remuer avec l'écumoire pendant la cuisson pour empêcher le fond de s'attacher et de brûler.

Clarification du sucre.

	NOMS.	PROPORTIONS	PRÉPARATIONS ET CUISSON.
1	Blanc d'œuf. . .	. . . .	Fouetter en neige dans une terrine avec quelques brins d'osier.
2	Eau froide	. . . .	Y verser goutte à goutte en fouettant.
3	. . . .	. . . .	Mêler les 3/4 de cette eau blanche au sucre mis sur un feu ardent.
4	. . . .	. . . .	(Le blanc d'œuf se charge de toutes les impuretés du sucre.)
5	. . . .	. . . .	Écumer avec soin à mesure que l'écume monte.
6	Eau froide . . .	quelq. goutt.	Jeter sur le sucre bouillant pour l'apaiser, s'il monte trop.
7	. . . .	. . . .	Ajouter alors le 1/4 réservé de l'eau de blanc d'œuf.
8	. . . .	. . . .	Écumer de nouveau jusqu'à ce que le sucre devienne d'un blanc limpide.

CUISSON DU SUCRE. *Renseignements* (*Suite*).

ORDRE des opérations	NOMS.	PROPORTIONS	PRÉPARATIONS ET CUISSON.
	*Degrés de cuisson*: *Y plonger un pèse-sirop pour juger du degré de cuisson.*		
1°	Sucre au petit lissé.	29 degrés.	En prendre sur l'écumoire quelques gouttes avec le pouce et l'index rapprochés, puis écarter les doigts : un petit filet doit se former, qui se casse promptement.
2°	Sucre au grand lissé. . . . · .	32 —	Le filet se forme plus long et sans se casser.
3°	Sucre au petit perlé	33 —	Le filet, en ouvrant la main, s'étend sans casser.
4°	Sucre au grand perlé	34 —	Des perles rondes s'élèvent au milieu du bouillonnement du sucre.
5°	Sucre à la petite plume (ou à la nappe, ou dit : soufflé)	37 —	Des étincelles, dites petites bouteilles, sortent des trous de l'écumoire en soufflant dessus.
6°	Sucre à la grande plume, ou boulet	38 —	Des étincelles plus longues se forment.
7°	Sucre au petit boulet.	39 —	Le sucre se forme en boulettes en secouant l'écumoire.
8°	Sucre au grand boulet.	40 —	Les boulettes sont plus fermes.

CUISSON DU SUCRE. *Renseignements (Suite)*.

ORDRE des opérations	NOMS.	PROPORTIONS	PRÉPARATIONS ET CUISSON.
9°	Sucre au petit cassé.	45 degrés.	Le sucre se casse sous les doigts en le froissant (avoir soin de se tremper les doigts dans l'eau froide).
10°	Sucre au grand cassé	. . . .	Il petille avec bruit sur un feu vif.
11°	Sucre en caramel blond ou sucre-d'orge.	. . . .	⎫ Degrés jugés à la couleur du sucre. Il devient ensuite tout brûlé et sans valeur.
12°	Caramel noir. .	. . . .	⎭
			Nota. — Ne pas laisser refroidir le sucre dans le cuivre, sinon le vert-de-gris est à craindre.

506. — CAFÉ. *Renseignements.*

1	5 espèces. . . .	Café de Cayenne : grain vert obscur, nacré, large, aplati, n'a bonne odeur qu'après la torréfaction. Café Moka : petit, jaunâtre, presque rond, odeur suave. Café Bourbon : jaune verdâtre, plus gros, moins arrondi. Café Martinique : grain volumineux, allongé, verdâtre. Café d'Haïti (le moins estimé) : irrégulier, vert clair et blanchâtre.
2	Café à grains jaunâtres, fèves non déprimées . . .	Le meilleur à choisir.
3	Proportions de bon mélange. .	Moka, 250 gr.; Martinique, 500 gr.; Bourbon, 250 gr. (à préparer séparément à l'avance).

CAFÉ. *Renseignements (Suite)*.

4		Etaler chaque espèce de grains sur une table recouverte d'un linge.
5		Les visiter et bien éplucher pour retirer la poussière et les cailloux qui s'y trouvent souvent mêlés.
6		Torréfier séparément chaque espèce dans un cylindre bien fermé (pour que l'arome ne s'échappe pas), et seulement au moment de s'en servir.
7		Faire brûler sur du charbon de bois est recommandé comme donnant une chaleur plus égale.
8		*Nota.* — Trop brûlé : le café est échauffant; pas assez brûlé : il est amer et charge l'estomac.
9		Quand il est de couleur cannelle et d'un parfum agréable, il est au bon point.
10		L'agiter en l'air quelques minutes.
11		Le laisser refroidir entièrement avant de le moudre, sinon il est pâteux, et l'on n'obtient qu'une poudre trop grosse.
12		Le moudre longtemps et à plusieurs reprises. — Pour obtenir le meilleur café, il ne saurait, dit-on, être trop moulu.
13		Le garder dans un lieu sec et dans une bouteille bien bouchée (plutôt que dans une boîte de fer-blanc).
14	Au moment de s'en servir...	Prendre une cafetière à double fond dite : cafetière à la Dubelloy.
15	Café moulu (1 cuillerée à bouche par tasse).	Mettre dans la cafetière.
16	Eau bouillante	Verser dessus peu à peu.
17		Fermer la cafetière et laisser passer l'eau.
18		Puis réitérer l'opération.
19		*Nota.* — Ne pas laisser bouillir.
20		Ne pas laisser séjourner dans le fer-blanc, parce que le café oxyde le fer.

CAFÉ. *Renseignements (Suite).*

Moyens de reconnaitre si le café, acheté tout moulu, est mélangé de chicorée.

En jeter une pincée dans un verre d'eau : le café pur surnage.

Le café, qui est mêlé de chicorée, coule au fond du verre et rend l'eau jaunâtre.

La poudre de chicorée est molle et s'écrase dans l'eau.

Le café pur y conserve sa dureté.

FIN

TABLE GÉNÉRALE

DES RECETTES

Pages.

CHAPITRE II

Veau.

CHAPITRE IV

Agneau.

CHAPITRE V

Mouton.

CHAPITRE VI

Cochon.

CHAPITRE VII

Volaille.

CHAPITRE VIII

Gibier.

CHAPITRE IX

Poissons.

CHAPITRE X

Légumes.

CHAPITRE XI
Œufs.

CHAPITRE XII
Sauces et assaisonnements.

CHAPITRE XIII

Pâtisserie au sucre et Gâteaux.

CHAPITRE XIV

Crèmes.

CHAPITRE XV

DESSERT : Fruits, Compotes, Confitures, etc.

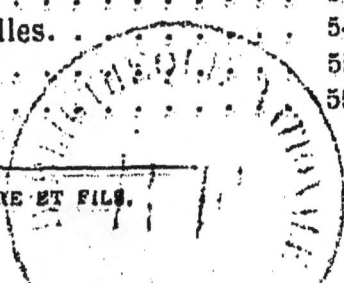

SCEAUX. — IMP. CHARAIRE ET FILS.

APPENDICE

---

118 *bis*. — AGNEAU : *Renseignements* (Page 148).

Agneau	Bétail abondant dans les pays chauds.
. . . .	Bon à tuer dès l'âge de cinq mois.
. . . .	Bon à manger depuis Noël jusqu'à la fin d'avril.
. . . .	Viande rafraîchissante, favorable aux gens sédentaires.
. . . .	La chair doit être très-blanche, ainsi que la graisse qui couvre les rognons.
Partie de devant . .	Morceau le plus estimé.
Cervelle	
Oreilles.	
Langue.	Morceaux à accommoder comme ceux du mouton.
Poitrine	
Tendons	
Pieds.	
Chevreau	Aussi bon à accommoder que l'agneau. = Bon à tuer dès l'âge de six semaines. = Bon surtout en rôti et plus facile à digérer que l'agneau.

ORDRE des opérations	NOMS.	PROPORTIONS.	PRÉPARATIONS ET CUISSON.
1	Côtelettes de porc frais.	. . . .	Parer; ne laisser qu'un peu de gras autour.
2	. . . .	. . . . . .	Les aplatir avec un fort couperet.
3	Beurre	. . . . . .	Fondre dans la poêle sur un feu doux.
4	. . . .	. . . . . .	Y mettre les côtelettes à revenir.
5	Mie de pain. . .	émiettée fin.	Mêler ensemble, puis semer sur les côtelettes.
6	Sel, poivre. . .		
7	Fines herbes. .	à hacher fin.	
8	. . . .	. . . . . .	Chauffer le plat à servir.
9	. . . .	. . . . . .	Y dresser les côtelettes quand elles sont cuites au point.
10	. . . .	. . . . . .	Tenir le plat couvert sur le bord du fourneau.
11	Farine	1 pincée.	Ajouter au beurre resté dans la poêle et laisser réduire un instant.
12	Chapelure. . .	id.	
13	Vin blanc. . .	1 verre.	
14	Câpres		Ajouter à volonté, verser sur la sauce et servir chaud.
15	Cornichons. . .	coupés en filets.	
16	Champignons. .	. . . . . .	

ERRATA

Pages	Recettes	Nos	Ce qu'il faut lire :
90	78	27	Mie de pain émiettée dans du bouillon — ajouter à volonté.
			Avec du beurre fondu tiède, arroser le dessus de chaque caisse.
99			Entre les chiffres 26 et 27 : Rouelle.
110			Dans le dessin représentant le bœuf, au-dessous de Tranche grasse, partie extérieure, 25 kilog, *lire :* 3me qualité, jarret de derrière, *au lieu de* gite de devant.
117	91	5	Lard, jambon quelques tranches minces.
120	97	7	Et laisser cuire une demi-heure, à découvert.
127	104	38	Servir le bœuf au naturel, entouré de carottes et de persil.
135	110	24	Une demi-heure avant de servir.